Python 从入门到全栈开发

钱 超 ◎ 编著

清华大学出版社
北京

内 容 简 介

本书从实际项目出发，以 Python 为主要编程语言，从基础知识到高级编程、从前端开发到后端开发，全面系统地阐述在 Python 实际项目开发的过程中所需用到的各种技术及相关知识。

全书共分为 3 篇：第 1 篇为入门篇（第 1 章和第 2 章），详细讲解 Python 编程语言的基础知识，包括 Python 编辑器 PyCharm 的使用、Python 的变量及标识符、数据类型、运算符、行和缩进、条件语句、循环语句、函数、面向对象编程、错误和异常、模块及常用模块的使用、包的使用、迭代器、生成器、装饰器、多进程与多线程等。第 2 篇为应用篇（第 3～6 章），详细讲解 Python 与第三方软件的结合及实际使用，包括 Python 对 MySQL 的操作、对 MongoDB 的操作、对 Redis 的操作、使用 Python 爬取网页内容、爬取 App 内容、常见数据分析与可视化包 NumPy、Pands、Matplotlib 的使用、Python 与前端交互等。第 3 篇为实战篇（第 7 章和第 8 章），详细讲解 Flask 框架的使用，并通过开发一个短视频数据平台将前文所学的全部技术内容应用在实际项目中，达到学以致用的目的。除了开发项目之外，对项目的上线流程也做了详细的讲解，包括服务器的部署、域名设置、服务器的备案等，使所学的知识能真正地应用在实际项目中。

本书可作为 Python 初学者的入门书，也可作为从事 Web 开发或者数据分析人员及培训机构的参考书。

本书封面贴有清华大学出版社防伪标签，无标签者不得销售。
版权所有，侵权必究。举报：010-62782989，beiqinquan@tup.tsinghua.edu.cn。

图书在版编目(CIP)数据

Python 从入门到全栈开发/钱超编著. —北京：清华大学出版社，2022.4
（清华开发者书库. Python）
ISBN 978-7-302-59158-0

Ⅰ. ①P⋯ Ⅱ. ①钱⋯ Ⅲ. ①软件工具—程序设计 Ⅳ. ①TP311.561

中国版本图书馆 CIP 数据核字(2021)第 181679 号

责任编辑：赵佳霓
封面设计：刘　键
责任校对：时翠兰
责任印制：沈　露

出版发行：清华大学出版社
网　　址：http://www.tup.com.cn, http://www.wqbook.com
地　　址：北京清华大学学研大厦 A 座　　邮　编：100084
社 总 机：010-83470000　　邮　购：010-62786544
投稿与读者服务：010-62776969, c-service@tup.tsinghua.edu.cn
质量反馈：010-62772015, zhiliang@tup.tsinghua.edu.cn
课件下载：http://www.tup.com.cn,010-83470236

印 刷 者：北京富博印刷有限公司
装 订 者：北京市密云县京文制本装订厂
经　　销：全国新华书店
开　　本：185mm×260mm　　印　张：26.5　　字　数：648 千字
版　　次：2022 年 5 月第 1 版　　印　次：2022 年 5 月第 1 次印刷
印　　数：1～2000
定　　价：100.00 元

产品编号：092677-01

前言
PREFACE

随着人工智能与大数据技术的兴起，Python作为其主要编程语言近年来受到了极大的关注，甚至部分地区中小学开设了Python的编程课程。Python作为一门优秀的编程语言，其语法简单、功能强大、易学易用等特点深受编程人员的喜爱。

Python不仅可以用于人工智能与大数据，其在桌面程序开发、Web编程、数据爬取、App接口等领域都有广泛的应用，并且Python作为一个跨平台的编程语言不仅可以运行在常见的Windows操作系统中，还可以运行在Linux、macOS等其他操作系统中，能够做到一次开发到处运行。

本书从Python基础知识开始讲解，然后讲解如何开发一个完整的实战项目，最后讲解如何将开发完毕的项目一步步发布到线上。其中涉及Python的编程基础、数据存储、数据可视化、数据爬取、Web前端技能、Web实战项目的开发等，对Python应用所涉及的各个知识点都进行了详细介绍，帮助读者快速全面地掌握Python的开发技能。为了写作本书，笔者查阅了大量的资料，使知识体系更加完整，知识面得以更大的扩展，获益良多。

本书主要内容

第1章介绍Python编程语言的相关信息及Python编程语言常用编辑器PyCharm的下载及安装。

第2章介绍Python编程语言的语言基础，包括Python中变量及标识符的使用、数据类型和运算符的使用、Python的语法格式、条件和条件语句、函数、面向对象编程、错误和异常、模块和包的使用、迭代器、生成器、装饰器、多线程与多进程的使用等。

第3章介绍常见的数据库程序的使用方法及如何通过Python操作这些数据库，包括MySQL及SQL、MongoDB、Redis。

第4章介绍通过URLlib库与requests库如何爬取网页数据和App数据，以及爬取App数据的方式和方法。

第5章介绍数据分析及可视化中常用的库，包括NumPy库、Pandas库及Matplotlib库等。

第6章介绍Web前端相关知识，包括HTML、CSS及JavaScript等，并且讲解如何使用Python与前端页面进行交互，包括数据之间的传输格式JSON及编写API时如何测试API的有效性。

第7章主要介绍Python流行的Web开发框架Flask的相关知识，以及使用Flask框架开发一个完整的短视频数据平台。通过对该平台的开发，可以将前面所学的相关知识和技能结合在一起，以实际落地的方式让读者切实地感受到所学的技能和知识点应用在何处。

第8章介绍如何将所开发的短视频平台一步步部署到正式的CentOS服务器上，并绑定域名及备案,使所开发的项目正式上线并对外服务。

阅读建议

本书是一本基础入门加项目实战的书籍,既有丰富的示例,也包括详细的操作步骤。本书通过从最基础的开发工具的安装使用开始,一直到最后完整的商业化项目的开发,一步一步由浅入深地帮助读者轻松地掌握相关的知识点。除了示例代码外,本书在每个重点知识点处都会给出完整的可运行的代码,并且每行新知识点的代码处都会有详细的注释,代码前后都会有编写代码的思路及技巧,帮助读者轻松快速地理解代码的运行机制及代码编写的思想。

读者在阅读本书时,建议将入门篇通读一遍,安装好相应的开发工具及搭建好对应的开发环境,并跟着本书的案例将每个知识点的代码在计算机上至少正确地运行一遍。在每节知识点学习完毕后,脱离本书后将当前章节知识点的代码在计算机上至少正确地运行一遍,以便熟练地掌握Python的编程知识。

在阅读应用篇时,建议将每个应用都正确地安装到计算机上,并且能够做到将每个应用通过本书所介绍的内容成功地在计算机上运行,该篇内数据库的知识及前端的知识相对更加重要,需要将该篇知识熟练掌握,以便能够在实战篇中理解并开发出完整的项目。

在阅读实战篇时,需要仔细地阅读项目的代码,了解代码的开发思想,掌握开发的基本要领,建议达到脱离本书后,能够从头至尾将项目代码完整地编写出来,或者能够做到举一反三,针对其他平台开发出相应的数据分析平台。

致谢

首先感谢清华大学出版社赵佳霓编辑的耐心指点,对她的专业深表佩服,在她的推动下完成了本书的出版。

还要感谢笔者的家人,感谢笔者的父母、岳父母及所有对笔者关心和提供帮助的亲朋好友,大家的鼓励及帮助给了笔者写作的力量。最后也祝愿笔者的孩子(仔仔)健康快乐地成长。

由于时间仓促,书中难免存在不妥之处,敬请读者见谅,并提出宝贵意见。

钱 超

2022年3月

本书源代码

目录
CONTENTS

入 门 篇

第 1 章 初识 Python ▶(23min) ········· 3
- 1.1 Python 简介 ········· 3
  - 1.1.1 相关平台 ········· 3
  - 1.1.2 TIOBE 排行 ········· 4
- 1.2 Python 运行环境的下载及安装 ········· 5
  - 1.2.1 Python 的版本选择 ········· 5
  - 1.2.2 Python 的安装及注意事项 ········· 6
- 1.3 PyCharm 的下载及安装 ········· 9
  - 1.3.1 PyCharm 的简单使用 ········· 11
  - 1.3.2 配置 PyCharm ········· 14

第 2 章 Python 的语言基础 ▶(241min) ········· 16
- 2.1 变量及标识符 ········· 16
- 2.2 数据类型 ········· 19
  - 2.2.1 Number(数字) ········· 19
  - 2.2.2 String(字符串) ········· 21
  - 2.2.3 List(列表) ········· 29
  - 2.2.4 Tuple(元组) ········· 33
  - 2.2.5 Dictionary(字典) ········· 35
  - 2.2.6 Set(集合) ········· 37
  - 2.2.7 Bool(布尔) ········· 40
- 2.3 运算符 ········· 40
- 2.4 Python 中的缩进 ········· 42
- 2.5 条件和条件语句 ········· 44
- 2.6 循环语句 ········· 45
- 2.7 函数 ········· 48
  - 2.7.1 函数的定义 ········· 48
  - 2.7.2 函数的调用 ········· 49

    2.7.3 函数中的参数 ·· 49
    2.7.4 匿名函数 ·· 51
    2.7.5 返回值 ·· 52
    2.7.6 内置函数 ·· 52
  2.8 面向对象 ··· 53
  2.9 错误和异常 ··· 60
  2.10 模块 ·· 62
    2.10.1 导入模块 ··· 62
    2.10.2 入口文件 ··· 63
    2.10.3 包 ·· 64
  2.11 常用模块 ·· 65
    2.11.1 os 模块 ·· 66
    2.11.2 sys 模块 ··· 68
    2.11.3 time 模块 ·· 70
    2.11.4 datetime 模块 ··· 71
    2.11.5 random 模块 ·· 72
  2.12 使用第三方包 ·· 73
  2.13 迭代器、生成器、装饰器 ··································· 75
    2.13.1 迭代器 ·· 75
    2.13.2 生成器 ·· 77
    2.13.3 装饰器 ·· 78
  2.14 多进程与多线程 ·· 80
    2.14.1 线程与线程模块 ··· 80
    2.14.2 使用 threading 创建线程 ······························ 81
    2.14.3 线程同步 ··· 83
    2.14.4 守护线程 ··· 87
    2.14.5 进程与进程模块 ··· 87
    2.14.6 使用 multiprocessing 创建进程 ······················ 88
    2.14.7 进程同步 ··· 90
    2.14.8 进程池 ·· 91
    2.14.9 进程间通信 ·· 93
    2.14.10 分布式进程 ·· 94

应 用 篇

第 3 章 Python 操作数据库 ▶ (80min) ···················· 101
  3.1 MySQL 简介及安装 ··· 101
    3.1.1 MySQL 简介 ··· 101
    3.1.2 MySQL 特性 ··· 102

3.1.3　MySQL 安装 ……………………………………………………………… 102
　　3.1.4　MySQL 可视化工具 ………………………………………………………… 111
　　3.1.5　MySQL 基础 ………………………………………………………………… 121
3.2　SQL ……………………………………………………………………………… 123
3.3　使用 Python 操作 MySQL ……………………………………………………… 130
　　3.3.1　MySQL 操作模块 …………………………………………………………… 130
　　3.3.2　使用 Python 操作 MySQL ………………………………………………… 131
3.4　MongoDB 简介及安装 …………………………………………………………… 135
　　3.4.1　MongoDB 简介 ……………………………………………………………… 135
　　3.4.2　MongoDB 特性 ……………………………………………………………… 135
　　3.4.3　MongoDB 安装 ……………………………………………………………… 136
　　3.4.4　MongoDB 可视化工具 ……………………………………………………… 141
　　3.4.5　MongoDB 基础 ……………………………………………………………… 145
3.5　MongoDB 操作语法 ……………………………………………………………… 147
3.6　使用 Python 操作 MongoDB …………………………………………………… 159
　　3.6.1　MongoDB 操作模块 ………………………………………………………… 159
　　3.6.2　使用 Python 操作 MongoDB ……………………………………………… 160
3.7　Redis 简介及安装 ………………………………………………………………… 165
　　3.7.1　Redis 简介 …………………………………………………………………… 165
　　3.7.2　Redis 安装 …………………………………………………………………… 166
　　3.7.3　Redis 可视化工具 …………………………………………………………… 170
　　3.7.4　Redis 基础 …………………………………………………………………… 176
3.8　Redis 操作语法 …………………………………………………………………… 177
3.9　使用 Python 操作 Redis ………………………………………………………… 180
　　3.9.1　Redis 操作模块 ……………………………………………………………… 180
　　3.9.2　使用 Python 操作 Redis …………………………………………………… 182

第 4 章　Python 爬虫入门 ▶(78min) ……………………………………………… 189

4.1　爬取网页数据 …………………………………………………………………… 189
　　4.1.1　网页的构成 ………………………………………………………………… 189
　　4.1.2　内容截取 …………………………………………………………………… 192
　　4.1.3　网页请求 …………………………………………………………………… 193
　　4.1.4　爬虫约束 …………………………………………………………………… 198
　　4.1.5　urllib 库 ……………………………………………………………………… 199
　　4.1.6　requests 库 ………………………………………………………………… 201
　　4.1.7　数据解析 beautiful Soup4 ………………………………………………… 206
4.2　爬取 App 数据 …………………………………………………………………… 212
　　4.2.1　分析 App 数据 ……………………………………………………………… 213
　　4.2.2　请求 App 数据 ……………………………………………………………… 218

第 5 章 Python 数据分析与可视化 ▶(22min) ······ 224

5.1 NumPy ······ 225
- 5.1.1 NumPy 简介及安装 ······ 225
- 5.1.2 NumPy 数组属性 ······ 226
- 5.1.3 NumPy 创建数组 ······ 227
- 5.1.4 NumPy 切片索引及迭代 ······ 229
- 5.1.5 操作数组 ······ 232
- 5.1.6 NumPyIO ······ 235

5.2 Pandas ······ 237
- 5.2.1 Pandas 简介及安装 ······ 237
- 5.2.2 Series ······ 238
- 5.2.3 DataFrame ······ 242
- 5.2.4 常用操作 ······ 248
- 5.2.5 读写 Excel ······ 251

5.3 Matplotlib ······ 253
- 5.3.1 折线图 ······ 255
- 5.3.2 散点图 ······ 256
- 5.3.3 柱状图 ······ 257
- 5.3.4 饼图 ······ 258
- 5.3.5 泡泡图 ······ 259
- 5.3.6 等高线 ······ 260

第 6 章 Python 与前端交互 ▶(25min) ······ 262

6.1 前端开发工具 ······ 263
6.2 HTML 基础 ······ 266
- 6.2.1 HTML 根元素 ······ 267
- 6.2.2 HTML 文档元素 ······ 267
- 6.2.3 HTML 分区根元素 ······ 268
- 6.2.4 HTML 内容分区元素 ······ 269
- 6.2.5 HTML 文本元素 ······ 271
- 6.2.6 HTML 内联文本语义 ······ 274
- 6.2.7 HTML 图片及多媒体元素 ······ 278
- 6.2.8 HTML 内嵌内容元素 ······ 279
- 6.2.9 HTML 脚本元素 ······ 281
- 6.2.10 HTML 表格元素 ······ 282
- 6.2.11 HTML 表单元素 ······ 284

6.3 CSS 基础 ······ 288
- 6.3.1 CSS 写法 ······ 288

```
    6.3.2  基本选择器 ································································ 289
    6.3.3  扩展选择器 ································································ 291
    6.3.4  常用样式属性 ···························································· 292
    6.3.5  盒子模型 ·································································· 296
6.4  JavaScript 基础 ······································································ 297
    6.4.1  第 1 个 JavaScript 程序 ················································ 297
    6.4.2  JavaScript 基础语法 ···················································· 299
    6.4.3  JavaScript 操作 DOM ·················································· 304
    6.4.4  AJAX ······································································· 305
    6.4.5  常用事件 ·································································· 306
    6.4.6  jQuery ······································································ 307
6.5  JSON ···················································································· 311
6.6  接口编写及测试 ···································································· 313
    6.6.1  创建服务器 ······························································· 313
    6.6.2  编写登录 API ···························································· 318
    6.6.3  使用 POSTMAN 测试接口 ·········································· 319
```

实 战 篇

第 7 章 Python Web 开发实战 ▶ (28min) ·································· 325

```
7.1  Flask 基础知识 ····································································· 325
    7.1.1  Flask 安装 ································································ 325
    7.1.2  路由 ········································································· 329
    7.1.3  请求方式 ·································································· 331
    7.1.4  JSON 处理 ································································ 332
    7.1.5  文件上传 ·································································· 333
    7.1.6  模板 ········································································· 334
    7.1.7  Cookie ····································································· 338
    7.1.8  Session ····································································· 339
7.2  ECharts 图表 ········································································ 341
    7.2.1  使用 ECharts ····························································· 341
    7.2.2  折线图 ······································································ 343
    7.2.3  散点图 ······································································ 344
    7.2.4  饼图 ········································································· 345
    7.2.5  K 线图 ······································································ 347
    7.2.6  异步获取与实时更新数据 ············································ 349
7.3  使用 Flask 开发短视频数据平台 ············································ 352
    7.3.1  系统规划 ·································································· 352
    7.3.2  数据库设计 ······························································· 355
```

7.3.3 模板制作 ··· 357
7.3.4 程序开发 ··· 370

第8章 Python 项目的部署 ▶ (17min) ············· 388

8.1 CentOS 基础 ·· 389
    8.1.1 CentOS 文件结构 ································· 389
    8.1.2 CentOS 常用命令 ································· 390
    8.1.3 Shell 脚本基础 ···································· 392
    8.1.4 CentOS 防火墙设置 ······························ 394
    8.1.5 SSH 工具 ··· 396
8.2 CentOS 的应用部署 ··································· 398
    8.2.1 安装 Python ······································· 398
    8.2.2 安装 MySQL ······································ 399
    8.2.3 服务器监控 ·· 403
8.3 Flask 高并发部署 ······································· 404
    8.3.1 部署架构 ·· 404
    8.3.2 安装虚拟环境 ····································· 405
    8.3.3 安装所需模块 ····································· 406
    8.3.4 安装 Nginx ·· 408
8.4 系统上线流程 ·· 410
    8.4.1 域名与云服务器 ·································· 410
    8.4.2 服务器备案 ·· 411

入 门 篇

本篇将带领读者对 Python 编程语言有一个宏观上的认识,快速地了解 Python 的语言特点,打好 Python 编程语言的基础,为后续使用 Python 编程语言进行更复杂的编程做好准备。本篇虽然是基础篇,但是内容比较重要,希望读者能够重视。本篇共包含两章,从搭建 Python 编程语言的运行环境开始,一直到 Python 编程语言的语法基础都会详细地进行讲解。扎实的编程基础是进行程序开发的必备条件之一,也是成为一名优秀的程序员的必备条件之一,而 Python 编程语言的基础部分也是日后新手朋友们会碰到问题比较频繁的地方,所以打好扎实的 Python 编程语言基础是十分必要的。希望读者能够根据书中所讲内容,亲自在计算机上实际操作一遍,对于 Python 编程语言的基本语法,可以适当地多练习几遍,以便增强记忆,夯实基础。

入门篇包含以下两章:

第 1 章 初识 Python

本章将介绍 Python 的历史、现阶段及未来的一些情况,Python 运行环境的下载与安装。还将介绍系统的环境变量与环境变量的添加、删除等基本操作,以及 Python 编程语言非常流行的编辑器 PyCharm 的下载、安装及一些基本设置。

第 2 章 Python 的语言基础

本章将详细讲解 Python 编程语言的基本语法,包含 Python 的常见数据类型、表达式、函数、面向对象编程、文件,以及异常及异常的处理、模块和多线程等。通过对本章的学习,可以达到初步掌握 Python 这门编程语言的能力。本章十分重要,希望读者认真学习本章所讲解的知识,熟练掌握。在学习后,能够认真地将书中所讲的代码输入计算机,以便增强记忆。

第 1 章 初识 Python

本章将带领读者从宏观上粗略地了解 Python 编程语言的一些特点，简单介绍 Python 编程语言的前世今生，以及 Python 运行环境的下载、安装和 Python 编程语言的开发利器 PyCharm 的下载、安装和配置，帮助读者快速进入 Python 的世界。

1.1 Python 简介

Python 是一种面向对象、函数式编程的高级编程语言，是由荷兰数学和计算机科学研究学会的 Guido Van Rossum（吉多·范罗苏姆）于 20 世纪 90 年代初创建的，从诞生到现在已经有三十多年了，Python 的编译速度极快，并且经过多年的不断发展，它拥有了非常多且十分强大的第三方库，这些库有的是用 Python 编程语言开发的，也有用第三方编程语言开发的库，例如使用 C 语言或 C++ 语言开发的库。通过使用这些库，可以非常容易地完成绝大部分工作，因为有这些强大的第三方库做支撑，所以 Python 编程语言也常被称为"胶水语言"，开发人员可以像搭积木一样，非常容易地利用这些第三方库快速和高质量地完成工作。

1.1.1 相关平台

第三方 Python 库大多可以在 PyPI 平台上找到，PyPI 平台是 Python 编程语言的软件仓库，在该平台可以查找和安装由 Python 社区开发的各种包及库软件，除了可以通过平台来查找和安装 Python 包及库软件外，Python 中自带的 pip 工具允许在终端窗口通过命令的方式来查找及安装 Python 包或者库软件，其下载的默认源就是 PyPI 平台。

PyPI 网址为 https://pypi.org/，PyPI 的官方网站如图 1-1 所示。

除 PyPI 平台外，著名的代码托管平台 GitHub 上也拥有大量开源的 Python 包、库及完整的 Python 软件。GitHub 是国外的一个面向开源（开放源代码）及私有软件项目的托管平台，于 2008 年正式上线，并于 2018 年被微软公司收购，其地址为 https://github.com/，GitHub 的官方网站如图 1-2 所示。

Python 对于初学者来讲十分友好，进入门槛不高，与自然语言很接近，具有很好的可阅读性，是非常适合初学者使用的编程语言，并且 Python 是开源的，任何人都可以为它做贡献。

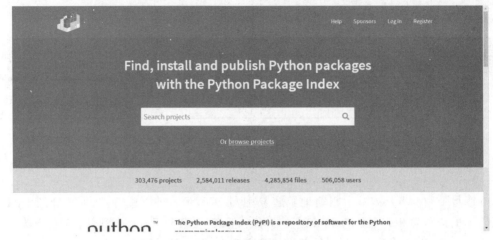

图 1-1　PyPI 平台主页面

图 1-2　GitHub 平台主页面

1.1.2　TIOBE 排行

在 TIOBE 官方网站中，Python 被 TIOBE 推举为 2020 年度编程语言。TIOBE 排行榜是根据互联网上有经验的程序员、课程和第三方厂商的数量，并使用搜索引擎（如 Google、Bing、Yahoo!）及 Wikipedia、Amazon、YouTube 统计出的排名数据，用于反映某种编程语言热门程度的一个平台，在 TIOBE 2021 年 5 月的排行榜中，Python 编程语言排名第 2，仅次于 C 语言，如图 1-3 所示。

作为目前最火爆的编程语言之一，Python 编程语言的应用领域也非常广泛，从人工智能到大数据分析，从科学计算到数据爬取，从 Web 开发到 App 开发，甚至游戏开发，Python 都有所涉及。除此之外，Python 还支持多种不同的操作系统，是名副其实的跨平台编程语言，不管使用的是 macOS 还是 Linux/UNIX 及 Windows 等操作系统，Python 都可以正常运行。Python 如此强大好用，让我们一起进入 Python 的编程世界吧。

May 2021	May 2020	Change	Programming Language	Ratings	Change
1	1		C	13.38%	-3.68%
2	3	↑	Python	11.87%	+2.75%
3	2	↓	Java	11.74%	-4.54%
4	4		C++	7.81%	+1.69%
5	5		C#	4.41%	+0.12%
6	6		Visual Basic	4.02%	-0.16%
7	7		JavaScript	2.45%	-0.23%
8	14	↑↑	Assembly language	2.43%	+1.31%
9	8	↓	PHP	1.86%	-0.63%
10	9	↓	SQL	1.71%	-0.38%
11	15	↑↑	Ruby	1.50%	+0.48%
12	17	↑↑	Classic Visual Basic	1.41%	+0.53%
13	10	↓	R	1.38%	-0.46%
14	38	↑↑	Groovy	1.25%	+0.96%

图 1-3　TIOBE 2021 年 5 月的编程语言排行榜

1.2　Python 运行环境的下载及安装

1.2.1　Python 的版本选择

Python 最新的版本为 Python 3.x（x 代表数字，例如 Python 3.1），而在此之前使用比较广泛的 Python 版本为 Python 2.x，目前 Python 3 不再兼容 Python 3 以下的版本，也就是说 Python 2.x 及其以下的版本将无法顺利地升级到 Python 3 及其以上版本。有很多读者会在 Python 的版本选择上抱有疑虑，下面来分析一下应该如何选择 Python 的版本。

前文讲到 Python 编程语言最初是在 20 世纪 90 年代设计的，IT（Information Technology）行业经过多年的发展，有很多新的需求和新的开发理念被提出来，在此期间 Python 编程语言自身也需要不断地升级以适应新的需求和新的开发理念，Python 编程语言也从最初的版本升级到了现在的 Python 3.x 版本。

Python 语言的每次升级都需要考虑到与之前版本的兼容性，以保障用户升级到新的版本后，通过以前版本编写出来的程序还能够继续正常地运行和使用，且使用方法和使用习惯不会发生太大的变化。但随着时间的推移及版本的迭代，Python 的性能、可扩展性、稳定性及复杂程度已经远远超出当初那个版本了，并且向下兼容的工作也会变得异常困难和复杂，所以在推出 Python 3 的时候，Python 官方团队宣布 Python 3 不再兼容 Python 3 以下的版本。作为 Python 2.x 的最后一个版本，也是最受欢迎的一个 Python 2.x 版本——Python 2.7，Python 官方团队已于 2020 年 1 月 1 日终止对其支持。

目前 Python 官方主推的版本是 Python 3.x，前文也讲到 Python 作为"胶水语言"，需要大量的第三方库提供支撑，如果离开了这些库，我们使用 Python 则可能会有很多障碍，有读者会担心这些库是否会支持 Python 3，对于这一疑虑完全不必担心。因为目前绝大多数以前只支持 Python 2.x 的较流行的库已经完成了对 Python 3 的支持，例如 IPython、

NumPy 和 Fedora 等。许多知名的项目已在 2020 年底停止对 Python 2.x 的支持,例如 NumPy、Requests 和 TensorFlow 等,而 PyPI(Python 社区开发和共享软件的存储中心,Python Package Index)的大多数流行软件包现在可以在 Python 3 上运行,并且每天都在增加。

我们对以上情况总结如下:

Python 官方已经停止支持 Python 2.x。

Python 2.x 的大部分库已经支持 Python 3.x。

流行及知名的项目已经停止对 Python 2.x 的支持。

新的项目应基于 Python 3.x 进行开发。

基于以上的情况来看,我们应该选择 Python 3.x 来作为 Python 的开发版本,而不要选择 Python 2.x,Python 2.x 已经逐渐被淘汰,所以本书也是基于 Python 3.x 进行讲解的。

1.2.2 Python 的安装及注意事项

> 💡**注意** 本节所演示和操作的系统平台为 Windows 10 版本,64 位的操作系统。如果读者使用的是其他版本的 Windows 操作系统,并不影响对本书的阅读。

通过浏览器访问 Python 的官方网站 https://www.python.org/,注意 http 后面的 s 不要忘记了,是 https 而不是 http。因为 Python 的官方网站的服务器在国外,所以在国内对其进行访问的速度会稍微慢一些,需耐心等待网站加载完毕。截至本书出版前,Python 官方的最新版本是 Python 3.9.4,如图 1-4 所示。

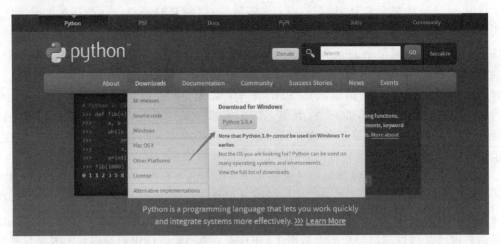

图 1-4 Python 官方下载页面

将鼠标移动到 Python 官方网站页面的 Downloads 按钮上悬停,此时不用单击鼠标,就可以弹出下载 Python 的按钮。在选择 Python 版本的时候,需要注意一下官方的提示,在 Python 3.9.4 的下载按钮下方有这么一排提示 Note that Python 3.9+ cannot be used on Windows 7 or earlier.,意思是"需要注意,Python 3.9 以上的版本不能够在 Windows 7 或者更早版本的操作系统上使用"。如果所使用的操作系统是 Windows 7 或者 Windows XP,

则无法使用 Python 3.9 以上的版本，只能使用更早的 Python 版本。如果所使用的是 Windows 8 或者 Windows 10 操作系统，就可以使用 Python 3.9 以上的版本，例如 Python 3.9.0 或者 3.9.4。

如果所使用的是 Windows 7 操作系统，该如何下载 Python 的运行环境呢？仍然可以通过鼠标移动到 Python 官方网站页面的 Downloads 按钮上悬停，然后在弹出的页面中单击 Windows 按钮，这样就可以来到 Windows 下所有 Python 版本的下载页面了，如图 1-5 所示。

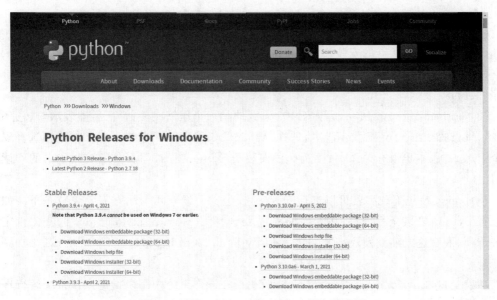

图 1-5　适配 Windows 的 Python 版本列表页

在下载页面可以看到，除了 Python 3.9.0 及其以上的版本不支持 Windows 7 操作系统以外，其余的版本提示都写着 Note that Python 3.x.x cannot be used on Windows XP or earlier. 提示说"不再只支持 Windows XP 及更早版本的操作系统"。也就是说除了 Python 3.9.0 以上的版本，其余的 Python 3.x 版本大多支持 Windows 7 操作系统，而支持 Windows 7 操作系统的最新的 Python 版本为 Python 3.8.7。Windows 7 的用户可以下载该版本进行 Python 的安装。

在下载页面除了 Python 的版本号以外，还有操作系统的位数。以 Windows 10 操作系统来举例，读者可以通过如下方式来查看自己的操作系统是多少位的。在"桌面"的"此计算机"或者"我的计算机"图标上右击，然后在弹出的菜单中选择"属性"菜单，在弹出的页面中选择"设备规格"选项，从"设备规格"的"系统类型"中就可以看到操作系统是多少位的，基于 xx 的处理器。如图 1-6 所示，这里笔者的操作系统显示的系统类型为"64 位操作系统，基于 x64 的处理器"，因此笔者应选择 64 位的 Python 进行安装。如果你所使用的是 32 位的操作系统，就要选择 32 位的 Python 版本进行安装。

在下载页面中，可以看到 web-based installer、executable installer 和 embeddable zip file。我们来了解一下它们分别代表着什么意思。

（1）web-based installer：在线安装。下载的是一个 exe 可执行程序，双击该 exe 程序

图 1-6　查看操作系统的系统类型

后,该程序自动下载所需的安装文件(需要有网络)进行安装。

(2) executable installer:程序安装。下载的是一个完整的 exe 可执行程序,双击该 exe 程序后进行安装。

(3) embeddable zip file:解压安装。下载的是一个压缩文件,解压后即表示安装完成。

这里选择了 Python 3.9.4 版本,选择 Windows installer 后单击下载。如果不选择安装这个 Python 版本也没有关系,只要选择并安装了 Python 3.x,都不会影响对本书的阅读和学习。

Python 安装包下载后就可以进行安装了,安装的时候有几个地方需要注意一下。如果不想将 Python 安装至系统盘,在安装时就需要选择 Customize installation,也就是自定义安装选项,而在这之前我们还需要勾选 Add Python 3.9 to PATH,将 Python 3.9 添加到环境变量。

环境变量(Environment Variables)一般是指在操作系统中用来指定操作系统运行环境的一些参数,如临时文件夹的位置和系统文件夹的位置等。这里勾选将 Python 添加到 PATH 后,当请求系统运行 Python 而没有告诉系统 Python 所在的完整路径时,系统除了会在当前目录下寻找 Python 外,还会到指定的目录中寻找,而这些指定的目录就包含安装 Python 时设定的安装目录。

选择"自定义安装"后,如图 1-7(a)所示,就可以选择想要安装的指定目录了,如图 1-7(b)所示。设定安装目录的时候需要注意,路径中最好不要有中文字符,如"D:\新建文件夹\Python",以免在日后的程序编写和运行中会出现一些莫名其妙的错误。

打开终端窗口并输入 python 来检验 Python 运行环境是否安装成功。打开终端窗口的

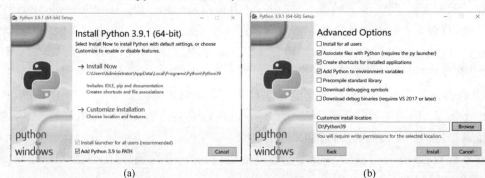

图 1-7　Python 运行环境的安装

方式有两种：

（1）通过路径 C:\Windows\System32 找到 cmd.exe 文件，双击该文件便可打开终端窗口。

（2）可以通过使用快捷键 Win＋R 打开运行窗口，然后在运行窗口输入框内输入 cmd 并按 Enter 键来打开终端窗口。Win 键是键盘左下角的 4 个小方块图标的按键，先按住 Win 键不放，然后按 R 键。

在终端窗口内输入 python，如果安装成功并且已经勾选了添加到环境变量，此时会显示如下信息：

```
Python 3.9.4 (tags/v3.9.4:1e5d33e, Dec 7 2020, 17:08:21) [MSC v.1927 64 bit (AMD64)] on win32
Type "help", "copyright", "credits" or "license" for more information.
>>>
```

如果能看到以上信息，则说明 Python 已经安装成功并且已正常运行了。如果没有看到以上信息，则可以通过卸载重装的方式重新安装一次，记住勾选 Add Python 3.9 to PATH 即可解决问题。可以在">>>"后输入 Python 编程语句，示例代码如下：

```
print("Hello World!")
```

按 Enter 键后，在该语句下面会输出"Hello World!"的字符串。此时我们已经完成了一次 Python 程序的编写和运行。其中 print()是 Python 中的一个打印函数，可以将 print 括号内的所有字符串打印到屏幕上。示例代码如下：

```
print("你好世界!")
```

> **注意** 程序内所有的字符及字符串，包括标点符号，除去要输出的内容，全部必须为英文输入法状态下输入的，不可用中文输入法进行输入。

除了"你好世界!"以外，所有的字符及标点符号，都必须为英文输入法状态下输入的，包括双引号、括号都是英文输入法状态下输入的，否则运行程序时就会报错。

当想要离开 Python 的输入界面时，可以单击窗口右上角的"关闭"按钮来关闭当前终端，如果仅想退出 Python 输入而不想关闭终端窗口，则可以按快捷键 Ctrl＋Z，然后按 Enter 键退出。

1.3 PyCharm 的下载及安装

虽然已经安装好 Python 的运行环境，也已经成功地完成了一次 Python 程序的编写及运行，但在希望编写更多更复杂的程序的时候，在终端窗口下编写始终不太方便，这时候就需要一款更加好用的代码编辑工具来提高效率。

PyCharm 作为一款非常知名的 Python 代码编辑器，获得了 Python 从业者的广泛认可，PyCharm 代码编辑器是一款商业产品，PyCharm 编辑器分为两个版本：

1) Professional 版

Professional 版支持 HTML、JS 和 SQL，功能比较强大，需要购买才可以使用，有条件的读者可以进行购买。

2) Community 版

Community 版是开源的编辑器，用于纯 Python 的开发。

在学习 Python 的阶段，可以选择 Community 版进行 Python 的开发，并且在日后需要开发 HTML、JS 或者 SQL 的时候，也有其他专业的编辑器可供选择，所以本书使用的是 PyCharm 的社区版，也就是使用 Community 版进行讲解。

访问 PyCharm 产品的官方网站可获得 PyCharm，其下载网址为 https://www.jetbrains.com/pycharm/download/#section=Windows。注意，这里也是 https 而不是 http，因为同样是国外的网站，所以打开的速度会慢一些，等待页面加载完毕后选择 Community 版进行下载，如图 1-8 所示。

图 1-8　选择 PyCharm 的版本

单击 Download 按钮后，等待几分钟就会弹出下载界面，下载完成后即可开始 PyCharm 的安装。需要注意的是，在第 1 步可以选择将 PyCharm 安装到哪个盘符，如图 1-9(a)所示。在安装的第 2 步需要将所有的可勾选选项都勾选，如图 1-9(b)所示，然后单击 Next 按钮直至最后，安装完毕。

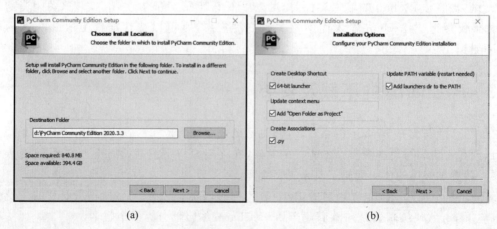

(a)　　　　　　　　　　　　(b)

图 1-9　PyCharm 的安装

1.3.1 PyCharm 的简单使用

第一次运行 PyCharm 时会在屏幕中间弹出一个小框,小框的标题为 Import PyCharm Settings,如图 1-10 所示。这是提示导入 PyCharm 编辑器的配置文件,这些配置文件可能是由其他计算机中导出的。例如在旧的计算机上设置了 PyCharm 的一些习惯性的使用方法,例如字体大小、颜色等,当更换一台新计算机时如果重新对 PyCharm 进行设置会比较麻烦,也不一定能够设置成原来的惯用界面,这时候通过将旧计算机中的 PyCharm 的配置文件导出来,然后在新的计算机中导入进去,就会得到一个与之前计算机上一模一样的 PyCharm 编辑器了。这里因为是全新的编辑器,且之前也没有配置文件需要导入,在对话框中选择 Do not import settings,然后单击 OK 按钮,就可进入 PyCharm 的欢迎界面了。

图 1-10　PyCharm 第一次运行时的弹窗

进入 PyCharm 欢迎界面后在窗口的中部有 3 个按钮,分别是 New Project、Open、Get from VCS。创建一个新的项目可以选择左侧的 Projects 栏目,然后选择 New Project 进行创建,如图 1-11 所示。

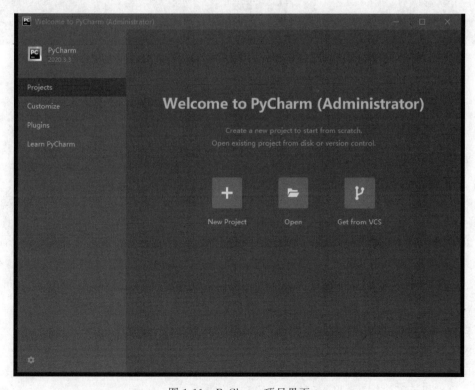

图 1-11　PyCharm 项目界面

单击 New Project，创建项目的配置页面，如图 1-12 所示。

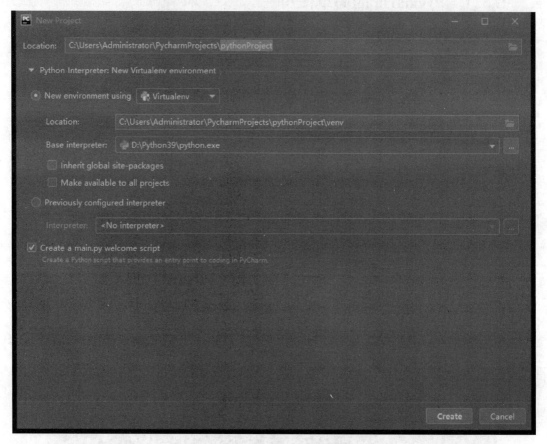

图 1-12　PyCharm 创建项目配置页面

在项目配置页面有以下几个参数需要进行设置。

（1）Location：设置项目的保存路径，路径中不能包含中文。

（2）New environment using：这里有 3 个选项，都用于设置 Python 环境管理，3 个选项分别是 Virtualenv、Pipenv、Conda，这里选择 Virtualenv。

（3）Base interpreter：选择 Python 的编译器。

以上参数设置好了以后，单击 Create 按钮便可创建一个 Python 项目，在项目创建的期间，编辑器会运行一段时间，待 PyCharm 编辑器将项目运行环境创建完毕后，就可以看到完整的编辑器界面了，如图 1-13 所示。

进入项目，右击项目名，选择 New→Python File 来创建一个新的 Python 文件，如图 1-14（a）所示，并在弹出的对话框内输入想要创建的文件名，例如 helloworld，输入的文件名可以不加 .py 扩展名，PyCharm 编辑器会自动给文件加上扩展名 .py，如图 1-14（b）所示。

这样就创建了一个新的 Python 文件，并可以在编辑器里编写 Python 代码了。在 helloworld.py 脚本中输入代码，如图 1-15 所示。

在 helloworld.py 编辑器当前页面右击，选择 Run helloworld 后，在编辑器的下半部分会弹出终端界面了，并显示当前程序的运行结果，如图 1-16 所示。

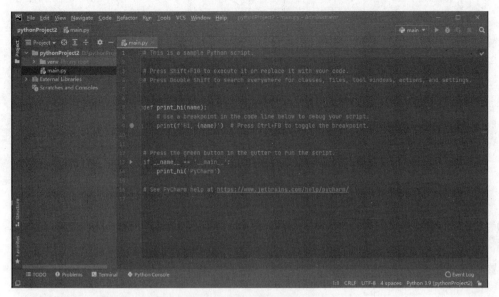

图 1-13　PyCharm 编辑界面

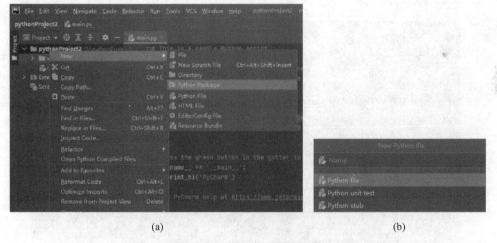

(a)　　　　　　　　　　　　　　　　　(b)

图 1-14　PyCharm 编辑界面

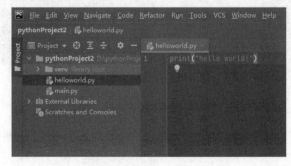

图 1-15　输入代码

图 1-16　PyCharm 运行结果界面

1.3.2　配置 PyCharm

1．修改字体

修改 PyCharm 默认字体可以通过选择编辑器菜单上的 File→Settings→Editor→Font 设置与字体相关的参数，如图 1-17 所示，包含以下参数。

（1）Font：选择字体。

（2）Size：字体大小。

（3）Line spacing：行距。

图 1-17　设置 PyCharm 字体

2．配置模板

选择编辑器菜单中的 File→Settings→Editor→File and Code Templates 选项，在 Python Script 中输入 #auth:xx@163.com 并保存，如图 1-18 所示。此后新建的 Python 文件都会在头部带上 #auth:xx@163.com 这一行字符串，有时需要批量设置文件编码或者批量给文件署名，可以在此处进行设置。

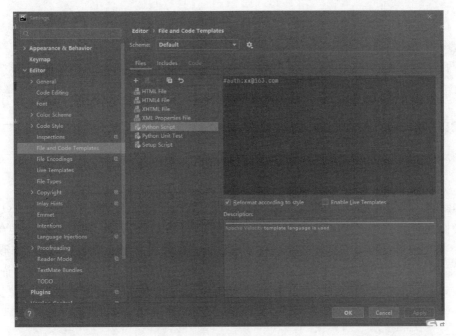

图 1-18　配置模板

3. 选择编辑器主题颜色

可通过编辑器菜单 File→Settings→Appearance & Behavior→Appearance 中的 Theme 切换 PyCharm 编辑器的主题颜色，如图 1-19 所示。

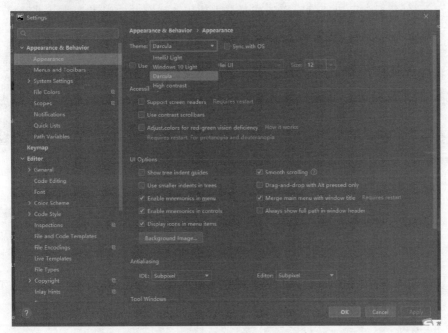

图 1-19　配置 PyCharm 主题颜色

第 2 章 Python 的语言基础

本章将介绍 Python 编程语言的基础，以及 Python 编程语言的基本语法，是 Python 入门的必修内容。熟练地掌握 Python 的语言基础和基本语法，也决定着是否能够使用 Python 顺利地进行程序编写的必要条件。本章内容较多且十分重要，希望读者能够重视，完全、熟练地掌握本章内容。如在本章遇到一时难以理解之处，可以先记忆及背诵下来，并且在计算机上熟练地练习，本书力争使用浅显易懂的方式帮助读者快速地掌握本章内容。

2.1 变量及标识符

变量是计算机编程中的重要概念，变量的概念来源于数学，它是一个存储在计算机内存中的值。当声明一个变量时，相当于在计算机内存中开辟了一个存储空间，并使用变量对该空间进行命名，然后就可以通过引用该变量名来使用这块存储空间了。

可以将内存想象为一列小盒子，每个小盒子上都有一个可以放置变量名称的地方，当声明一个变量时，解释器会分配指定的小盒子，并且将该盒子的名字设置为指定的变量名，根据变量的类型将符合条件的数值放到小盒子中。

要获取某个数值时，只需找到对应变量名的盒子，再打开盒子就可以取出对应的数值了。

如图 2-1 所示，有 3 个盒子，分别为变量 a、b、c，盒子中对应存放的数分别为 4、1、8，想要使用 4 时，只需找到变量名为 a 的盒子，将其打开就可以获得 4。同理，想要使用 1 时，找到变量名为 b 的盒子，将其打开就可以获得对应的数值了。

图 2-1 变量在内存中的存储

与其他编程语言不同的是，Python 使用变量前不需要声明，变量的类型也不需要声明，可以直接使用，代码如下：

a = 1   # 定义一个变量 a，并将 1 赋值给变量 a

> **注意** 在 Python 程序中"="号不是相等的意思,而是赋值的意思。a=1 应该且必须理解为将数值 1 赋给变量 a,而程序中相等的符号是"==",由两个等号代替。

这样在内存里就有了一个变量 *a*,它的值为 1,类型是整数。在此之前无须对变量 *a* 进行声明,也无须对变量 *a* 的数据类型进行声明。

Python 在使用变量前,必须对变量进行赋值,即使将一个空值赋给变量都可以,因为 Python 没有默认值。注意区分声明和赋值,代码如下:

```
b = 1                    # 定义一个变量 b,并将 1 赋值给变量 b
c = 2                    # 定义一个变量 c,并将 2 赋值给变量 c
print(b + c)             # 输出结果为 3
d = ""                   # 定义一个变量 d,并将空值赋值给 d
print(d)                 # 输出的结果为空白
```

在使用变量 *b* 和变量 *c* 之前,必须对变量 *b* 和 *c* 进行赋值,否则程序就会产生错误。在给变量赋值时除了可以为单个变量赋值以外,还可以同时为多个变量进行赋值,代码如下:

```
a = b = c = 1            # 同时为多个变量进行赋值
print(a)                 # 输出结果为 1
print(b)                 # 输出结果为 1
print(c)                 # 输出结果为 1
```

也可以同时为多个变量赋不同的值,代码如下:

```
a,b,c = 1,2,"marry"      # 同时为多个变量进行赋值
print(a)                 # 输出结果为 1
print(b)                 # 输出结果为 2
print(c)                 # 输出结果为 marry
```

在 Python 语言中,变量有多种类型,可以使用 type()函数来查看变量的数据类型,代码如下:

```
b = 1
print(type(b))           # 输出结果为< class 'int'>
c = 2.0
print(type(b))           # 输出结果为< class 'float'>
d = "Hello"
print(type(b))           # 输出结果为< class 'str'>
```

前文使用了一些简单的字符(标识符)作为变量名,例如 *a*、*b*、*c*、*d* 等,变量名也可以是更为复杂的一些标识符,例如 HelloWorld、bianliang、K8s66f、_n 等,代码如下:

```
# 第 2 章//bsf.py
HelloWorld = 123
bianliang = 456
```

```
K8s66f = "Jone"
_n = "Hello World"
print(HelloWorld)                    # 输出结果为 123
print(bianliang)                     # 输出结果为 456
print(K8s66f)                        # 输出结果为 Jone
print(_n)                            # 输出结果为 Hello World
```

在 Python 中,变量名(标识符)只能是由字母、数字和下画线(下画线是在英文输入法状态下,由 Shift 键加"—"键输出的字符)组成的一串字符串,中间不可以有空格或者其他字符,且不能以数字开头。

HelloWorld、bianliang、K8s66f、_n、j_e3 等都是合法的变量名,而 Hello World、8Ks、&GH、*rr、ek@qq 等就不是合法的变量名了。

Python 的标识符是区分大小写的。例如 Hello 与 hello 在 Python 中会被认为是两个不同的变量名,代码如下:

```
Hello = 1
hello = 2
print(Hello)                         # 输出结果为 1
print(hello)                         # 输出结果为 2
```

Python 语言内含有一些保留的关键字,这些关键字不能用作任何标识符,可以通过代码来查看 Python 保留的关键字,代码如下:

```
import keyword
print(keyword.kwlist)
```

输出结果为:

['False', 'None', 'True', '__peg_parser__', 'and', 'as', 'assert', 'async', 'await', 'break', 'class', 'continue', 'def', 'del', 'elif', 'else', 'except', 'finally', 'for', 'from', 'global', 'if', 'import', 'in', 'is', 'lambda', 'nonlocal', 'not', 'or', 'pass', 'raise', 'return', 'try', 'while', 'with', 'yield']

在定义标识符的时候,需要避开以上这些保留的关键字。

想要删除已经创建过的变量,可以使用 del() 函数进行删除,代码如下:

```
a = 1
del(a)
print(a)                             # 输出结果为 NameError: name 'a' is not defined
```

通常情况下,并不需要主动地去删除某个变量,当变量不被程序使用时,Python 的垃圾回收机制会自动将不再使用的变量进行回收。

在 Python 程序中,py 文件单独执行时,按照自上而下的顺序进行执行。相同标识符的变量,在执行的时候下方的变量会将上方的变量覆盖,代码如下:

```
a = 1
a = 2
print(a)                             # 输出结果为 2
```

2.2 数据类型

Python 3 中常见的数据类型有 Number(数字)、String(字符串)、List(列表)、Tuple(元组)、Set(集合)、Dictionary(字典)、Bool(布尔)。其中，Number、String、Tuple 是不可变数据的，而 List、Dictionary、Set 是可变数据的。

2.2.1 Number(数字)

Python 3 中 Number 用于存储数字类型，它支持 3 种数字类型的存储。

1. int(整数型)

整数型就是不包含小部分的数字，Python 3 中的整数型包含正整数、负整数和 0，与其他语言不同，Python 3 中不区分短整型及长整型，在 Python 3 中整数型的取值范围也是无限的(在理论上 Python 3 中整数型的取值范围是无限的，但实际会受限于计算机内存的大小)。示例代码如下：

```
a = 123
print(type(a))                    #输出的结果为< class 'int'>
b = 9999999999999999999           #给 b 赋值一个很大的数值
print(b)                          #输出结果为 9999999999999999999
print(type(b))                    #输出结果为< class 'int'>
```

2. float(浮点型)

浮点型是指带有小数及小数点的数字。浮点数与整数不同，浮点数的取值范围及小数精度都存在限制，但在实际使用的过程中可以忽略不计。浮点型除了使用小数点格式之外，也可以使用科学记数法来表示，代码如下：

```
a = 2e2                           #a = 2×10²
print(a)                          #输出结果为 200.0
```

浮点数有一个特别需要注意的地方，浮点数之间进行运算时会存在不确定尾数的情况，这个不是 Python 的 Bug，举一个例子，代码如下：

```
#第 2 章//fl.py
a = 0.1
b = 0.2
print(a + b)                      #输出的结果为 0.30000000000000004
c = 28.787743299054
print(c)                          #输出的结果为 28.787743299054
print(type(c))                    #输出结果为< class 'float'>
```

在上面的代码中，0.1+0.2=0.30000000000000004，出现这样的情况就是上文提到的不确定尾数，不确定尾数是由计算机内部运算产生的，在使用浮点数的时候，最好设置保留小数的位数，以免出现意外的情况。可以使用 round()函数来对浮点数进行处理。

round()函数的格式是 round(x,d),其中 x 为需要处理的浮点数,d 为需要保留的小数位数,d=0 表示取整,d=1 表示保留 1 位小数,以此类推。round()函数还会对数据进行四舍五入,代码如下:

```
#第2章//fl.py
a = 0.1
b = 0.2
c = a + b
d = round(c,1)                      #保留1位小数
print(d)                            #输出结果为0.3
print(type(d))                      #输出结果为<class 'float'>
e = 0.45
print(round(e,1))                   #输出结果为0.5,四舍五入进一位
```

浮点型与整数型进行运算后会得到浮点型数据,整数型数据之间进行运算也可以得到浮点型数据,代码如下:

```
#第2章//fl.py
a = 1.0
print(type(a))                      #输出结果为<class 'float'>
b = 1
print(type(b))                      #输出结果为<class 'int'>
c = a + b
print(c)                            #输出结果为2.0
print(type(c))                      #输出结果为<class 'float'>

#整型数据相除可得到浮点型数据
j = 1
k = 2
m = j/k                             #将j除以k后所得的值赋值给m
print(m)                            #输出结果为0.5
print(type(m))                      #输出结果为<class 'float'>
```

3. complex(复数)

Python 中复数类型与数学中复数的概念是一致的,复数由实部与虚部构成,在 Python 中,复数的虚部以 j 或者 J 为后缀,代码如下:

```
#第2章//comp.py
a = 12 + 0.5j
print(a)                            #输出结果为(12 + 0.5j)
print(type(a))                      #输出结果为<class 'complex'>

b = 5 - 0.1j
print(b)                            #输出结果为(5 - 0.1j)
print(type(b))                      #输出结果为<class 'complex'>

#对复数进行简单相加
print(a + b)                        #输出结果为(17 + 0.4j)
print(type(a + b))                  #输出结果为<class 'complex'>
```

2.2.2 String(字符串)

1. 字符串

Python中的字符串由字符组成,用单引号'或者双引号"括起来称为字符串,字符串可以是中文、英文、数字或者混合的文本,代码如下:

37min

```
#第2章//st.py
a = "这是一个字符串"              #双引号括起来
b = 'zi fu chuan'                #单引号括起来
print(a)                         #输出结果为这是一个字符串
print(type(a))                   #输出结果为<class 'str'>
print(b)                         #输出结果为 zi fu chuan
print(type(b))                   #输出结果为<class 'str'>
```

根据上文的定义,下面都是合法的字符串:
- "北京欢迎你!"
- "Jan 1"
- "2021-12-12 12:12:12"
- "马斯克有1个火箭发射 cang"
- "21-5=?"

单个字符在Python中也可以作为一个字符串使用,代码如下:

```
a = "1"
print(a)                         #输出的结果为1
print(type(a))                   #输出的结果为<class 'str'>
```

2. 反斜杠

当需要换行输入大量字符串时,必须在行尾添加反斜杠\,代码如下:

```
a = "Hope is a good thing,\
maybe the best of things,\
and no good thing ever dies."

print(a)                         #输出结果为以上字符串
print(type(a))                   #输出的结果为<class 'str'>
```

上文a字符串内容比较长,使用了反斜杠\对字符串内容进行换行,这样就可以把大量字符串分割成多行。反斜杠在字符串中还有转义的作用。当要使用单引号'或者双引号"作为字符串输出时,就需要使用\'或者\"进行转义,代码如下:

```
a = "let\' go"
print(a)                         #输出结果为 let' go
b = "\"Lorna\"是我的新名字"
Print(b)                         #输出结果为"Lorna"是我的新名字
```

转义字符以\0开头表示八进制,注意此处0是数字零而不是英文O。以\x开头表示十六进制,代码如下:

```
a = "\061"
b = "\x61"
print(a)                    #输出结果为1
print(b)                    #输出结果为a
```

下面列举出了一些常用的转义字符,如表2-1所示。

表2-1 常用转义字符

转义字符	说 明
\n	换行符,将当前位置移到下一行的开头
\r	表示回车符,将当前位置移到本行行首
\t	水平制表符,相当于按Tab键
\a	响铃符,如果计算机上有蜂鸣器,则会发出响声
\b	表示退格,即将当前位置后退一个字符
\\	输出反斜杠
\'	输出单引号
\"	输出双引号
\	字符串换行

对于大量字符串进行输入时,还可以使用3个单引号'''或者3个双引号"""括起来,这样在输入大量字符串时,无须使用反斜杠\进行换行输入,代码如下:

```
a = """Hope is a good thing,
maybe the best of things,
and no good thing ever dies."""

print(a)                    #输出结果为以上字符串
print(type(a))              #输出的结果为< class 'str'>
```

3. 三引号

在Python中,3个单引号'''或者3个双引号"""括起来,也可以用作多行注释。注释是对代码的解释和说明,其目的是让人们能够更容易地理解代码。下面是Python中对多行代码进行注释,代码如下:

```
a = 1
"""
b = 2
c = 3
"""
d = 4

print(a)                    #输出结果为1
print(d)                    #输出结果为4
print(c)                    #输出报错为NameError: name 'c' is not defined
```

在上面的代码中,将 b 与 c 都注释掉了,而 a 和 d 没有被注释掉,所以 a 和 d 能够正常运行,而被注释掉的 b 和 c 则不再参与程序的执行。在这里 b 和 c 只是一个注释文本。这里需要区分字符串和注释的使用方法。

字符串的使用方法是用 3 个单引号'''或者 3 个双引号"""将字符串括起来,赋值给变量,而注释是在程序之前将其整体括起来。

Python 中除了多行注释还有单行注释。Python 中使用井号♯进行单行注释,代码如下:

```
♯简单的赋值操作
a = 1                               ♯将 1 赋值给变量 a
b = 1
```

4. 原始字符串

前文提到,反斜杠\有着特殊的作用,也就是转义字符,但有时候转义字符会带来麻烦。例如,程序需要打开一个文件,文件的路径为 C:\Windows\system32\driver\etc\host,在 Python 中将路径作为字符串传递给变量时需要这样写,代码如下:

```
path = "C:\Windows\system32"
print(path)                         ♯输出结果为 C:\Windows\system32
```

需要对每个反斜杠进行转义,否则就会出错。当路径中还包含了类似\rand、\temp、\apple 及\begin 等这类字符串时,如果忘记处理,遇到反斜杠就会被转义(见表 2-1)。为了避免这些错误,需要使用 Python 的原始字符串功能,将字符串原样输出。

在需要输出的字符串的起始位置加上 r 前缀,即可将字符串原样输出,代码如下:

```
path = r"C:\Windows\system32"
print(path)                         ♯输出结果为 C:\Windows\system32
```

在使用原始字符串时有一点需要特别注意,原始字符串中反斜杠仍然会对引号进行转义,所以字符串的结尾不能是反斜杠,代码如下:

```
♯此代码会报错,结尾不能为反斜杠
path = r"C:\Windows\system32\"
```

如果想要正确地表示 C:\Windows\system32\,则可以这样写,代码如下:

```
path = r"C:\Windows\system32" + "\\"
print(path)                         ♯输出结果为 C:\Windows\system32\
```

上面的代码是先将 C:\Windows\system32 部分进行原样输出,然后连接一个转义字符串,组合为 C:\Windows\system32\。

5. 字符串的连接

在程序开发的过程中,经常需要对多个字符串进行拼接,在上文代码中使用了加号"+"连接两个字符串,加号在字符串之间使用所表示的不是数学运算符,而是连接字符串的运算

符,代码如下:

```
# 第 2 章//st.py
a = "Hello"
b = "World"
c = a + b
print(c)                # 输出结果为 HelloWorld
print(type(c))          # 输出结果为 <class 'str'>

d = 12
print(type(d))          # 输出结果为 <class 'int'>
m = a + d               # 此处会报错 TypeError: can only concatenate str (not "int") to str
```

从代码的报错中可以看出,加号"+"只能用于对两个字符串类型的数据进行连接,当使用了非字符串进行连接时就会报错。如果希望上面的代码能够顺利执行,则需要将非字符串类型的数值转换为字符串类型。可以使用 str() 函数来强制将目标数据类型转换成字符串类型,代码如下:

```
# 第 2 章//st.py
a = "Hello"
b = 2
print(type(b))          # 输出结果为 <class 'int'>

c = a + str(b)          # 强制将整数型转换为字符串类型
print(c)                # 输出结果为 Hello2
print(type(c))          # 输出结果为 <class 'str'>
```

除了使用加号"+"连接两个字符串以外,将两个字符串并排写在一行也可以实现字符串的连接,这种方式是 Python 所特有的,代码如下:

```
a = "Hello" " world"
print(a)                # 输出结果为 Hello world
print(type(a))          # 输出结果为 <class 'str'>
```

字符串中使用 * 是用于将字符串重复输出,代码如下:

```
a = "Hello"
b = 3
c = a * b
print(c)                # 输出结果为 HelloHelloHello,将字符串重复输出 3 次
print(type(c))          # 输出结果为 <class 'str'>
```

6. 字符串的格式化

字符串的格式化有两种方式,分别为使用占位符%的方式与使用 format 方式。

所谓占位符,顾名思义,先占住一个固定的位置,等待以后再往该位置添加内容。可使用 Tuple(元组)将多个值向占位符进行填充,代码如下:

```
a = {"name = %s,age = %d' %("小明",24)}
print(a)                        #输出结果为{'name = 小明,age = 24'}

b = "my name is :%s" % "marry"
print(b)                        #输出结果为 my name is :marry
```

代码中%s与%d分别代表字符串类型占位符与十进制整数类型占位符,在占位符与 Tuple 之间由一个%进行分隔,它表示格式化操作。

Python 中常见的占位符如表 2-2 所示。

表 2-2 常见占位符

占位符	说　　明
%s	字符串类型占位符
%d	十进制整数型占位符
%f	浮点数占位符
%c	单个字符占位符
%b	二进制占位符
%o	八进制占位符
%x	十六进制占位符

format()函数把字符串当成一个模板,通过传入的参数进行格式化,使用大括号{}作为占位符代替%,它的基本使用格式为 str.format(p0,p1,…,k0 = v0,k1 = v1),str 代表一个字符串,表示需要格式化输出的部分,format 后面的参数 p 表示第几个位置需要格式化输出的变量,代码如下:

```
print("new {} to {}".format("hello","world"))       #输出结果为 new hello to world
print("{0}{1}".format("hello","world"))             #输出结果为 helloworld
print("{0}{1}{0}".format("hello","world"))          #输出结果为 helloworldhello
print("{a}{b}{a}".format(a = "123",b = "abc"))      #输出结果为 123abc123
```

7. 字符串的切片

切片是 Python 中常见的一种处理方式,可以对要处理的数据进行灵活切割,Python 中符合切片并且常用的数据类型有列表、字符串及元组。

切片的基本表达式为 object[start_index:end_index:step],其中 object 为要处理的对象,start_index 表示起始索引,end_index 表示终止索引,step 表示步长。示例代码如下:

```
a = "Hello"
print(a[1:4:1])                 #输出结果为 ell
```

在上面的代码中,变量 a 对应的字符串为 Hello,对字符串 Hello 进行切片,切片需用中括号[]括起来,中括号内第 1 个参数为起始索引,这里设定为 1,即从索引 1 对应的字符 e 开始,包含 e 本身。第 2 个参数是终止索引,这里设定为 4,即对应的字符是 o,但是不包含 o。第 3 个参数是步长,这里设定为 1,即从左向右取值,增量为 1(步长默认为从左往右取值,且默认值为 1)。这样就完成了一个字符串的切片。

字符串是字符的有序集合，可以通过其位置来获得具体的元素。上文中 Hello 字符串有一个默认的索引，如表 2-3 所示。

表 2-3　字符串对应的索引值

正索引	0	1	2	3	4
值	H	e	l	l	o
负索引	−5	−4	−3	−2	−1

在访问字符串时可以通过具体索引获取值，例如需要获取字符 e，可以通过对应的索引值 1 或者 −4 获取，即 a[1] 或者 a[−4]。获取值可以使用正索引获取，也可以使用负索引获取。

切片实际上就是通过指定起始索引和终止索引获取一段长度的数值，例如想从 Hello 字符串中获取 ell 字符，可以使用从左向右的方法或者从右向左的方法进行获取。

（1）从左向右的方法：使用正索引获取，正索引的起始索引为 1，终止索引为 4。使用负索引获取，负索引的起始索引为 −4，终止索引为 −1。最后切片获取值的方法就为 a[1:4]（正索引）或者 a[−4:−1]（负索引），代码如下：

```
a = "Hello"
print(a[1:4:1])              #输出结果为 ell
print(a[1:4])                #输出结果为 ell,步长默认为 1
print(a[-4:-1])              #输出结果为 ell
```

（2）从右向左的方法：使用从右向左取值的方法也可以取出 ell，但是排列出来的是倒序。从右往左取值需要将步长 step 设置为负数。Hello 中从右往左取值正索引的起始索引为 3，终止索引为 0。负索引的起始索引为 −2，终止索引为 −5，最后切片获取值的方法就为 a[3:0:−1]（正索引）或者 a[−2:−5:−1]（负索引），代码如下：

```
a = "Hello"
print(a[3:0:-1])             #输出结果为 lle
print(a[-2:-5:-1])           #输出结果为 lle
```

> 注意　使用切片时，起始索引获取值时是包含本身的，而终止索引获取值时是不包含本身的，也就是说如果需要获取终止索引指向的值，则需要将切片终止索引向后移一位。

下面列举了索引的一些常见用法，示例代码如下：

```
#第2章//lis.py
a = "123456789"
print(a[1:5:-1])             #正索引与步长从右往左冲突,起始索引比终止索引小,输出为空
print(a[:])                  #输出结果为 123456789
print(a[0:])                 #输出结果为 123456789
print(a[:9])                 #输出结果为 123456789
print(a[::-2])               #从右往左输出,增量为 2,输出结果为 97531
print(a[::-1])               #从右往左输出,结果为 987654321
print(a[-5:-1:-1])           #负索引步长从右往左输出冲突,起始比终止索引小,输出为空
```

8. 字符串的常见操作

(1) 获取字符串长度：使用 len() 可获取字符串的长度，代码如下：

```
a = "helloworld"
print(len(a))                    #输出结果为 10
```

(2) 大小写转换：使用 lower() 可将大写转换为小写，使用 upper() 方法可将小写转换为大写，代码如下：

```
a = "helloworld"
b = a.upper()
print(b)                         #输出结果为 HELLOWORLD

c = b.lower()
print(c)                         #输出结果为 helloworld
```

(3) 检测目标字符串中是否存在自定字符串：使用 find() 方法可检测目标字符串中是否包含指定的字符串。如果包含了指定的字符串，则返回开始的索引；如果不包含，则返回 -1，代码如下：

```
a = "helloworld"
print(a.find("wor"))             #输出结果为 5

c = "epp"
print(a.find(c))                 #输出结果为 -1
```

(4) 在字符串中查找指定字符串出现的次数：使用 count() 方法可统计指定字符串在目标字符串中出现的次数，代码如下：

```
a = "helloworld"
b = "o"
print(a.count(b))                #输出结果为 2

c = "ac"
print(a.count(c))                #输出结果为 0
```

(5) 将指定字符串替换成新字符串：使用 replace() 方法可将目标字符串中的指定字符串替换成新的字符串，str.replace(old,new[,max]) 方法包含 3 个参数，old 代表需要替换的字符串，new 代表替换后的字符串，max 为可选参数。如果不指定 max，则会将字符串中的所有 old 字符串替换为 new 字符串；如果指定了 max，则最多替换不超过 max 次，代码如下：

```
a = "helloworldhelloworld"
b = "wor"
c = "mmm"
a.replace(b,c)           #不指定 max 参数，全部替换，输出结果为 hellommmldhellommmld
a.replace(b,c,1)         #指定 max,替换次数不超过 1 次，输出结果为 hellommmldhelloworld
```

(6) 移除头尾指定字符串：使用 strip() 方法可移除目标字符串的头尾指定字符串，默认移除空格，代码如下：

```
#第2章//st.py
a = " hello world "
b = a.strip()
print(b)                    #输出结果为 hello world，只移除首位空格，中间空格并不移除

a = " == helloworld == "
b = " == "                  #指定要移除的字符串
c = a.strip(b)
print(c)                    #输出结果为 helloworld
```

使用 lstrip() 方法可移除左侧指定的字符串，使用 rstrip() 方法可移除右侧指定的字符串，默认移除空格，代码如下：

```
a = " hello"
b = "world "

print(a.lstrip())           #移除左侧空格，输出结果为 hello
print(b.rstrip())           #移除右侧空格，输出结果为 world
```

(7) 按分隔符对字符串进行切片：使用 split() 方法可对字符串按指定字符串进行切片，split() 方法的完整格式为 strs.split(str="",num=string.count(str))。split() 方法有两个参数，str 代表分隔符，默认为空字符，num 代表分割次数，默认值为-1，即分割所有，代码如下：

```
#第2章//st.py
a = "hello,world,good"
b = a.split(",")            #按逗号进行分割
print(b)                    #输出结果为['hello', 'world', 'good']

a = "hello world good"
b = a.split()               #默认按空格进行分割
print(b)                    #输出结果为['hello', 'world', 'good']

a = "hello world good"
b = a.split(" ",1)          #默认按空格进行分割，分割1次
print(b)                    #输出结果为['hello', 'world good']
```

(8) 对字符串进行对齐：使用 ljust() 方法进行左对齐，使用 rjust() 方法进行右对齐，使用 center() 方法进行居中对齐，代码如下：

```
#第2章//st.py
a = "hello"
b = a.ljust(20,"*")
print(b)         #输出结果为 hello***************，字符串宽度为20，使用*填充剩余部分
```

```
b = a.rjust(20,"#")
print(b)               # 右对齐,输出结果为###############hello

b = a.center(20,"=")
print(b)               # 居中对齐,输出结果为=======hello========
```

2.2.3 List(列表)

列表也是 Python 中常用的数据类型,它由方括号[]与逗号组成。列表与其他语言中的数组与字符串相似,列表中每个元素也都对应着索引,从左往右进行索引是从 0 开始的。列表中第 1 个元素的索引为 0(计算机中大多数编程语言的索引是从 0 开始的),第 2 个元素的索引为 1,以此类推。从右往左进行的索引为负值,具体数值根据列表长度来一一对应,列表的最后一个元素的负索引为 -1。列表内的元素类型不需要相同,可以是完全不同的数据类型。下面列举了列表的基本形态,代码如下:

17min

```
# 第2章//lis.py
list1 = [1,2,3,4,5]
list2 = ["a","b","c","d"]
list3 = [1,"2",3,"b","d"]
list4 = ["one","two","three","four","five"]

print(type(list1))              # 输出结果为< class 'list'>
print(type(list2))              # 输出结果为< class 'list'>
print(type(list3))              # 输出结果为< class 'list'>
print(type(list4))              # 输出结果为< class 'list'>

list5 = [2,[1,2,3],["a","b",1]]  # list 的嵌套
print(list5[1][1])              # 输出结果为 2
print(type(list5))              # 输出结果为< class 'list'>
```

1. List 的切片

要对列表进行切片首先需要了解列表中索引的对应关系。列表的索引与字符串的索引相似,既有正索引也有负索引,负索引对应的值与列表的长度有关。既可以从左至右进行切片,也可以从右至左进行切片,如表 2-4 所示。

表 2-4 列表对应的索引值

正索引	0	1	2	3	4
值	one	two	three	four	five
负索引	-5	-4	-3	-2	-1

通过索引可以方便地访问列表中对应的元素,可以使用正索引进行访问,也可以使用负索引进行访问。例如需要访问第 3 个元素,代码如下:

```
a = ["one","two","three","four","five"]
print(a[2])              # 正索引从 0 开始,输出结果为 three
print(a[-3])             # 输出结果为 three
```

在对上文字符串的学习中已经了解了切片的知识,下面对列表进行切片,代码如下:

```
#第2章//lis.py
a = ["one","two","three","four","five"]
b = a[:]                        #输出全部内容
print(b)                        #输出结果为['one', 'two', 'three', 'four', 'five']

c = a[1:3]
print(c)                        #输出结果为['two', 'three']

d = a[-4:-1]
print(d)                        #输出结果为['two', 'three', 'four']
```

2. list 的常见操作

(1) 向列表添加元素:向列表中任意位置添加元素可以使用 insert() 方法。insert() 方法的结构为 list.insert(index,obj)。该方法包含两个参数,分别为 index 与 obj,index 参数为要插入元素的索引位置,obj 为要插入的对象。例如将一个字符串插入列表中,代码如下:

```
a = ["one","two","three","four","five"]
b = "test"
a.insert(2,b)                   #插入元素并将该元素的索引设置为2
print(a)                        #输出结果为['one', 'two', 'test', 'three', 'four', 'five']
```

除了可以使用 insert() 方法插入元素以外,还可以使用 append() 方法插入元素。与 insert() 方法不同的是,append() 方法是在列表末尾添加元素,代码如下:

```
a = ["one","two","three","four","five"]
b = "test"
a.append(b)
print(a)                        #输出结果为['one', 'two', 'three', 'four', 'five', 'test']
```

以上将新元素插入列表都是对单个元素进行插入,使用 extend() 方法可以将指定序列中的多个值一次性地追加到目标序列中。指定的序列可以是列表、元组、集合、字典等,代码如下:

```
a = ["one","two","three","four","five"]
b = [1,2,3,4]
a.extend(b)                     #将列表b元素追加至列表a
print(a)                        #输出结果为['one', 'two', 'three', 'four', 'five', 1, 2, 3, 4]
```

(2) 删除列表元素:删除列表元素可以使用 pop() 方法实现,pop() 方法的结构为 list.pop([index=-1])。该方法包含一个默认参数 index,该参数的默认值为-1,当未设置 index 的值或者将 index 的值设置为-1时,该方法将删除列表中最后一个元素,代码如下:

```
a = ["one","two","three","four","five"]
a.pop()                         #不指定 index,则默认为-1
```

```
print(a)                    # 输出结果为['one', 'two', 'three', 'four']

a.pop(1)                    # 删除索引为1的元素
print(a)                    # 输出结果为['one', 'three', 'four']
```

除了可以使用索引来删除元素以外，还可以使用 remove() 方法来指定需要删除的元素，代码如下：

```
a = ["one","two","three","four","five"]
a.remove("two")             # 删除指定元素 two
print(a)                    # 输出结果为['one', 'three', 'four', 'five']
a.remove("one")             # 删除指定元素 one
print(a)                    # 输出结果为['three', 'four', 'five']
```

（3）列表排序：对列表进行排序，可以使用 sort() 方法来对列表进行排序。sort() 方法的结构为 list.sort(key = None,reverse = False)。该方法包含两个参数，分别为 key 与 reverse。其中 key 参数表示在比较前要在每个列表元素上调用的函数；reverse 参数表示排序规则，reverse＝True 表示进行降序排序，reverse＝False 则表示进行升序排序，reverse 的默认值为 False，代码如下：

```
# 第2章//lis.py
a = [1,3,2,4,7,6,5,8]
a.sort()                    # 默认进行升序排序
print(a)                    # 输出结果为[1, 2, 3, 4, 5, 6, 7, 8]

b = [1,3,2,4,7,6,5,8]
b.sort(reverse = True)      # 进行降序排序
print(b)                    # 输出结果为[8, 7, 6, 5, 4, 3, 2, 1]

def func(parm):             # 以列表的第2个元素为排序依据
    return parm[1]

c = [["a",4],["b",3],["c",2],["d",1]]
c.sort(key = func,reverse = False)   # 进行升序排序
print(c)                    # 输出结果为[['d', 1], ['c', 2], ['b', 3], ['a', 4]]

def func2(parm):            # 以列表的第1个元素为排序依据
    return parm[0]

d = [["d",4],["b",3],["c",2],["a",1]]
d.sort(key = func2,reverse = True)   # 进行降序排序
print(d)                    # 输出结果为[['d', 4], ['c', 2], ['b', 3], ['a', 1]]
```

sort() 方法用于将当前列表直接进行修改，而 sorted() 方法会构建一个新的排序列表。sorted() 方法的结构为 sorted(iterable,key = None,reverse = False)。相比 sort() 方法，sorted() 方法多了一个参数 iterable，该参数代表可迭代对象。其余两个参数与 sort() 方法的参数类似，代码如下：

```
a = [1,3,2,4,7,6,5,8]
b = sorted(a, reverse = True)              # 进行降序排序
print(b)                                    # 输出结果为[8, 7, 6, 5, 4, 3, 2, 1]
```

（4）列表的重复与组合：列表可以通过运算符加号来完成多个列表的组合，也可以使用乘号来完成重复列表的操作，代码如下：

```
a = [1,3,2,4,7,6,5,8]
b = ["a","b","c","d"]
c = a + b                                   # 列表组合
print(c)                                    # 输出结果为[1, 3, 2, 4, 7, 6, 5, 8, 'a', 'b', 'c', 'd']
d = ["go","new"]
e = d * 2                                   # 重复列表2次
print(e)                                    # 输出结果为['go', 'new', 'go', 'new']
```

3. list 的常见方法

（1）获取列表元素的个数：使用 len() 方法可获取列表元素的个数，代码如下：

```
a = [1,3,2,4,7,6,5,8]
print(len(a))                               # 输出结果为8
```

（2）返回列表元素的最大值与最小值：使用 max() 方法可返回列表元素的最大值，使用 min() 方法可返回列表元素的最小值，代码如下：

```
a = [1,3,2,4,7,6,5,8]
print(max(a))                               # 输出结果为8
print(min(a))                               # 输出结果为1
```

（3）列表的类型转换：与字符串和整数型之间的转换类似，元组或字符串与列表之间也可相互转换，可以使用 list() 方法将元组或字符串转换成列表，代码如下：

```
tuples = (1,2,3,4,5)
list1 = list(tuples)
print(list1)                                # 输出结果为[1, 2, 3, 4, 5]

str = "helloworld"
list2 = list(str)
print(list2)                                # 输出结果为['h', 'e', 'l', 'l', 'o', 'w', 'o', 'r', 'l', 'd']
```

（4）统计指定元素在列表中出现的次数：可以使用 count() 方法统计指定元素在列表中出现的次数，代码如下：

```
a = [1,3,2,3,4,7,3,6,5,8]
print(len(a))                               # 统计列表长度，输出结果为10
print(a.count(3))                           # 统计3在列表中出现的次数，输出结果为3
```

（5）查找指定元素的索引：index() 方法可查找列表中首次匹配元素的索引，代码如下：

```
a = [1,3,2,3,4,7,3,6,5,8]
print(a.index(3))                    #3首次出现的索引值为1,所以输出结果为1
```

(6) 翻转列表：reverse()方法可将列表翻转后输出,代码如下：

```
a = [1,3,2,4,7,6,5,8]
a.reverse()                          #对列表进行翻转,无返回值
print(a)                             #输出结果为[8, 5, 6, 7, 4, 2, 3, 1]
```

(7) 判断元素是否存在于列表中：可使用 in 或者 not in 表达式来判断指定元素是否存在于列表中,代码如下：

```
a = [1,3,2,4,7,6,5,8]
b = 3
d = b in a                           #判断3是否在列表a中
print(d)                             #3在列表a中,所以输出结果为True

c = "a"
e = c not in a                       #判断字符串a不在列表a中
print(e)                             #字符串a不在列表a中,所以输出结果为True
```

2.2.4 Tuple(元组)

元组与列表极为相似,但与列表不同的是元组不能被修改,这是元组与列表最大的区别之一。列表使用中括号[],而元组使用小括号()。元组也有索引,索引与列表索引也是一致的,同样有正索引和负索引,如表2-5所示。

表 2-5　元组对应的索引值

正索引	0	1	2	3	4
值	tuple_one	tuple_two	tuple_three	tuple_four	tuple_five
负索引	-5	-4	-3	-2	-1

元组的元素与列表元素一样可以包含不同的数据类型,也可以对元组进行嵌套。下面列举了元组的一些常见结构,代码如下：

```
#第2章//tup.py
tuple = (1,2,3,4,5,6)
print(type(tuple))                   #输出结果为<class 'tuple'>

tup = ("a","b","c",(1,2))
print(type(tup))                     #元组的嵌套
                                     #输出结果为<class 'tuple'>

tup = (1,[1,2],("a",1))
print(type(tup))                     #多种数据类型与嵌套
                                     #输出结果为<class 'tuple'>
```

当一个元组只包含一个元素时,需要在元素后面增加逗号,否则括号会被当作运算符使

用,代码如下:

```
tuple_a = (1)
print(type(tuple_a))                    #输出结果为<class 'int'>

tuple_b = (1,)
print(type(tuple_b))                    #输出结果为<class 'tuple'>
```

1. 元组的常见操作

(1) 访问元组:可以通过正索引或负索引访问元组的元素,代码如下:

```
#第2章//tup.py
tup = ("one","two","three","four","five")
print(tup[0])                           #输出结果为 one

tup = ("one",3,[1,"a","4"],("b","c",1),0.25)
print(tup[2][1])                        #输出结果为 a
print(tup[3][2])                        #输出结果为 1
print(tup[4])                           #输出结果为 0.25

print(tup[-3][-2])                      #使用负索引访问,输出结果为 a
print(tup[-2][1])                       #负索引与正索引结合,输出结果为 c
```

(2) 元组切片:元组的切片与列表、字符串的切片一致,代码如下:

```
#第2章//tup.py
tup = ("one","two","three","four","five")
print(tup[:])                           #输出结果为('one', 'two', 'three', 'four', 'five')
print(tup[1:3])                         #输出结果为('two', 'three')
print(tup[:3])                          #输出结果为('one', 'two', 'three')
print(tup[-4:-1])                       #输出结果为('two', 'three', 'four')
print(tup[-5:])                         #输出结果为('one', 'two', 'three', 'four', 'five')
```

(3) 删除元组:在前文提到过,元组是不能被修改的,所以元组是不能删除某一个元素的,只能将元组本身删除,也就是对全部元素进行删除,代码如下:

```
tup = ("one","two","three","four","five")
print(tup)                              #输出结果为('one', 'two', 'three', 'four', 'five')
del tup                                 #删除元组
print(tup)                              #报错,提示 NameError: name 'tup' is not defined
```

(4) 组合新元组:元组的重新组合与列表的重新组合一致,使用加号+来组合新的元组,代码如下:

```
tup1 = ("one","two","three","four","five")
tup2 = (1,2,3,4,5)
tup = tup1 + tup2
print(tup)                              #输出结果为('one', 'two', 'three', 'four', 'five', 1, 2, 3, 4, 5)
```

上面代码中并未对 tup1 与 tup2 元组进行修改,而是创建了一个新的元组 tup。

(5) 复制新元组:使用乘号 * 可以对元组进行复制,代码如下:

```
tup1 = ("one","two")
tup2 = tup1 * 3
print(tup2)                        #输出结果为('one', 'two', 'one', 'two', 'one', 'two')
```

2. 元组的常见方法

(1) 统计元组元素的个数:使用 len()方法可统计元组中元素的个数,代码如下:

```
tup = ("one","two","three","four","five")
c = len(tup)
print(c)                           #输出结果为 5
```

(2) 返回元组中最大和最小的元素:使用 max()方法可返回元组中最大的元素,使用 min()方法可返回元组中最小的元素,代码如下:

```
tup = (1,2,3,4,5,6)
max = max(tup)
min = min(tup)
print(max)                         #输出结果为 6
print(min)                         #输出结果为 1
```

(3) 强制转换列表:使用 tuple 可强制将列表类型转换为元组类型,代码如下:

```
list = [1,2,3,4,5,6]
print(type(list))                  #输出结果为< class 'list'>
tups = tuple(list)
print(tups)                        #输出结果为(1, 2, 3, 4, 5, 6)
print(type(tups))                  #输出结果为< class 'tuple'>
```

2.2.5 Dictionary(字典)

字典与列表和元组一样,可以存储任意类型的元素。与元组不可修改所不同的是,字典是可变的容器模型。字典元素由键与值对应,用冒号分割,用逗号隔开,并用大括号{}括起来组合而成,其结构代码如下:

8min

```
dic = {"key1":"value1","key2":"value2","key3":"value3"}    #字典结构
print(type(dic))                                           #输出结果为< class 'dict'>
```

字典中的键必须是唯一且是不可变的数据类型,例如字符串、数字或者元组。键对应的值可以是不唯一的,其类型也没有限制,可以是字符串类型、元组类型,也可以是列表型,代码如下:

```
#第 2 章//dic.py
dic = {(1,):12}                    #键为元组类型,值为数字类型
print(type(dic))                   #输出结果为< class 'dict'>
```

```
dic = {12:"hello"}                              # 键为数字类型,值为字符串类型
print(type(dic))                                # 输出结果为< class 'dict'>

dic = {"k":[1,2,3]}                             # 键为字符串类型,值为列表类型
print(type(dic))                                # 输出结果为< class 'dict'>

dic = {(2,):[1,2],"ks":"world","k":"world"}     # 键唯一,但值不唯一
print(dic) 输出结果为{(2,): [1, 2], 'ks': 'world', 'k': 'world'}
print(type(dic))                                # 输出结果为< class 'dict'>
```

1. 字典的常见操作

（1）创建字典：因为字典是可变集合，所以可以创建空字典后再进行赋值，也可以直接创建字典并赋值，代码如下：

```
#第2章//dic.py
dic = {}                        # 创建一个空字典
dic["key1"] = "value1"
dic[3] = [1,2,3]
print(dic)                      # 输出结果为{'key1': 'value1', 3: [1, 2, 3]}
print(type(dic))                # 输出结果为< class 'dict'>

dic2 = {1:"str1","str":"hello"} # 直接创建字典并赋值
print(dic2)                     # 输出结果为{1: 'str1', 'str': 'hello'}
print(type(dic2))               # 输出结果为< class 'dict'>
```

（2）访问字典：通过键值访问对应的值，代码如下：

```
dic = {1:"a","str":"b",3:"c",4:"d"}
dic1 = dic[1]
print(dic1)                     # 输出结果为a
dic2 = dic["str"]
print(dic2)                     # 输出结果为b
```

（3）修改字典：使用赋值的方式向字典中添加元素，代码如下：

```
dic = {1:"a","str":"b"}
dic["name"] = "jason"           # 增加新元素
dic["age"] = 27                 # 增加新元素
print(dic)                      # 输出结果为{1: 'a', 'str': 'b', 'name': 'jason', 'age': 27}
```

（4）删除字典元素：通过键值来删除字典元素，代码如下：

```
dic = {1:"a","str":"b",3:"c",4:"d"}
del dic["str"]                  # 删除键 str
print(dic)                      # 输出结果为{1: 'a', 3: 'c', 4: 'd'}
```

del除了可以删除字典元素，也可以删除字典本身，如需清空字典则应使用clear()方法，代码如下：

```
#第2章//dic.py
dic1 = {1:"a","str":"b"}
dic1.clear()
print(dic1)                       #输出结果为{}
print(type(dic1))                 #输出结果为<class 'dict'>

dic2 = {1:"a","str":"b",3:"c",4:"d"}
del dic2
print(dic2)                       #输出结果为NameError: name 'dic2' is not defined
```

2. 字典的常用方法

(1) 统计字典元素：len()方法可统计字典的元素的个数，代码如下：

```
dic = {1:"a","str":"b",3:"c",4:"d"}
c = len(dic)
print(c)                          #输出结果为4
```

(2) 字典转字符串：str()方法可将字典类型强制转换成字符串类型，代码如下：

```
dic = {1:"a","str":"b",3:"c",4:"d"}
s = str(dic)
print(s)                          #输出结果为{1: 'a', 'str': 'b', 3: 'c', 4: 'd'}
print(type(s))                    #输出结果为<class 'str'>
```

(3) 判断键是否存在：使用in操作符可判断键是否存在于字典内，代码如下：

```
dic = {1:"a","str":"b",3:"c",4:"d"}
t = "str" in dic
print(t)                          #打印结果为True
```

(4) 删除指定键对应的值：除了可使用del删除指定键对应的值外，还可以使用pop()方法进行删除，代码如下：

```
dic = {1:"a","str":"b",3:"c",4:"d"}
dic.pop(1)                        #键为1
print(dic)                        #输出结果为{'str': 'b', 3: 'c', 4: 'd'}
```

(5) 删除最后一对键和值：popitem()用于删除最后一对键值，代码如下：

```
dic = {1:"a","str":"b",3:"c",4:"d"}
dic.popitem()                     #删除4:"d"
print(dic)                        #输出结果为{1: 'a', 'str': 'b', 3: 'c'}
```

2.2.6 Set(集合)

集合是一个无序的但不重复的元素序列，使用大括号{}或者使用set()来创建集合。注意，创建空的集合必须使用set()进行创建，因为使用空的大括号{}所创建出来的是字典类

型,而不是集合类型。集合的格式为 sets={值1,值2,值3,…},代码如下:

```
sets = {1,2,3,"a","b","c"}              #元素不可重复
print(type(sets))                        #输出结果为<class 'set'>
```

注意集合与列表、元组和字典的区别,集合不支持索引。因为没有索引,所以集合也不支持切片。

(1) 列表:list=[1,2,3],由中括号[]和元素构成。
(2) 元组:tuple=(1,2,3),由小括号()和元素构成。
(3) 字典:dic={1:1,2:2},由大括号{}和键值对构成。
(4) 集合:sets={1,2,3},由大括号{}和元素构成。

1. 集合的常见操作

(1) 创建集合:创建集合可以使用 set()方法,或者直接对集合进行赋值,代码如下:

```
#第2章//sets.py
sets2 = {}                               #此处并非创建空集合,而是创建了空字典
print(type(sets2))                       #输出结果为<class 'dict'>
sets3 = set()                            #创建一个空集合
print(type(sets3))                       #输出结果为<class 'set'>
sets4 = {1,2,3,4,5}
print(type(sets4))                       #输出结果为<class 'set'>
```

(2) 添加元素:add()方法用于向集合中添加元素,如果集合中存在该元素,则不进行任何操作,代码如下:

```
sets = {1,2,3,"a","b","c"}
sets.add("newobj")                       #添加不存在的元素
sets.add(3)                              #已存在的元素无法再次添加
print(sets)                              #输出结果为{1, 2, 3, 'b', 'a', 'newobj', 'c'}
```

(3) 移除元素:remove(元素名)方法用于将集合中指定的元素移除,如果元素不存在,则会发生错误,代码如下:

```
sets = {1,2,3,"a","b","c"}
sets.remove("a")                         #移除元素a
print(sets)                              #输出结果为{1, 2, 3, 'c', 'b'}
sets.remove("no")                        #移除不存在的元素会发生错误 KeyError: 'no'
```

(4) 清空集合:clear()方法用于清空集合,代码如下:

```
sets = {1,2,3,"a","b","c"}
sets.clear()                             #清空集合
print(sets)                              #输出结果为 set()
```

2. 集合的常见方法

(1) 统计集合元素:len()方法用于统计集合元素的个数,代码如下:

```
sets = {1,2,3,"a","b","c"}
print(len(sets))                              #输出结果为 6
```

(2) 返回集合差集：difference()方法用于返回两个集合之间的差集，即返回的结果为包含在第 1 个集合中但不包含在第 2 个集合中的元素，代码如下：

```
sets1 = {1,2,3,"a","b","c"}
sets2 = {4,5,6,"b"}
newset = sets1.difference(sets2)              #返回差集
print(newset)                                 #输出结果为{1, 2, 3, 'a', 'c'}
```

(3) 返回集合交集：intersection()方法用于返回两个集合之间的交集，也就是返回的结果既包含在集合 1 中也包含在集合 2 之中，代码如下：

```
sets1 = {1,2,3,"a","b","c"}
sets2 = {4,5,6,"b",1,3}
newset = sets1.intersection(sets2)            #返回交集
print(newset)                                 #输出结果为{1, 'b', 3}
```

(4) 返回集合并集：union()方法用于返回两个集合之间的并集，即包含了集合 1 与集合 2 中所有的元素，且重复的元素只出现一次，代码如下：

```
sets1 = {1,2,3,"a","b","c"}
sets2 = {4,5,6,"b",1,3}
newset = sets1.union(sets2)                   #返回并集
print(newset)                                 #输出结果为{'c', 1, 2, 3, 4, 5, 'a', 6, 'b'}
```

(5) 判断两个集合中是否包含相同的元素：isdisjoint()方法用于判断两个集合中是否包含相同的元素。如果没有相同的元素，则返回值为 True；如果有相同的元素，则返回值为 False。与 intersection()方法不同的是，isdisjoint()方法并不返回集合，返回的是 True 或者 False，代码如下：

```
sets1 = {1,2,3,"a","b","c"}
sets2 = {4,5,6,"b",1,3}
res = sets1.isdisjoint(sets2)                 #判断 sets2 中是否包含 sets1 中的元素
print(res)                                    #输出结果为 False
```

(6) 移除随机元素：pop()方法用于随机移除集合中的一个元素，代码如下：

```
sets1 = {1,2,3,"a","b","c"}
sets1.pop()
print(sets1)                                  #输出结果为{2, 3, 'c', 'b', 'a'}
```

(7) 返回两个集合中不重复的元素集合：可使用 symmetric_difference()方法返回两个集合中不重复的元素的集合。与 union()方法返回并集不一样的地方是，symmetric_difference()方法返回的结果会将两个集合中相同的元素移除，代码如下：

```
#第2章//sets.py
sets1 = {1,2,3,"a","b","c"}
sets2 = {4,5,6,"b",1,3}

newset = sets1.symmetric_difference(sets2)     #返回并集并移除相同的元素
print(newset)                                   #输出结果为{'c', 2, 4, 5, 6, 'a'}

newset2 = sets1.union(sets2)                    #返回并集
print(newset2)                                  #输出结果为{'c', 1, 2, 3, 4, 5, 6, 'a', 'b'}
```

2.2.7 Bool(布尔)

5min

布尔类型比较简单,True 表示真,False 表示假。也可以使用 1 表示真,0 表示假。在 Python 语言中,除了空字符、空的序列及 0 之外,其余都可以表示为真。可以使用 bool(参数)将指定的参数的类型转换为布尔类型,代码如下:

```
#第2章//bol.py
print(bool(0))              #输出结果为 False
print(False)                #输出结果为 False
print(bool([]))             #输出结果为 False
print(bool(()))             #输出结果为 False
print(bool({}))             #输出结果为 False
print(bool(""))             #输出结果为 False

print(True)                 #输出结果为 True
print(bool(1))              #输出结果为 True
print(bool("str"))          #输出结果为 True
print(bool([1,2]))          #输出结果为 True
```

2.3 运算符

在 Python 程序中,经常会用到加减乘除及比较大小等方法,这些运算符在遇到不同类型的数据时,会产生不同的效果。例如在字符串之间使用加号+代表的是将两个字符串连接起来,而在整数型之间使用加号+则表示进行数学运算。根据运算符常见的应用场景可以简单地将其分为算术运算符、比较运算符、逻辑运算符、成员运算符等。

> 💡注意   程序内所有的字符及字符串,包括标点符号,除去要输出的内容,全部必须在英文输入法状态下进行输入,不可用中文输入法进行输入。

1. 算术运算符

在 Python 中,常见算术运算符包含以下几种,如表 2-6 所示。

表 2-6 常见运算符

运算符	说　　明
+	整数型做相加数学运算,可对其他类型做连接符
-	做相减数学运算

续表

运算符	说　　明
*	整数型做相乘运算,可对其他类型复制
/	做相除运算
%	模运算,取余数
**	幂运算
//	整除,向下取整

以下代码演示了运算符的基本使用方法,代码如下:

```
#第2章//strs.py
a = 10
b = 20
print(a + b)                  #相加,输出结果为30
print(a - b)                  #相减,输出结果为 -10
print(a * b)                  #相乘,输出结果为300
print(a/b)                    #相除,输出结果为0.5
print(a % b)                  #取模,输出结果为10

a = 7
b = 3
print(a ** b)                 #a 的 b 次方,输出结果为343
print(a//b)                   #整除向下取整,输出结果为2

a = "hello"
b = "world"
print(a + b)                  #连接符,输出结果为 helloworld

a = "abc"
b = 3
print(a * b)                  #复制,输出结果为 abcabcabc
```

2. 比较运算符

常见的比较运算符包含以下几种,如表2-7所示。

表2-7　常见比较运算符

运算符	说　　明
==	等于,判断是否相等(一个等号=是赋值)
!=	不等于,判断是否不相等
>	大于,判断左侧是否大于右侧
<	小于,判断左侧是否小于右侧
>=	大于或等于,判断左侧是否大于或等于右侧
<=	小于或等于,判断左侧是否小于或等于右侧

Python 示例代码如下:

```
#第 2 章//strs.py
a = 10
b = 20
print(a == b)                    #输出结果为 False
print(a!= b)                     #输出结果为 True
print(a > b)                     #输出结果为 False
print(a < b)                     #输出结果为 True
print(a > = b)                   #输出结果为 False
print(a < = b)                   #输出结果为 True
```

3. 逻辑运算符

常见的逻辑运算符包含以下几种,如表 2-8 所示。

表 2-8　常见的逻辑运算符

运算符	说　　明
and	与,a 与 b 都为 True,否则为 False
or	或,a 与 b 有一个为 True 即为 True,否则为 False
not	非,也就是取反。a 为 True,not a 则为 False

Python 示例代码如下:

```
a = True
b = False
print(a and b)                   #输出结果为 False
print(a or b)                    #输出结果为 True
print(not a)                     #输出结果为 False
```

4. 成员运算符

常见的成员运算符包含以下几种,如表 2-9 所示。

表 2-9　常见的成员运算符

运算符	说　　明
in	判断左侧数据是否在右侧序列中,如果在则为 True,如果不在则为 False
not in	判断左侧数据是否不在右侧序列中,如果在则为 True,如果不在则为 False

Python 示例代码如下:

```
a = "str"
b = [1,2,3,"st","str",(1,2)]
print(a in b)                    #输出结果为 True
print(a not in b)                #输出结果为 False
```

2.4　Python 中的缩进

前文讲解了 Python 中的基本数据类型、运算符及一些数据类型操作的基本方法,并对其进行了代码演示。所用的演示代码都比较简单,没有涉及大段的代码,所以几乎立即得出了结果，但当需要开发一些更加复杂的程序的时候，可能会出现大段的代码，之前的这种代码编写方式就无法胜任了。通常使用代码块来完成一组复杂的功能。

代码块并不是 Python 中的语句，但要开发复杂的程序时需要熟悉代码块。代码块可以是一组语句也可以是共用的方法，例如后面将会讲解的函数、类等。

在其他编程语言中代码块通常通过大括号{}实现，但在 Python 中代码块是通过缩进来控制的，即在代码前面加空格或者制表符，使一组代码之前的缩进距离保持一致，这样的一组代码就是代码块。示例代码如下：

```
if True:
    #代码块1
    print("a")                          #输出a
    print("b")                          #输出b
else:
    #代码块2
    print("c")                          #输出c
    print("d")                          #输出d
```

在上面的代码中，如果值为 True 则将 a 和 b 进行输出，如果值为 False 则将 c 和 d 输出。在上面的代码中，a 和 b 的代码前面缩进的距离一致，所以输出 a 和 b 的代码为一组代码块，c 和 d 的代码前面缩进距离一致，所以输出 c 和 d 的代码也为一组代码块。

在代码块中缩进的距离必须完全一致，否则就不是同一个代码块，示例代码如下：

```
if True:
    #代码块1
    print("a")                          #输出a
    print("b")                          #输出b
else:
    #代码块2
    print("c")                          #输出c
  print("d")                            #输出d
```

在上面的代码中 d 与 c 的缩进距离不相同，所以它们不再是同一个代码块，程序执行输出的结果也与原先的代码不一致。在这段程序中，如果值为 True，则输出 a 和 b 并且输出 d；如果值为 False 则输出 c 和 d。也就是说，不论是 True 还是 False 都要输出 d，因为此时 d 代码与 if else 的缩进距离是相同的，它们之间组成了一个代码块。

在 Python 中可以使用空格 Space 键或者制表符 Tab 键进行代码的缩进，但是建议使用空格进行代码的缩进，这样会更合适一些，因为制表符 Tab 键在不同的操作系统上有可能会显示不同的距离，会使原本正常的程序运行时产生错误。

使用 PyCharm 编辑器编写 Python 程序时，PyCharm 会将空格键与制表符键产生的缩进保持一致，所以使用 PyCharm 时，既可以使用空格键进行缩进，也可以使用制表符键进行缩进。但是为了养成良好的编程习惯，还是建议统一使用空格键进行缩进。

2.5 条件和条件语句

在 Python 中除了可以顺序地指定代码以外,还可以使用运算结果的不同来有条件地执行代码,在前文我们已经接触过 if else 的结构,if else 就是常见的条件控制语句,其工作过程如图 2-2 所示。

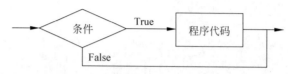

图 2-2 条件语句的工作过程

条件语句的一般形式,代码如下:

```
if 条件1:
    代码块 1
elif 条件2:
    代码块 2
else:
    代码块 3
```

if 后跟着条件语句,条件语句后紧跟冒号:表示满足该条件后接下来要执行的代码块,代码块用缩进进行分组。上面的代码表示当满足条件 1 时,执行代码块 1;当不满足条件 1 而满足条件 2 时,执行代码块 2;当既不满足条件 1 也不满足条件 2 时,执行代码块 3。

条件语句通常执行的结果为布尔类型(Bool),也就是真为 True 和假为 False。在前面学习布尔类型时讲过,在使用布尔类型中这些值都将被解释器视为假,例如 False、None、0、" "、()、[]、{}。

下面通过代码来演示条件语句的基本使用方法,代码如下:

```
#第 2 章//strs.py
if True:
    print("真")
else:
    print("假")
#输出结果为真

a = 10
b = 10

if a > b:
    print("Hello")
else:
    print("World")
#输出结果为 World

if a == b:
```

```
        print("Hello")
else:
        print("World")
# 输出结果为 Hello

if a > b:
        print("Hello")
elif a == b:
        print("My")
else:
        print("World")
# 输出结果为 My

if 0:
        print("真")
else:
        print("假")
# 输出结果为假

if (a > b) or (a == b):
        print("真")
else:
        print("假")
# 输出结果为真
```

2.6　循环语句

Python 中常见的循环语句有 for、while 等，循环可以重复多次地执行代码或者代码块，直到满足循环条件后退出。使用 while 时如果没有设置跳出循环的条件，循环中的代码就会一直执行下去，形成死循环，所以在写 while 循环代码时，一定要注意设置跳出循环的条件语句。

for 循环的格式代码如下：

```
for 迭代变量 in 序列:
        循环代码块
```

for 循环示例代码如下：

```
# 第 2 章//strs.py
for i in "Python":
        print(i)
# 输出结果为
# P
# y
# t
# h
```

```
#o
#n


list = [1,2,3,4,5,6]
for i in list:
    print(i)
#输出结果为
#1
#2
#3
#4
#5
#6


list = [1,2,3,4,5,6]
sum = 0
for i in list:
    sum = sum + i              #求列表中所有值相加的总和
print(sum)
#输出结果为 21


list = [1,2,3,4,5,6]
sum = 0
for i in list:
    sum = sum + 1
    if sum > 3:
        print("大于 3 了")
    else:
        print("还未到 3")
#输出结果为
#还未到 3
#还未到 3
#还未到 3
#大于 3 了
#大于 3 了
#大于 3 了


list = [1,2,3]
for index,value in enumerate(list):        #枚举遍历
    print("index = ",index,", value = ",value)
#输出结果为
# index = 0 , value = 1
# index = 1 , value = 2
# index = 2 , value = 3
```

while 循环的格式代码如下:

```
while 条件语句：
    循环代码块
```

while 循环示例代码如下：

```
# 第 2 章//strs.py
a = 1
while a <= 10:
    print("循环 10 次")
    a = a + 1                           # 此处不能省略,否则进入死循环
# 输出结果为输出 10 次,"循环 10 次"


# 求 1～100 所有值之和
a = 1
sum = 0
while a <= 100:
    sum = sum + a
    a = a + 1
print("1～100 的和为 % d" % sum)
# 输出结果为 1～100 的和为 5050

# 死循环
while True:
    print("while 循环")
# 输出结果为一直循环输出,"while 循环"
# 可按快捷键 Ctrl + C 来终止死循环
```

跳出循环有两种方式,一种是完全跳出循环体,使用 break 语句,另一种是跳出当前单次循环,使用 continue 语句,代码如下：

```
# 第 2 章//strs.py
a = 1
while a <= 10:
    if(a == 3):
        a = a + 1
        continue                        # 当 a = 3 时,跳出当前单次循环
    if(a > 5):
        break                           # 当 a > 5 时,结束全部循环
    print("循环" + str(a) + "次")
    a = a + 1
# 输出结果为
# 循环 1 次
# 循环 2 次
# 循环 4 次
# 循环 5 次
```

pass 是空语句,为了保持程序结构的完整性,pass 不做任何事情,代码如下：

```
#第2章//strs.py
a = 1
while a <= 10:
    if(a == 3):
        a = a + 1
        continue                    #当a=3时,跳出当前单次循环
    else:
        pass                        #保持完整性,不做任何事情
    if(a > 5):
        break                       #当a>5时,结束全部循环
    else:
        pass                        #保持完整性,不做任何事情
    print("循环" + str(a) + "次")
    a = a + 1
#输出结果为
#循环1次
#循环2次
#循环4次
#循环5次
```

2.7 函数

22min

前文学习了代码块,通过缩进可以控制代码的分组。函数也是一种代码块,与之前学习的代码块不同的是,函数是可以重复使用的代码块。可以将相关联的通用方法组成一个函数,通过传入不同的参数和条件以达到不同的执行结果。使用函数可以提高代码的复用率。函数分为内置函数与自定义函数。在 Python 中内建了很多函数,例如 print()、len()等。开发人员也可创建自己的函数,自己创建的函数叫作自定义函数。

2.7.1 函数的定义

创建自定义函数时,函数的定义应包含以下规则:
(1) 函数的代码块由关键字 def 开头,后面接函数的命名标识符和圆括号()及冒号:。
(2) 传递的参数应当放置在圆括号之内。
(3) 函数体以冒号为起始,使用相同的缩进组成代码块。
(4) 如有返回值,则需使用 return 加表达式结束函数,如果没有返回值,则不带 return。
函数的格式代码如下:

```
def 函数名([参数]):
    函数体
```

简单的函数演示,示例代码如下:

```
def printme():
    print("你好,世界!")

printme()                           #输出结果为"你好,世界!"
```

2.7.2 函数的调用

当创建好一个自定义函数后它并不能执行,需要主动调用该自定义函数,才可以完成该函数的执行。可以通过自定义函数的函数名来调用该函数,如果该函数有返回值,则可以将该函数的返回值赋值给变量。示例代码如下:

```
#第2章//func.py
def sout(str):
    "输出字符"                      #函数体中第一行相同缩进的字符串为函数说明
    print(str)

def plus(a,b):
    '"返回两个参数之和"'              #函数的说明
    c = a + b
    return c

def printstr():
    "不调用该函数"
    print("不调用")

sout("Hello World")               #输出结果为 Hello World
sum = plus(4,5)                   #将函数返回值赋值给 sum
print(sum)                        #输出结果为 9
```

在上面的代码中定义了3个函数,分别是 sout()、plus()和 printstr(),在这3个自定义函数中,sout()函数是没有返回值的,直接使用该函数的函数名进行调用即可执行,也就是 sout("Hello World")。

plus()函数是有返回值的,如果需要该函数能够正常地工作,则在调用该函数时需要一个变量来获取返回值,即 sum=plus(4,5)。如果没有变量来获取函数的返回值,则该函数可以正常调用只是没有任何意义。

printstr()函数没有在任何地方被调用,虽然已经定义了该函数,但是不去调用该函数则此函数不会运行,所以在输出的结果中并没有看到该函数,应输出的"不调用"。

2.7.3 函数中的参数

参数在使用方法上分为关键字参数、默认参数、不定长参数及函数参数等。在作用域上分为形参与实参。一般来讲,函数传值的顺序与函数定义参数时的排列顺序应当保持一致,使用关键字传参除外。下面来具体了解一下参数的使用方法。

关键字参数示例代码如下:

```
def func(str1,str2):
    print(str1)
    print(str2)

func(str2 = "Hello",str1 = "Hi")                           #输出结果为 Hi Hello
```

在上面的代码中调用 func() 函数时,指定了参数关键字,并将对应的值传递给该参数 str2="Hello"与 str1="Hi"。这种传参方式在参数比较多的时候会经常用到,且传参时不会受到参数的排列顺序的影响。

默认参数示例代码如下:

```
def func(str1,str2 = "Hello"):
    print(str1)
    print(str2)

func(str1 = "Hi")                       # 输出结果为 Hi Hello
func("Hi")                              # 输出结果为 Hi Hello
func("Hi","Ho")                         # 输出结果为 Hi Ho
```

在上面的代码中,在定义函数的同时也定义了 str2 参数的默认值。当调用该函数时,如果没有传递 str2 这个参数的值,则第 2 个参数会使用默认值来代替,也就是 Hello;如果传递了 str2 参数的值,则会用传递进来的值替换默认值。

在上面的代码中第一次调用 func() 函数时,只传递了 str1 的值,此时 str2 就会用默认值代替。第二次调用 func() 函数时,按参数的排列顺序传递了一个值,该值应该被 str1 接收而 str2 没有接收到任何值,所以同样使用默认值代替。第三次调用 func() 函数时,按排列顺序分别由 str1 与 str2 参数接收,此时如果 str2 有值传递进来,就不再使用默认值,而使用传递进来的值替代了默认值。

有时候定义函数时,并不清楚可能会需要多少个参数,这种情况下就需要使用不定长参数来作为函数的参数。使用星号 * 的变量名会存放所有未命名的变量参数,不定长参数示例代码如下:

```
# 第 2 章//func.py
def func(parm1, * parm2):
  print(parm1)
  print(len(parm2))

def func2( * parm):
  for i in parm:
    print(i)
  print(len(parm))

func(10)                                # 输出结果为 10 0
func2(1,2,3,4)                          # 输出结果为 1 2 3 4 4
```

在 Python 中,函数也是对象,所以函数也可以作为参数传入函数中。作为参数被传递的函数也称为回调函数。回调函数可以简单地理解为由程序调用的自定义函数。示例代码如下:

```
# 第 2 章//func.py
def user(a,b):
  c = a + b
```

```
    return c
def func(j,k,fun):
    m = j - k              # j = 3, k = 2,得出 m = 1
    n = j + k              # n = 5
    return fun(m,n)        # 调用 user 函数,求 1 和 5 之和

a = func(3,2,user)
print(a)                   # 输出结果为 6
```

在程序中定义的变量,并不是在任何地方都可以进行访问的。定义在函数之外的变量有全局作用域,在函数体内定义的变量则只能在函数内访问。如果函数内没有定义局部变量,将返回全局变量;如果函数内定义了局部变量,将返回局部变量。示例代码如下:

```
#第 2 章//func.py
a = 10                     # 定义全局变量
def func(j,k):
    b = 1
    return b + j + k + a   # 未定义局部变量 a,则使用全局变量 a

c = func(1,2)
d = a + c
print(d)                   # 输出结果为 24

def func2():
    a = 2                  # 定义局部变量 a,则不使用全局变量 a
    b = 2
    c = a + b
    return c

sum = func2()
print(a + sum)             # 输出结果为 14
```

2.7.4 匿名函数

Python 使用 lambda 来创建匿名函数,匿名函数的主体一般是一个表达式,而不是比较复杂的代码块。匿名函数不能访问自有参数列表之外或者全局命名空间里的参数。匿名函数一般用于实现简单的逻辑,而不必对函数进行命名,以便使代码更加简洁。匿名函数的代码如下:

```
lambda [arg1 [,arg2,...,argn]]:expression
```

使用 lambda 作为起始,接着是参数 1 与参数 n,在冒号后就是函数表达式,示例代码如下:

```
c = lambda a,b:a + b       # 匿名函数,求两个参数之和
print(c(1,2))              # 调用匿名函数并传递参数 1 与 2
```

普通函数可以实现匿名函数的所有功能,虽然匿名函数会让代码看起来更简洁,但是建议如不是必要情况,还应选择普通函数实现功能,这样会使代码的可读性更好。

2.7.5 返回值

函数的返回值使用 return 加上表达式来完成,return 不是必需的。如果需要函数有返回值,就要在函数末尾加上 return 及返回的参数,如不带返回参数则返回 None。如果不需要函数返回值,则可以不加 return,代码如下:

```
#第2章//func.py
def func1(str):
    "无返回值函数"
    print(str)

def func2(a,b):
    '''有返回值函数'''
    c = a + b
    return c

func1("abc")                    #输出结果为 abc
sum = func2(1,2)                #将函数返回值赋值给 sum 变量
print(sum)                      #输出结果为 3
```

2.7.6 内置函数

Python 中内置了很多函数,例如 map()、print()等,可以通过如下命令查看 Python 内置的所有函数,代码如下:

```
print(dir(__builtins__))
#输出结果为
['ArithmeticError', 'AssertionError', 'AttributeError', 'BaseException', 'BlockingIOError',
'BrokenPipeError', 'BufferError', 'BytesWarning', 'ChildProcessError'...
```

想要使用这些内置函数,但是又不知道如何使用应该怎么办呢? 可以使用函数名.__doc__的格式打印出函数的说明文档。例如,想要了解如何使用 map()函数,则可以使用 map.__doc__的方式输出 map()函数的使用方法,代码如下:

```
map.__doc__
#输出结果为 'map(func, * iterables) --> map object\n\nMake an iterator that computes the
function using arguments from \neach of the iterables. Stops when the shortest iterable is
exhausted.'
```

根据 map()说明文档的意思,map()函数是根据提供的函数对指定的序列做映射。它接收两个参数,分别为函数及一个或多个序列。例如,想要将指定列表中的所有元素强制转换成字符串,可以使用 map()函数来完成,示例代码如下:

```
lists = [1,2,3,4,5,6,7]
mapobj = map(str,lists)

#处理后的结果
print(list(mapobj))              #输出结果为['1', '2', '3', '4', '5', '6', '7']

#处理前的结果
print(lists)                     #输出结果为[1, 2, 3, 4, 5, 6, 7]
```

在上面的代码中,使用map()函数将序列中的每个元素都使用str()函数强制转换成字符串类型。

2.8 面向对象

33min

面向对象是软件的开发方法,是一种程序设计范式。面向对象的方法主要是把事务对象化,包括其属性和行为。面向对象编程更贴近实际生活。

与面向过程相比,面向对象关心的是处理的逻辑、流程,而并不关心产生事件的主体。例如小明是人,人是一个类别,小明只是人这个类别中的一个实例个体。在人这个类别中,还可能有小芳、小强等。面向过程的编程方法,会将重心放在小明这个个体身上,为小明实现走路、跑步、跳跃等能力。对于小芳、小强等其他实例个体,则要重复地为他们添加这些能力。

而面向对象的编程方法,则关注在人这个抽象体上,为人这个类别增加走路、跑步、跳跃等能力,然后通过实例化人这个类别,就可以得到小芳、小强等,并且它们会自动地拥有走路、跑步、跳跃等能力。

面向对象编程的三大基本特征是封装、继承和多态。

由于在类中并不是每个属性都需要对外公开,所以需要将不公开的内容进行封装。封装就是隐藏对象的属性及其实现的细节,仅对外提供接口,控制程序在执行过程中的访问级别。封装的目的是为了简化编程,以及增强安全性。

继承就是继承父类的特征和行为,使子类实例对象能够拥有父类的特征和行为。例如动物为一个父类,食肉动物与食草动物则是父类的子类,它们都继承了父类动物的属性。

多态是指同一个行为具有多个不同表现形式的能力。例如同样继承自动物类别的子类食肉动物与食草动物,这两种动物类别的进食方式是有区别的,食肉动物进食的动作是撕扯然后咀嚼,而食草动物则没有撕扯这个动作。多态是在继承的基础之上的。

1. 创建类

使用class语句创建一个新的类,class后为类的名称,以冒号结束,代码如下:

```
class 类名:
    类体
```

示例代码如下:

```
#第2章//obj.py
class Person:
    '''定义了人的基类'''
    hair = 1000                           #类属性
    nose = 1
    eye = 2
    ears = 2
    mouth = 1
    def sound(self):                      #类方法
        print("发出声音")

    def eat(self,food):
        print("吃的是%s"% food)

    def walk(self,dis):
        print("走了%s米"% dis)

    def run(self,dis):
        print("跑了%s米"% dis)
```

在类体中直接定义的属性也称为类属性,例如 hair、nose 等。类属性属于类本身,它的值在这个类的所有实例之间共享,可以通过类名和对象进行访问和修改。在定义类的方法时第 1 个参数必须是 self,self 参数代表类的实例。self 在定义类的方法时是必须有的,调用时则不必传入相应的参数。上面的代码在调用 walk()方法时,第 1 个参数是 self,第 2 个参数是 dis,不需要传入第 1 个参数。

2. 创建实例对象

在其他编程语言中创建实例会使用 new 关键字,但是在 Python 编程语言中没有这个关键字,Python 中类的实例化直接跟类名加小括号(),代码如下:

```
#第2章//obj.py
class Person:
    '''定义了人的基类'''
    hair = 1000
    nose = 1
    eye = 2
    ears = 2
    mouth = 1
    def sound(self):
        print("发出声音")

    def eat(self,food):
        print("吃的是%s"% food);

    def walk(self,dis):
        print("走了%s米"% dis)

    def run(self,dis):
```

```
        print("跑了%s米"%dis)

p = Person()                    #实例化Person
p.walk(200)                     #调用类方法时不需要传入self值,输出结果为走了200米
hair = p.hair
print("人类有%s根头发"%hair)      #输出结果为人类有1000根头发

s = Person()                    #实例化Person
s.walk(300)                     #输出结果为走了300米
print(s.hair)                   #输出结果为1000
```

在上面的代码中属性 hair 在不同的实例中共享,如果将类中的 hair 修改为 200,则 p 实例与 s 实例调用的 hair 输出的结果就是 200 而不再是 1000。在调用 walk 方法时也不需要传值给 self,只需传给 dis 参数,即 self 在定义类的方法时是必须有的,但在调用时则不必传入相应的参数。

3. 构造函数

Python 中构造函数是__init__()。注意,构造函数是由 init 及前后两个下画线__和小括号()组成的,构造函数的特点是在实例化类的时候就会调用该函数。构造函数主要用来完成对对象属性的一些初始化工作。

如果在类中没有设计构造函数,则 Python 将提供一个默认的构造函数进行必要的初始化工作。同样,构造函数中第 1 个参数也是 self,不需要对 self 进行传值。

需要注意的是,构造函数不能在外部被直接调用,且构造函数不允许有返回值。示例代码如下:

```
#第2章//obj.py
class Person:
    '''定义了人的基类'''
    hair = 1000
    nose = 1
    eye = 2
    ears = 2
    mouth = 1

    def __init__(self,name,sex,age):
        self.name = name
        self.sex = sex
        self.age = age

    def person(self):
        new_age = self.age + 1
        print("我是%s,我是%s生,我%s岁了"%(self.name,self.sex,new_age))

xiaoming = Person("小明","男",7)              #实例化Person,向构造函数传递参数
xiaofang = Person("小芳","女",6)
xiaoqiang = Person("小强","男",8)
```

```
xiaoming.person()           #输出结果为我是小明,我是男生,我 8 岁了
xiaofang.person()           #输出结果为我是小芳,我是女生,我 7 岁了
xiaoqiang.person()          #输出结果为我是小强,我是男生,我 9 岁了
```

4. 类成员的访问及访问权限

访问类的成员及类方法可以使用点号进行访问,在前文创建实例对象与构造函数的代码中已经演示过了如何通过点号访问成员及类的方法,代码如下:

```
p = Person()                              #实例化 Person
hair = p.hair

xiaoming = Person("小明","男",7)          #实例化 Person,向构造函数传递参数
xiaoming.person()
```

除了可以访问类成员以外,还可以对类的属性进行添加、删除及修改,代码如下:

```
#第 2 章//obj.py
class Person:
    hair = 1000
    eye = 2
    pass

obj1 = Person()
obj1.hair = 10          #将 hair 属性修改为 10
print(obj1.hair)        #输出结果为 10

obj2 = Person()
obj2.age = 27           #将 age 属性添加为 27
print(obj2.age)         #输出结果为 27
del obj2.age            #删除前面添加的 age 属性
print(obj2.hair)        #实例 obj1 所修改的 hair 不影响实例 2 中的 hair 属性,输出结果为 1000

Person.hair = 200       #类将 hair 属性修改为 200
obj3 = Person()
print(obj3.hair)        #类修改的属性会影响实例中的属性
```

有时一些类内部的属性或者方法不希望被类外部调用,可以将该属性或者方法声明为私有属性或者私有方法。声明私有属性或者方法的方式是在属性或者方法名前加上两个下画线,这样该属性或者方法就不能在类的外部被调用了,代码如下:

```
#第 2 章//obj.py
class Person:
    __hair = 1000
    eye = 2

    def __sum(self)
        print("不允许调用")
```

```
        def sum(self):
            c = __hair + eye
            print("可以调用")

obj = Person()
print(obj.eye)                          # 输出结果为 2
print(obj.__hair)                       # 报错,__hair 不存在

obj.sum()                               # 输出结果为可以调用
obj.__sum()                             # 报错,__sum()不存在
```

5. 继承

继承可以使代码重用,从而使代码更加简洁高效。在 Python 中,继承不仅可以继承自一个父类,也可以同时继承多个父类。继承自一个父类叫作单继承,继承自多个父类叫作多继承。

单继承的结构代码如下:

```
class SubClassName(ParentClassName):
    pass
```

单继承的示例代码如下:

```
#第2章//obj.py
class Animal:
    def __init__(self):
        print("父类构造函数")

    eye = 2
    def eat(self):
        print("吃东西")

class Person(Animal):
    def __init__(self):
        Animal.__init__(self)
        print("子类构造函数")
    hair = 1000
    def sound(self):
        print("说话")

p = Person()
print(p.eye)
p.eat()
p.sound()
```

在上面的代码中 Person 类继承自 Animal 类,实例化类 Person 后,p 对象同时拥有了父类,也就是 Animal 类的属性和方法,同时也拥有子类,也就是 Person 的类和方法。这里子类只继承了一个父类,所以该继承为单继承。

如果定义了父类的构造函数，而没有定义子类的构造函数，则实例对象会调用父类的构造函数。如果定义了子类的构造函数，则实例对象会调用子类的构造函数。子类也可以主动调用父类构造函数，可以通过父类名.__init__(self)的方式调用。

多继承的结构代码如下：

```
class SubClassName(ParentClassName1,ParentClassName2,...):
    pass
```

同时继承多个父类时，如果多个父类中有相同的方法名或者属性名，而在子类中使用时没有指定父类名，则 Python 将会从左向右按顺序进行搜索，即如果在子类中没有找到该方法，将会在父类中按顺序从左到右查找是否包含该方法，代码如下：

```
#第 2 章//obj.py
class A:
    def eat(self):
        print("A")

class B:
    def eat(self):
        print("B")

class Cls1(A,B):                        #继承顺序为 A 和 B
    def do(self):
        self.eat()                       #没有指定父类

class Cls2(B,A):                        #继承顺序为 B 和 A
    def do(self):
        self.eat()                       #没有指定父类
    def do2(self):
        A.eat(self)                      #指定父类 A 的方法

c = Cls1()
c.do()                                   #输出结果为 A

d = Cls2()
d.do()                                   #输出结果为 B
d.do2()                                  #输出结果为 A
```

6. 方法重写

方法重写是建立在继承之上的，当父类的方法无法满足使用需求时，在子类中可以将父类的方法进行重写，从而实现不同的功能。示例代码如下：

```
#第 2 章//obj.py
class Parent:
    def do(self):
        print("父类方法")
```

```
class Child(Parent):
    def do(self):                    #继承并重写 do()方法
        print("子类方法")

c = Child()
c.do()                               #输出结果为子类方法
```

7．静态方法

静态方法是类中的函数，不需要实例化即可直接使用。静态方法主要用于存放逻辑性的代码，静态方法与类的本身没有交互，也就是在静态函数中不会对类的属性或者类的方法进行操作。静态方法在函数前使用@staticmethod，代码如下：

```
#第2章//obj.py
class Parent:
    @staticmethod                    #定义静态函数
    def static():                    #静态函数参数没有 self
        print("不与类交互")

class Child(Parent):
    def do(self):
        print("子类方法")

c = Child()

c.static()                           #可实例化后调用
Parent.static()                      #可无须实例化调用
```

8．内置类属性

Python 中有一些内置的类属性，它们由前后两个下画线构成，常见的内置类属性有__dict__、__doc__、__name__、__module__、__bases__等。

其中，__dict__可以查看类的属性并以字典的形式展示。__doc__用于查看类的文档，__name__用于查看类名，__module__用于查看当前类所在的模块，__bases__用于显示当前类所有的父类，代码如下：

```
#第2章//obj.py
class A:
    pass
class B:
    pass

class Person(A, B):
    __hair = 1000
    eye = 2
    age = 23

print(Person.__dict__)
```

```
#输出结果为{'__module__':'__main__', '_Person__hair': 1000, '__dict__': <attribute '__dict
__' of 'Person' objects>, '__weakref__': <attribute '__weakref__' of 'Person' objects>, '__doc__':
None}

print(Person.__doc__)                    #输出结果为这里是类的说明文档
print(Person.__name__)                   #输出结果为 Person
print(Person.__module__)                 #输出结果为__main__
print(Person.__bases__)(<class '__main__.A'>, <class '__main__.B'>)
```

2.9 错误和异常

在编写程序的过程中错误和异常会伴随着程序的每个周期,错误和异常是难以完全避免的。要达到程序成熟稳定地运行,需要在错误和异常的处理上花费大量的时间,也就是常说的调试。有可能调试的时间会远多于代码编写的时间,所以对错误和异常的处理也是值得重视的。在程序中无法执行下去的称为错误。可以执行下去但是当满足了某一条件后会触发错误则称为异常。例如下面的代码运行时会报错,代码如下:

```
def plus()
    c = a + b
    return c

plus()
```

运行脚本后会提示 b 没被有定义的错误,错误如下:

```
Traceback (most recent call last):
  File "D:\pythonProject2\hello.py", line 6, in <module>
    print(a + b)
NameError: name 'b' is not defined
```

而异常则在运行时不会报错,只有当满足一定条件后才会报错。例如下面代码让用户输入除数,当用户输入非零的数字时,程序运行一切正常,而当用户输入 0 时程序就会报错。这种语法一切正常但在运行时产生的错误称为异常,代码如下:

```
a = input("请输入除数:")
b = 10/int(a)
print(b)
```

当用户输入 10 时程序正常运行,其输出结果为 1.0。当用户输入 0 时程序就会运行错误,此时会抛出 ZeroDivisionError 异常,除数不能为 0。输出异常如下:

```
Traceback (most recent call last):
  File "D:\pythonProject2\hello.py", line 2, in <module>
    b = 10/int(a)
ZeroDivisionError: division by zero
```

对于错误,需要开发者对程序进行修正以保证程序的正常运行,而对于可以预见的异常来讲,Python 提供了一个异常处理类 Exception 来处理异常。Exception 是一个处理常见异常的基类,常见的异常都可以使用 Exception 进行简单处理。

除了 Exception 之外还有许多 Exception 的派生类,可以处理具体的异常,例如除零异常等。下面是一些常见的异常处理类,如表 2-10 所示。

表 2-10 异常处理类

异常名称	说 明
Exception	常见异常的基类
ZeroDivisionError	除零异常
KeyError	访问字典中不存在的关键字
NameError	变量没有定义
TypeError	类型不正确
IndexError	超出索引范围
ValueError	传给函数的参数类型不正确
AttributeError	访问不存在的属性

在 Python 中使用 try except 来处理异常,具体格式如下:

```
try:
    #程序主体
    pass
except 异常类型 as e:
    #触发异常的程序主体
    pass
else:
    #未触发异常的程序主体
    pass
finally:
    #此处的代码一定会被执行
    pass
```

当不需要进行判断时,上面的代码也可以简化为以下格式,格式如下:

```
try:
    #程序主体
    pass
except 异常类型 as e:
    pass
```

下面是一个简单的例子,用于对用户输入 0 时的代码处理,可以使用 ZeroDivisionError 类来对除零的具体情况进行处理,也可以简单地使用 Exception 进行同一处理,代码如下:

```
#第2章//err.py
try:
    a = input("请输入除数:")
```

```
        b = 10 / int(a)
    except ZeroDivisionError:                  # 使用除零异常类处理异常
        print("不可以输入 0")                    # 输入 0 后,触发输出结果为不可以输入 0
    except (NameError,TypeError) as e:         # 判断多个异常
        print(e)
    except:
        print("捕捉其余类型异常")
    else:
        print(b)                               # 输入 10 后,输出正确的结果 1.0


    try:
        a = input("请输入除数:")
        b = 10 / int(a)
    except Exception as e:                     # 使用 Exception 基类处理异常
        print("出现异常")                       # 输入 0 后,触发输出结果为出现异常
        print(e)                               # 输入 0 后,触发输出结果为 division by zero
    else:
        print(b)                               # 输入 10 后,输出正确的结果 1.0
```

2.10 模块

Python 可以通过模块调用来使自身更为强大,模块是程序的封装。在 Python 编程语言中,一个 Python 文件就是一个模块。模块能够让程序组织得更有逻辑,维护起来更加方便。在模块中可以定义函数、类和变量,也可以包含任何可执行的代码。

2.10.1 导入模块

在导入模块前,定义一个 Python 文件,此文件包含两个函数,文件名为 mod.py,代码如下:

```
def func(a,b):
    c = a + b
    print(c)

def func2():
    print("方法 2")
```

上面的 mod.py 就是定义好的模块。模块定义好后,可以使用 import 语句将模块引入,语法格式如下:

```
import module1[,module2[,...moduleN]]
```

例如要引用 mod 模块,可以使用以下代码执行,代码如下:

```
import mod
mod.func(1,2)                          #输出结果为3
```

也可以使用别名的方式来引用模块,代码如下:

```
import mod as m
m.func(1,2)                            #输出结果为3
```

需要注意的是,mod.py 文件需要与引用的文件放在同一目录下。在引入 mod.py 时,如果当前目录下没有找到 mod.py 文件,Python 解释器就会到标准库的安装路径及环境变量目录下去寻找。在第 1 章已讲解了环境变量,如有疑问,可以返回第 1 章查看关于环境变量的部分。本演示中 mod.py 被存放在当前目录下,Python 解释器可以找到该模块。

在使用 import 导入模块时,只需写一次。一个模块只会被导入一次,不管执行了多少次 import,也只会被导入一次。

在上面使用模块的方法的过程中,需要明确指定模块名及方法名,当需要在程序中多次执行该模块的指定方法时,都需要重新写一遍模块方法的格式,这样写既重复又费时,代码也不够简洁。Python 提供了 from…import 语句来从模块中将一个指定的部分导入当前程序。例如上文的 mod.func(1,2)使用 form…import 的方式应用后,就可以直接调用该方法了,示例代码如下:

```
from mod import func
func(1,2)                              #输出结果为3,此处不再需要写模块名
```

当一个模块内有多种方法时,还可以使用 form…import * 的方式来一次性地导入所有方法,代码如下:

```
from mod import *
func(1,2)                              #输出结果为3,此处不再需要写模块名
func2()                                #输出结果为方法2,此处不再需要写模块名
```

2.10.2 入口文件

Python 程序文件本身既可以是模块,又可以是可执行程序,那么该如何区分它们呢?在 Python 中可以使用__name__属性来定义程序的入口。当__name__等于__main__时,则当前文件执行的入口就为此处。例如定义一个文件 python.py,其中代码如下:

```
def func(a,b):
    c = a + b
    print(c)

def func2():
    print("方法 2")

if __name__ == "__main__":
```

```
print("可执行文件")
func(1,2)
```

当文件以程序的方式运行时,在命令行执行的输入命令如下:

```
Python python.py
#输出结果为 可执行文件 3
```

当文件以模块的方式被调用时,代码如下:

```
from python import *
func(1,2)                                          #输出结果为 3
```

当文件以模块的方式被调用时,不会执行__main__后的代码;当文件以程序的方式运行时,执行__main__后的代码。当希望某一个 Python 文件为入口文件时,可以在该文件内加上__main__的入口代码。

2.10.3 包

Python 中的一个包是由多个模块组成的,也就是由多个 Python 文件组成的。简单来讲,包就是文件夹,但在该文件夹下必须有__init__.py 文件,__init__.py 文件可以是空文件。有了__init__.py 文件,Python 会认为当前文件夹是一个包,而当没有__init__.py 文件导入包下的模块时也不会报错。

通常会将一系列相关的模块或者程序放在同一个包下,以管理程序的层次,使程序的逻辑更加清晰。

使用 PyCharm 可以很方便地创建包,在 PyCharm 项目上右击,选择 New→Python Package,如图 2-3 所示。在弹出的对话框内输入 Package,编辑器将会自动创建一个带有__init__.py 的文件夹,如图 2-4 所示。

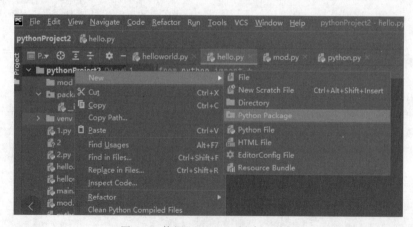

图 2-3 使用 PyCharm 创建一个包

在包内,创建一个模块,将此模块命名为 mod.py,并在模块内输入以下代码:

图 2-4　PyCharm 创建一个包并自动创建了文件__init__.py

```
def func():
    print("func")

def func2():
    print("func2")

if __name__ == "__main__":
    print("入口文件")
    func()
```

可以通过使用 import 包名.模块名的格式将包内的模块导入，代码如下：

```
import package.mod
package.mod.func()                              #输出结果为 3
```

也可以使用别名的方式来导入模块，代码如下：

```
import package.mod as m
m.func()                                         #输出结果为 3
```

2.11　常用模块

Python 提供了很多内置模块，常见的 Python 内置模块包括 os、sys、time、datetime、random 等。可以使用 help()函数快速地查看当前模块下所有的方法，例如查看 Math 模块下都有哪些方法，代码如下：

```
import math
help(math)                      #打印出 Math 模块的简介及模块下所有的方法与使用描述
```

输出结果如下：

```
Help on built-in module math:

NAME
    math
```

```
DESCRIPTION
    This module provides access to the mathematical functions
    defined by the C standard.

FUNCTIONS
    acos(x, /)
        Return the arc cosine (measured in radians) of x.

        The result is between 0 and pi.

    acosh(x, /)
        Return the inverse hyperbolic cosine of x.

    ...
```

在面对一个陌生的模块时,可以通过 help() 方法查看该模块下的所有方法,help() 函数还会对该模块的基本情况进行介绍,且模块内每种方法后面都跟着详细的描述信息,可以通过阅读描述性文字快速领会模块及方法的使用情况。

例如上面的 Math 模块,通过调用 help() 函数显示出该模块下有 acos() 与 acosh() 等方法,以及方法包含的参数的个数和方法的功能描述等,通俗易懂。如对英语不太熟悉,则可以将英文描述放到翻译软件内,即可获得中文的使用描述。

2.11.1 os 模块

os 模块是对操作系统的操作,支持跨平台。注意,os 为小写,os 包含以下方法。
(1) os.getcwd() 用于获取当前的工作目录,示例代码如下:

```
import os
print(os.getcwd())                              #输出结果为 D:\pythonProject2
```

(2) os.listdir() 用于获取指定目录下的所有文件及文件夹,示例代码如下:

```
import os
print(os.listdir("D:\pythonProject2"))
#输出结果为['.idea', '1.py', '2', '2.py', 'hello.py', 'helloworld.py', 'main.py', 'mod', 'mod.
py', 'package', 'python.py', 'venv', '__pycache__']
```

(3) os.mkdir() 用于新建文件夹,示例代码如下:

```
import os
os.mkdir("new")                                 #在当前目录下创建了一个名为 new 的文件夹
```

(4) os.makedirs() 用于递归新建文件夹,示例代码如下:

```
import os
os.makedirs("D:\pythonProject2\new2")
#在 D:\pythonProject2 目录下创建了一个名为 new2 的新文件夹
```

(5) os.rmdir()用于删除目录,目录必须为空,示例代码如下:

```
import os
os.rmdir("new2")
#删除当前目录下名为 new2 的文件夹,new2 目录内不能有其他文件,否则会报错

os.rmdir("D:\pythonProject2\new")
#删除 D:\pythonProject2 路径下名为 new 的文件夹,new 下不能有其他文件,否则会报错
```

(6) os.remove()用于删除文件,示例代码如下:

```
import os
os.remove("D:\pythonProject2\new\1.html")
#删除 D:\pythonProject2\new 目录下的 1.html 文件
```

(7) os.removedirs()用于递归删除文件夹,文件夹内必须都为空,示例代码如下:

```
import os
os.removedirs("D:\test\child")
#删除 D 盘下的 child 文件夹及 test 文件夹,即删除全部路径的文件夹,文件夹内必须为空
```

(8) os.rename()用于重命名文件或文件夹,示例代码如下:

```
import os
os.rename("D:\pythonProject2\new","new2")
#将 D:\pythonProject2 路径下的 new 文件夹重命名为 new2

os.rename("D:\pythonProject2\new2\1.html","D:\pythonProject2\new2\2.txt")
#将 D:\pythonProject2\new2 文件夹中的 1.html 文件重命名为 2.txt
```

(9) os.getenv()用于获取系统环境变量,示例代码如下:

```
import os
os.getenv("PATH")
#输出结果为
D:\pythonProject2\venv\Scripts\python.exe
D:\pythonProject2\project.py
```

(10) os.putenv()用于添加环境变量,此环境变量为临时添加的变量,仅对当前脚本有效,示例代码如下:

```
import os
os.putenv("PATH","D:\new")
```

(11) os.path.getsize()用于返回文件大小,单位为字节,示例代码如下:

```
import os
size = os.path.getsize("D:\pythonProject2\new2\2.txt")
print(size)                          #输出结果为 40
```

(12) os.path.exists()用于判断指定文件是否存在,示例代码如下:

```
import os
isexists = os.path.exists("D:\pythonProject2\new2\2.txt")
print(isexists)                          #如果文件存在,则输出 True,否则输出 False
```

(13) os.path.isdir()用于判断指定信息是否为目录,示例代码如下:

```
import os
isdir = os.path.isdir("D:\pythonProject2\new2\2.txt")
print(isdir)                             #输出结果为 False
isdir = os.path.isdir("D:\pythonProject2\new2")
print(isdir)                             #输出结果为 True
```

(14) os.path.isfile()用于判断指定信息是否为文件,示例代码如下:

```
import os
isdir = os.path.isfile("D:\pythonProject2\new2\2.txt")
print(isdir)                             #输出结果为 True
isdir = os.path.isfile("D:\pythonProject2\new2")
print(isdir)                             #输出结果为 False
```

2.11.2　sys 模块

sys 模块提供了对一些变量的访问,以及与解释器交互的一些函数。sys 模块包含的常见方法和属性有 argv、hexversion、exc_info()、exit(n)、modules、path、modules.keys()、platform、version、maxsize。

(1) sys.argv 是一个列表,包含了脚本传递的命令行参数,第 1 个元素是程序本身的路径,示例代码如下:

```
import sys
print(sys.argv)                          #输出结果为['D:/pythonProject2/python.py']
```

(2) sys.hexversion 用于返回 Python 解释程序的版本值,示例代码如下:

```
import sys
print(sys.hexversion)                    #输出结果为 50921968
```

(3) sys.exc_info()用于以元组的形式返回异常信息,示例代码如下:

```
import sys
try:
    a = int(input("输入数字:"))
    print(10/a)
except:
    print(sys.exc_info())
    print("异常...")
```

```
# 当除数为 0 时,输出结果为
(<class 'ZeroDivisionError'>, ZeroDivisionError('division by zero'), <traceback object at 0x000001E9B7BC38C0>)
```

(4) sys.exit(n)用于退出 Python,并引发一个异常,示例代码如下:

```
import sys
try:
    sys.exit(0)
except:
    print("异常退出")
finally:
print("完全退出")

# 输出结果为异常退出或完全退出
```

(5) sys.modules 用于返回系统导入的模块字段,示例代码如下:

```
import sys
print(sys.modules)
# 输出结果为{'sys': <module 'sys' (built-in)>, 'builtins': <module 'builtins' (built-in)>,
'_frozen_importlib'...
```

(6) sys.path 用于返回模块的搜索路径,示例代码如下:

```
import sys
print(sys.path)
# 输出结果为
['D:\\pythonProject2', 'D:\\pythonProject2', 'D:\\Python39\\python39.zip', 'D:\\Python39\\
DLLs', 'D:\\Python39\\lib', 'D:\\Python39', 'D:\\pythonProject2\\venv', 'D:\\pythonProject2\\
venv\\lib\\site-packages']
```

(7) sys.modules.keys()用于返回所有导入模块的列表,示例代码如下:

```
import sys
print(sys.modules.keys())
# 输出结果为
dict_keys(['sys', 'builtins', '_frozen_importlib', '_imp', '_thread', '_warnings', '_weakref',
'_frozen_importlib_external', 'nt', '_io', 'marshal', 'winreg', 'time', 'zipimport', '_codecs',
'codecs', 'encodings.aliases', 'encodings', 'encodings.utf_8', '_signal', 'encodings.latin_1',
'_abc', 'abc', 'io', '__main__', '_stat', 'stat', '_collections_abc', 'genericpath', 'ntpath',
'os.path', 'os', '_sitebuiltins', '_locale', '_bootlocale', '_codecs_cn', '_multiBytecodec',
'encodings.gbk', 'site'])
```

(8) sys.platform 用于返回操作系统的名称,示例代码如下:

```
import sys
print(sys.platform)                          # 输出结果为 win32
```

(9) sys.version 用于返回 Python 的版本信息，示例代码如下：

```
import sys
print(sys.version)
#输出结果为
3.9.4 (tags/v3.9.4:1e5d33e, Dec 7 2020, 17:08:21) [MSC v.1927 64 bit (AMD64)]
```

(10) sys.maxsize 最大支持的长度，示例代码如下：

```
import sys
print(sys.maxsize)                              #输出结果为 9223372036854775807
```

2.11.3　time 模块

time 模块提供了各种与时间相关的方法，该模块包含的常见方法有 time()、localtime()、gmtime()、mktime()、sleep(sec)、strftime()。

(1) time.time() 用于返回当前时间的时间戳，示例代码如下：

```
import time
print(time.time())                              #输出当前时间的时间戳为 1615036440.3635123
```

(2) time.localtime() 用于将时间戳格式化为本地时间，示例代码如下：

```
import time
print(time.localtime())
#输出结果为
time.struct_time(tm_year=2021, tm_mon=3, tm_mday=6, tm_hour=21, tm_min=17, tm_sec=42, tm_wday=5, tm_yday=65, tm_isdst=0)
```

(3) time.gmtime() 用于将时间戳转化为 UTC 时区的时间，示例代码如下：

```
import time
print(time.gmtime())
#输出结果为
time.struct_time(tm_year=2021, tm_mon=3, tm_mday=6, tm_hour=13, tm_min=18, tm_sec=56, tm_wday=5, tm_yday=65, tm_isdst=0)
```

(4) time.mktime() 用于将 struct_time 格式时间转换为时间戳，示例代码如下：

```
import time
print(time.mktime(time.localtime()))
#输出结果为 1615036861.0
```

(5) time.sleep(sec) 用于指定线程延迟 sec 秒执行，示例代码如下：

```
import time
time.sleep(3)
print("延迟 3s 执行")                            #3s 后输出结果
```

(6) time.strftime()用于格式化输出时间,示例代码如下:

```
import time
print(time.strftime("%Y-%m-%d %H:%M:%S",time.localtime()))
#输出结果为 2021-03-06 21:29:18
```

Python 中常见的时间日期格式化符号如表 2-11 所示。注意,大小写不同所表示的意义也不同。

表 2-11　日期格式化符号

符　　号	说　　明
%y	用两位数表示年份,00～99
%Y	用四位数表示年份,例如 2021
%m	月份
%d	日
%H	小时(24h 制)
%I	小时(12h 制)
%M	分
%S	秒
%a	本地化简化星期
%A	本地化完整星期
%b	本地化简化月份
%B	本地化完整月份
%c	本地相应的日期表示和时间表示
%j	年内的一天
%p	AM 与 PM 的等价符
%U	一年中的星期数,星期天为每个星期的开始
%w	星期
%W	一年中的星期数,星期一为每个星期的开始
%x	本地相应的日期
%X	本地相应的时间
%Z	当前时区

2.11.4　datetime 模块

datetime 模块用于处理日期和时间,该模块下有两个常用的类,分别是 datetime 类与 date 类,类中常用的方法有 datetime.now()、datetime.today()、date.today()。

(1) datetime.datetime.now()用于获取当前时间,并可以传入时区参数,示例代码如下:

```python
import datetime
# 创建时区 UTC+12:00
tz_utc = datetime.timezone(datetime.timedelta(hours = 12))
# 当前时区下本地时间
print(datetime.datetime.now(tz_utc))
# 输出结果为 2021-03-07 13:28:47.248573+12:00

# 不传入时区参数时的本地时间
print(datetime.datetime.now())
# 输出结果为 2021-03-07 09:28:47.248573
```

(2) datetime.datetime.today()用于获取当天日期与时间,与datetime.datetime.now()的区别是该方法不能接收时区参数,示例代码如下:

```python
import datetime
print(datetime.datetime.now())          # 输出结果为 2021-03-07 09:28:47.248573
```

(3) datetime.date.today()用于获取当天日期,示例代码如下:

```python
import datetime
print(datetime.date.today())            # 输出结果为 2021-03-07
```

下面是一些关于datetime的常见使用技巧,示例代码如下:

```python
# 第2章//tim.py
import datetime
# 得到明天的日期
tomorrow = datetime.date.today() + datetime.timedelta(days = 1)
print(tomorrow)                         # 输出结果为 2021-03-08

# 获取三天前当前时刻的时间
passday = datetime.datetime.now() - datetime.timedelta(days = 3)
print(passday)                          # 输出结果为 2021-03-04 09:43:57.969680

# 今天的开始时间
begintime = datetime.datetime.combine(datetime.date.today(),datetime.time.min)
print(begintime)                        # 输出结果为 2021-03-07 00:00:00

# 今天的结束时间
endtime = datetime.datetime.combine(datetime.date.today(),datetime.time.max)
print(endtime)                          # 输出结果为 2021-03-07 23:59:59.999999
```

2.11.5 random 模块

random 模块用于处理随机数,该模块包含的常见方法有random()、uniform()、randint()、choice()、sample()、shuffle()。

(1) random.random()用于生成一个随机数,取值范围为0~1,示例代码如下:

```
import random
print(random.random())
#输出结果为 0.38349203143835886,每次运行都会得到不同的结果
```

(2) random.uniform()用于生成一个指定范围内的随机数,数据类型为浮点型,示例代码如下:

```
import random
print(random.uniform(1,20))
#输出结果为 8.30086247173792,每次运行都会得到不同的结果,范围为 1~20
```

(3) random.randint()用于生成一个指定范围内的随机数,数据类型为整数型,示例代码如下:

```
import random
print(random.randint(1,20))
#输出结果为 14,每次运行都会得到不同的结果,范围为 1~20
```

(4) random.choice()用于从指定序列中随机取出一个元素,示例代码如下:

```
import random
list = [1,2,3,4,5,6,7,8]
print(random.choice(list))
#输出结果为 7,每次运行都会从 list 列表中取出不同的结果
```

(5) random.sample()用于从指定序列中随机获取指定长度的切片,示例代码如下:

```
import random
list = [1,2,3,4,5,6,7,8]
print(random.sample(list,4))                    #切片长度为 4
#输出结果为[6, 3, 8, 2],每次运行都会从 list 列表中取出不同的结果
```

(6) random.shuffle()用于将指定列表中的元素打乱,示例代码如下:

```
import random
list = [1,2,3,4,5,6,7,8]
random.shuffle(list)
print(list)                                     #打乱列表
#输出结果为[4, 7, 8, 6, 1, 3, 5, 2],每次运行都会打乱成不同的结果
```

2.12 使用第三方包

Python 的强大之处就是可以使用大量的第三方包,例如 PyMySQL、selenium、Pandas 等,且使用这些第三方包不会太复杂,大多只需事先安装,然后在代码中通过 import 导入即可。在 Python 中安装包也非常简单,只需使用 pip 工具。pip 在安装 Python 时已一并安

装,使用 pip 可以对 Python 的包或者模块进行查找、下载、安装及卸载。

打开 PyCharm,选择菜单 View→Tool Windows→Terminal 选项,打开终端窗口,在终端窗口内输入 pip --version 来查看当前 pip 的版本,如图 2-5 所示。

```
(venv) D:\pythonProject2>pip --version
pip 21.0.1 from d:\pythonproject2\venv\lib\site-packages\pip (python 3.9)
```

图 2-5　查看 pip 版本

pip 常见命令如表 2-12 所示。

表 2-12　pip 常见命令

命　　令	说　　明
pip --help	获取帮助
pip install -U pip	升级 pip
pip install 包名	安装指定包的最新版本
pip install 包名==1.0.1	安装指定包的指定版本
pip install '包名>=1.0.4'	安装指定包的最低版本
pip install --upgrade 包名	升级指定包
pip uninstall 包名	卸载指定包
pip search 包名	查找指定包(该命令暂时处于无法使用状态,恢复日期等待 Python 官方通知)
pip show 包名	显示已安装的包的基本信息
pip show -f 包名	显示已安装的包的详细信息
pip list	列出已安装的包
pip list -o	列出可以升级的包

使用 pip 下载并安装包时,pip 会到默认的源站点寻找是否存在该包,如果存在则查询其最新版本,然后下载到本地并安装,如果没有该包则返回没有找到该包。其默认的源站点网址为 https://pypi.org/,但因为该站点在国外的服务器上,从国内访问时会比较慢,特别是当下载的包比较大时,下载速度会很慢。为此国内有很多站点对其提供了镜像,也就是国内的站点会包含默认站点内的所有包。这样下载时就可以从国内的源站点进行下载了。

pip 支持从指定的源站点下载包,在包名后加上 i 参数及指定的网址,其命令如下:

pip install 包名 -i 指定的网址

例如要从清华大学源站点下载 Pandas 包,命令如下:

pip install Pandas -i https://pypi.tuna.tsinghua.edu.cn/simple

国内常用源站点如下:

清华大学 https://pypi.tuna.tsinghua.edu.cn/simple

中国科学技术大学 http://pypi.mirrors.ustc.edu.cn/simple

阿里云 http://mirrors.aliyun.com/pypi/simple
中国科技大学 https://pypi.mirrors.ustc.edu.cn/simple
豆瓣(douban)http://pypi.douban.com/simple

2.13 迭代器、生成器、装饰器

2.13.1 迭代器

迭代器是访问集合元素的一种方法,迭代顾名思义就是一件事情重复做很多次,就好像之前学习过的循环一样。迭代器从集合的第1个元素开始访问,直到所有的元素都被访问。迭代器只能向前而不能往后退。

在 Python 中迭代器提供了两个基本的方法 iter() 与 next(),使用这两种方法可以对集合进行遍历。其中,iter() 方法用于生成一个迭代器,next() 方法用于返回迭代器的下一个元素。

在 Python 中能够使用迭代器遍历的集合,同样也可以使用 for 语句进行遍历。示例代码如下:

```
#第 2 章//ite.py
lists = [1,2,3,4,5,6,7]
it = iter(lists)              #创建一个迭代器对象并返回给 it
print(next(it))               #输出结果为1
print(next(it))               #输出结果为2
print(next(it))               #输出结果为3
print(next(it))               #输出结果为4
print(next(it))               #输出结果为5

for i in it:
    print(i)
#输出结果为 6 和 7
```

next() 函数可以接收两个参数,第 1 个参数为迭代对象,第 2 个参数为默认值,当该默认值移动后发现没有下一个元素时返回。如果不设置默认值且又没有下一个元素,则会触发 StopIteration 异常,示例代码如下:

```
#第 2 章//ite.py
lists = [1,2,3,4,5,6,7]
it = iter(lists)
count = 8
i = 0
while i < 8:
    print(next(it,"a"))       #将默认值设置为 a
    i = i + 1
#输出结果为 1234567a
```

```
lists = [1,2,3,4,5,6,7]
it = iter(lists)
count = 8
i = 0
while i < 8:
    try:
        print(next(it))
    except StopIteration:                    #触发异常
        print("已结束")
    i = i + 1
#输出结果为 1234567 已结束
```

Python 中的迭代器本质上是每次都调用__next__()方法,且返回下一个元素或者触发 StopIteration 异常的容器对象,这样就可以自定义迭代器了。想要创建一个类并将该类作为迭代器使用时,需要在该类中实现两种方法,即__iter__()方法与__next__()方法。示例代码如下:

```
#第2章//ite.py
class iterclass:
    def __init__(self,count):
        self.count = count

    def __iter__(self):
        return self

    def __next__(self):
        a = self.count
        self.count = self.count - 1
        return a

it = iterclass(5)
print(next(it))                              #输出结果为 5
print(next(it))                              #输出结果为 4
print(next(it))                              #输出结果为 3
print(next(it))                              #输出结果为 2
print(next(it))                              #输出结果为 1
```

为了防止出现死循环的情况,需要对__next__()做出限制,当超出限制时主动触发 StopIteration 异常。下面的代码实现当 count < 0 时抛出异常,示例代码如下:

```
#第2章//ite.py
class iterclass:
    def __init__(self,count):
        self.count = count

    def __iter__(self):
        return self
```

```
    def __next__(self):
        a = self.count
        if a > 0:
            self.count = self.count - 1
            return a
        else:
            raise StopIteration

it = iterclass(4)
print(next(it))                          #输出结果为4
print(next(it))                          #输出结果为3
print(next(it))                          #输出结果为2
print(next(it))                          #输出结果为1
print(next(it))                          #触发StopIteration异常
```

在自定义迭代器中定义了异常条件,如不希望触发异常,则在调用 next()函数时除了传递迭代对象以外,再传递一个默认值即可。

2.13.2 生成器

生成器也是迭代器,与普通迭代器的最大区别是生成器对延迟操作提供了支持。延迟操作是指在需要的时候才产生结果而不是立即产生结果。生成器在数据科学领域使用比较广泛。

下面通过例子来更好地理解生成器。

在上文所描述的迭代器中迭代的集合是一个列表 lists=[1,2,3,4,5,6,7],该列表确定了长度为 7 及内容为 1、2、3、4、5、6、7。这个列表比较小,因此占用的系统资源几乎可以忽略不计,用迭代器即可完成相应的迭代需求。但设想一下,如果该列表是一个拥有 1 亿个元素的列表,此时占用的资源可能会很大,如果事先将列表定义好并进行迭代操作,有可能会造成程序运行十分缓慢,甚至崩溃,此时就需要生成器来完成这个工作。也就是说,并不会直接遍历 1 亿个元素,而是遍历到该元素时通过生成器生成该元素。生成器示例代码如下:

```
#第2章//ite.py
def func(count):
    i = 0
    a = 0
    while True:
        a = a + i
        i = i + 1
        yield a
        if i > count:
            break

print(type(func(10)))    #输出结果为<class 'generator'>
```

可以在函数内使用 yield 来定义一个生成器,在调用生成器的过程中当每次遇到 yield 时,函数会暂停执行,保存当前所有的运行信息并返回 yield 的值,在下一次执行 next()方法时，从当前位置继续运行。使用生成器实现斐波那契数列，示例代码如下：

```
#第2章//ite.py
def func(count):
    i = 0
    a = 0
    b = 1
    while True:
        yield a                          #保存a的状态
        a,b = b, a + b                   #这里不能写成a = b,b = a + b,否则b就是赋值后的值
        i = i + 1
        if (i > count):
            break

f = func(10)                             #由生成器返回生成迭代器
while True:
    try:
        print(next(f),end = " ")
    except StopIteration:
        break

#输出结果为 0 1 1 2 3 5 8 13 21 34 55
```

2.13.3 装饰器

装饰器就是用于扩展原函数功能的一种函数，该函数的特殊之处在于它的返回值也是一个函数，使用装饰器的好处就是在不用更改原函数代码的前提下给函数增加新的功能。装饰器是Python中一个很重要的部分，在后面将要讲到的Flask框架中，大量用到了装饰器。装饰器在日志管理、性能测试、事务处理、缓存及权限校验场景被广泛使用。下面的例子使用了装饰器，在不修改原函数的情况下测试func()函数的执行时间。示例代码如下：

```
#第2章//zsq.py
import time

#装饰器函数
def testfunc(f):
    starttime = time.time()
    f()                                  #执行传入的f参数
    endtime = time.time()
    msecs = (endtime - starttime) * 1000
    print("执行时间 %d ms" % msecs)

@testfunc                                #使用testfunc装饰器,并将func()函数作为参数传递
def func():
    time.sleep(3)

#输出结果为执行时间 3014 ms,这里不需要显示调用func()
```

上面的代码实现了一个不带参数的装饰器,当原函数需要传递参数时,可以在装饰器内嵌套一个函数用于接收并处理参数,参数名与原函数参数名一致。下面展示带参数的装饰器的用法,示例代码如下:

```
#第2章//zsq.py
#装饰器函数
def testfunc(f):

    def newfunc(str):              #接收参数,与原函数保持一致
        print("装饰器函数" + str)
    return newfunc

@testfunc                          #使用testfunc装饰器,并将func()函数作为参数传递
def func(str):
    print(str)

func("你好")                       #输出结果为装饰器函数你好
```

当前程序中如果有多个函数使用同一个装饰器,则每个函数的参数数量都不一致,此时就需要传入不定长度的参数。可以将嵌套函数的参数设置为 * args 与 * * kwargs,表示接收任意数量和类型的参数,示例代码如下:

```
#第2章//zsq.py
#装饰器函数
def testfunc(f):
    def newfunc( * args, * * kwargs):
        f( * args, * * kwargs)
    return newfunc

@testfunc                #使用testfunc装饰器,并将func()函数作为参数传递,参数为str
def func(str):
    print(str)

@testfunc                #使用testfunc装饰器,并将func2()函数作为参数传递,参数为name与str
def func2(name,str):
    print(name,str)

func("你好")             #输出结果为你好
func2("marry","你好")    #输出结果为marry你好
```

一个装饰器可以装饰多个函数,同样地,一个函数也可以被多个装饰器装饰,示例代码如下:

```
#第2章//zsq.py
#装饰器testfunc
def testfunc(f):
    f
    print("testfunc",end = " ")
```

```
# 装饰器 testfunc2
def testfunc2(f):
    f()
    print("testfunc2",end = " ")


@testfunc                           # 使用装饰器
@testfunc2                          # 使用装饰器
def func():
    print("你好",end = " ")
# 输出结果为 你好 testfunc2 testfunc
```

2.14　多进程与多线程

　　如果期望写出更加健壮、执行更快且效率更高的 Python 程序，则多进程与多线程是必须熟练掌握的知识。多线程与多进程能够将要执行的程序分成多条线同时执行，能够让程序执行更快、效率更高。它好比原本由一个人完成的一件事情，一下雇用了十几个甚至是几十个人同时完成，其效率要比一个人完成高出很多。

2.14.1　线程与线程模块

　　线程是系统能够进行运算调度的最小单位，线程包含在进程中，是进程的实际运作单位。一条线程是进程中一个单一顺序的控制流，一个进程可能会有多个线程，每条线程执行不同的任务。使用多线程的好处是，可以将阻塞的线程与非阻塞的线程分离开来，使程序运行得更流畅。

　　例如使用杀毒软件进行杀毒，单击"开始扫描"按钮时会对计算机进行全盘扫描，此过程用时非常长，如果将用户界面与扫描程序放在同一个线程当中，就会出现必须等待全盘扫描完成后，才能再次操作用户界面的情况，此时用户界面处于假死状态。如将它们放在不同的线程中，则用户界面就不需要等待全盘扫描完成后才可以操作。扫描全盘会单独开辟一个线程，不会妨碍用户界面的线程，这样程序运行起来就会流畅很多。

　　在早期单核 CPU 时代，多线程并非真正意义上的同时执行，而是将待处理的程序通过时间片拆分开来，因为 CPU 的处理速度极快，通过时间片来切换线程执行，中间的切换时间非常短，人们几乎感知不到，所以让人们感觉到似乎是在同时执行。在多核 CPU 时代，多个线程则算是真正意义上的同时执行，但是具体哪个 CPU 执行哪个线程，这就与操作系统和 CPU 的本身设计有关了。

　　在使用 Python 编写多线程程序前，还有一些关于多线程的概念需要了解一下。每个独立的线程有一个运行入口、执行的序列及程序的出口。线程是一个完整的程序单元，但不能独立执行，必须依存在程序中，由程序提供线程的执行和控制。

　　每个线程都有它自己的一组 CPU 寄存器，称为上下文，反映了运行该线程的 CPU 的寄存器状态。线程可以被中断，也可以暂时休眠。

　　在 Python 中使用 threading 模块与_thread 模块来处理线程，在 Python 的官方文档中推荐使用 threading 模块来处理线程。因为 threading 模块与_thread 模块相比，该模块在

_thread 模块的基础上添加了一些高级的线程接口,也就是说 treading 包含了_thread 的所有内容,除此之外还有更多扩展的高级功能,因此本书着重介绍 threading 模块的使用。

2.14.2　使用 threading 创建线程

使用 Python 创建线程主要用到 threading 模块下的 Thread 类,通过 help()函数可以查看 Thread 的类结构及类的说明,代码如下:

```
import threading
help(threading)
```

在输出的结果中,可以看到 Thread 类的构造函数。

```
__init__(self, group = None, target = None, name = None, args = (), kwargs = None, *, daemon = None)
```

Python 的官方文档对构造函数的参数做了非常翔实的介绍,具体参数说明如下:

(1) group 默认为 None,为了日后扩展 ThreadGroup 类实现而保留。

(2) target 用于 run()方法调用的可调用对象。默认为 None,表示不需要调用任何方法。

(3) name 是线程名称。默认情况下,由"Thread-N"格式构成唯一的名称,其中 N 是比较小的十进制数。

(4) args 用于调用目标函数的参数元组,默认为()。

(5) kwargs 用于调用目标函数的关键字参数字典,默认为{}。

如果不是 None,daemon 参数则将显式地设置该线程是否为守护模式。如果是 None(默认值),线程则将继承当前线程的守护模式属性。

如果子类型重载了构造函数,它一定要确保在做任何事情前,先发起调用基类构造器(Thread.__init__())。

在 Python 3.3 版本中加入了 daemon 参数。

Thread 类的主要方法包括 run()、start()、join()、isAlive()、getName()、setName()等。

(1) run()方法代表线程活动的方法,可以在子类型里重载这种方法。标准的 run()方法会对作为 target 参数传递给该对象构造器的可调用对象(如果存在)发起调用,并附带从 args 和 kwargs 参数分别获取的位置和关键字参数。

(2) start()方法表示开始线程活动。它在一个线程里最多只能被调用一次。它安排对象的 run() 方法在一个独立的控制进程中调用。如果在同一个线程对象中调用这种方法的次数大于一次,则会抛出 RunTimeError。

(3) join()方法用于等待,直到线程结束。这会阻塞调用这种方法的线程,直到被调用 join() 的线程终结,不管是正常终结还是抛出未处理异常或者直到发生超时,超时选项是可选的。

(4) isAlive()方法用于返回线程是否存活。从 run()方法刚开始直到 run()方法结束,这种方法的返回值为 True。模块函数 enumerate()用于返回包含所有存活线程的列表。

(5) getName()用于返回线程名。

(6) setName()用于设置线程名。

了解了 Thread 类,下面将用该类来创建线程。使用 Thread 创建多线程有两种方式,一种是直接使用函数的方式创建多线程,另一种是通过继承 Thread 类并重载 run()方法的形式来创建。下面使用函数的方式来创建多线程,代码如下:

```python
import threading                          # 导入 threading 模块
# 第 2 章//thd.py
import time                               # 导入 time 模块

tup1 = (1,2,3,4,5,6,7)                    # 定义元组 tup1
tup2 = ("a","b","c","d","e","f")          # 定义元组 tup2

# 定义要执行的函数
def func( * tup):                         # 定义一个可变长参数
    for i in tup:
        print(i,end = " ")
        time.sleep(1)                     # 线程延迟执行 1s

if __name__ == "__main__":
    # 创建线程并命名为 thread1
    th1 = threading.Thread(target = func,args = tup1,name = "thread1")
    # 创建线程并命名为 thread2
    th2 = threading.Thread(target = func,args = tup2,name = "thread2")
    th1.start()                           # 启动线程 1
    th2.start()                           # 启动线程 2
    th1.join()                            # 等待线程 1 执行完毕
    th2.join()                            # 等待线程 2 执行完毕
    print("线程运行结束")

# 程序输出结果为 1 a 2b 3 c d4 5e 6f 7 线程运行结束
```

在上面的代码中,引入了 time 模块,并使用了 time.sleep(1)对线程延迟 1s 执行。同时创建了两个线程 th1 与 th2 并将它们分别命名为 thread1 与 thread2,通过 args 将元组参数传递给函数 func(),使用 start()方法启动线程。

程序运行的结果并不是瞬间输出的,而是每隔 1s 同时输出线程 thread1 与线程 thread2 的结果。因为笔者所使用的计算机采用的是多核 CPU,线程是并行执行的,线程执行的优先顺序不是固定的,会产生不同的顺序,所以看到上面的输出结果有时数字在前字母在后,有时字母在前数字在后。

如果不使用 join()函数等待线程执行完毕,则最后的"线程运行结束"就不一定会在末尾才输出,而是有可能在线程执行期间就输出了该结果。

下面使用类的方式来创建多线程,继承 threading.Thread 类并重载 run()方法,将逻辑代码写在此处,通过创建多个线程的实例对象来完成多线程的创建。示例代码如下:

```python
# 第 2 章//thd.py
import threading                          # 导入 threading 模块
import time                               # 导入 time 模块
```

```
tup1 = (1,2,3,4,5,6,7)
tup2 = ("a","b","c","d","e","f")

class mythread(threading.Thread):              #继承 threading.Thread 类
    def __init__(self,name,tup):               #定义构造函数
        threading.Thread.__init__(self)        #调用父类构造函数
        self.tup = tup                         #添加属性 tup
        self.name = name                       #添加属性 name

    def run(self):                             #重载 run()方法
        for i in self.tup:
            print("%s:%s"%(self.getName(),i))
            time.sleep(1)

if __name__ == "__main__":
    th1 = mythread("th1",tup1)                 #创建 th1 实例对象
    th2 = mythread("th2",tup2)                 #创建 th2 实例对象
    th1.start()
    th2.start()
    th1.join()
    th2.join()
    print("结束线程")

#输出结果为
th1:1
th2:a
th1:2
th2:b
th2:c
th1:3
th1:4
th2:d
th2:e
th1:5
th2:f
th1:6
th1:7
结束线程
```

2.14.3 线程同步

使用不同的线程操作不同的业务逻辑,数据之间互不侵犯比较容易处理,但有时候多个线程需要对同一份数据进行操作。例如要开发一个网页爬虫,通过指定的网址列表来爬取网址内的所有图片,为了提高效率采用多线程去完成爬取的动作。在创建多个线程后每个线程都需要从公共的网址列表内获取要爬取的网址,并告诉主线程该网址我已经获取了,不要再分配给其他的线程,然后对该网站进行爬取。

如果在不做任何处理的情况下,多个线程并发运行时就会出现 A 线程获取了一个网址,还未能来得及告知主线程这个网址我已经获取了,此时 B 线程就获取了同样的网址,有

可能 B 线程会先于 A 线程告知主线程这个网址我已经获取了,不要分配给其他线程。此时当 A 线程再告知主线程不要分配给其他线程时,就会出现数据冲突的问题。

为了解决多个线程访问同一份数据的冲突问题引入了锁的概念。锁有两种状态,也就是锁定与未锁定。当一个线程访问公共数据时必须先获得锁定。在当前线程获得锁定后就会让其他线程暂停,也就是同步阻塞。等待当前线程执行完毕并释放锁以后,再让其他线程继续。

在 threading 模块中提供了两种方法,threading.Lock.acquire()方法用于获取锁,而 threading.Lock.release()用于释放锁。对于需要操作公共的数据且只允许同时一个线程进行操作的方法,可以放到 threading.Lock.acquire()方法与 threading.Lock.release()方法之间,示例代码如下:

```python
# 第 2 章//thd.py
import threading                          # 导入 threading 类
import time                               # 导入 time 类
list = [1,2,3,4]                          # 定义一个公共列表
lock = threading.Lock()                   # 定义 Lock 对象
class mythread1(threading.Thread):        # 继承 threading.Thread 类
    def __init__(self,name,list,i = 0):   # 定义构造函数
        threading.Thread.__init__(self)
        self.name = name
        self.lists = list
        self.i = i

    def run(self):                        # 重载 run()方法
        while self.i<(len(self.lists)):
            lock.acquire()                # 获取锁
            self.lists[self.i] = self.lists[self.i] + 1   # 修改 list 值,每个值加 1
            self.i = self.i + 1
            print("%s:%s" % (self.getName(), self.lists[self.i]-1))
            lock.release()                # 释放锁
            time.sleep(1)

class mythread2(threading.Thread):        # 继承 threading.Thread 类
    def __init__(self,name,list,i = 0):
        threading.Thread.__init__(self)
        self.name = name
        self.lists = list
        self.i = i

    def run(self):
        while self.i < (len(self.lists)):
            lock.acquire()                # 获取锁
            # 修改 list 值,每个值减 2
            self.lists[self.i] = self.lists[self.i] - 2
            print("%s:%s" % (self.getName(), self.lists[self.i-1]))
            self.i = self.i + 1
            lock.release()                # 释放锁
```

```
            time.sleep(1)
if __name__ == "__main__":
    th1 = mythread1("th1",list)         #创建线程 th1 实例
    th2 = mythread2("th2",list)         #创建线程 th2 实例
    th1.start()                         #启动线程 th1
    th2.start()                         #启动线程 th2
    th1.join()
    th2.join()
    print("结束线程")
    print(list)                         #输出 list 值

#输出结果为
th1:2
th1:3
th1:4
th1:5
th2:5
th2:0
th2:1
th2:2
结束线程
[0, 1, 2, 3]
```

> **注意** lock＝threading.Lock 对象需要定义在类之外，否则每次创建新的线程对象时都会创建一个新的 threading.lock 对象，这样就失去了锁的意义。

在上面的代码中创建了两个线程类 mythread1 与 mythread2，分别用于对全局变量 list 的每个元素进行加 1 操作与减 2 操作。两个线程同时运行期间，它们会访问共同的列表数据，如果不对操作进行上锁，就会出现不可预料的结果，即 th1 线程加 1 而 th2 线程还未对其进行减 1，此时 th1 线程再次加 1 后 th2 线程对其减 2 就会出现与预想结果不一致的情况。同步锁很好地解决了线程访问冲突的问题。也可以使用函数的方式实现上面的示例，代码如下：

```
#第 2 章//thd.py
import threading
import time
list = [1,2,3,4]
lock = threading.Lock()
def mythread1():
    lock.acquire()
    i = 0
    while i < (len(list)):
        list[i] = list[i] + 1
        i = i + 1
        print("%s:%s" % (threading.current_thread().getName(), list[i - 1]))
```

```python
        time.sleep(1)
    lock.release()

def mythread2():
    lock.acquire()
    i = 0
    while i < (len(list)):
        list[i] = list[i] - 2
        print("%s:%s" % (threading.current_thread().getName(), list[i - 1]))
        i = i + 1
        time.sleep(1)
    lock.release()

if __name__ == "__main__":
    th1 = threading.Thread(target = mythread1)
    th2 = threading.Thread(target = mythread2)
    th1.start()
    th2.start()
    th1.join()
    th2.join()
    print("结束线程")
    print(list)

#输出结果为
Thread-1:2
Thread-1:3
Thread-1:4
Thread-1:5
Thread-2:5
Thread-2:0
Thread-2:1
Thread-2:2
结束线程
[0, 1, 2, 3]
```

前面已经学习过 list 是可变变量,当 list 作为全局的公共变量被访问或被修改时,可以不用在前面声明 global。如果是不可变变量类型的全局变量,例如 int、float、string、tuple 等,则访问时需要在前面使用 global 声明,示例代码如下:

```python
#第2章//thd.py
import threading
tup = (1,2,3,4,5)
def myThread():
    global tup                          #使用全局变量 tup
    for i in tup:
        print(i)

th = threading.Thread(target = myThread)
th.start()

#输出结果为 1 2 3 4 5
```

2.14.4 守护线程

守护线程又叫后台线程,此线程的特点是当程序中的主线程及所有非守护线程执行结束时,未执行完毕的守护线程也会消亡,程序将结束运行。在 Python 中最常见的守护线程就是垃圾回收线程,当程序中所有主线程及非守护线程执行完毕后,垃圾回收机制也会停止。

守护线程的创建十分简单,将 threading.Thread 类构造函数的参数中的 daemon 设置为 True,当前线程就被设置为守护线程了。示例代码如下:

```
#第2章//thd.py
import threading
import time

def mythread2():
    i = 0
    while i < 5:
        print("%s" % threading.current_thread().getName())
        i = i + 1
        time.sleep(1)

if __name__ == "__main__":
    th = threading.Thread(target = mythread2)
    th.daemon = True         #将th线程设置为守护线程,可直接在构造函数内设置daemon = True
    th.start()
    j = 0
    while j < 2:
        print("%s" % threading.current_thread().getName())
        j = j + 1

#输出结果为
Thread-1
MainThread
MainThread
```

在上面的代码中,如果 th 线程没有被设置为守护线程,则当主线程退出后 th 线程会继续执行,并输出 5 次 Thread-1;如果将 th 线程设置成了守护线程,则当主线程执行完毕后 th 线程会立即退出执行。

2.14.5 进程与进程模块

进程是指计算机中的程序关于某数据集合上的一次运行活动,是系统进行资源分配和调度的基本单位。在前面学习线程的时候提到,线程包含在进程之中,是进程的实际运作单位。一个进程可能会有多个线程,目前很多计算机或者服务器采用的是多核 CPU 架构,对于 Python 来讲多进程相比多线程更能充分地使用多核 CPU 的资源。在 Python 的实际项目开发中,大部分情况需要使用多进程。

Python 提供 multiprocessing 模块来处理多进程,multiprocessing 是一个支持使用与

threading 模块类似的 API 来产生进程的包。multiprocessing 包同时提供了本地和远程并发操作，通过使用子进程而非线程有效地绕过了全局解释器锁，因此 multiprocessing 模块允许开发者充分利用给定机器上的多个处理器，且在 UNIX 和 Windows 系统上均可运行。

使用 multiprocessing 模块中的 Process 类来创建多线程，Process 类的构造函数代码如下：

```
__init__(self, group = None, target = None, name = None, args = (), kwargs = {}, *, daemon = None)
```

Python 官方文档对参数的描述如下：
（1）group 应该始终为 None，仅用于兼容 threading.Thread。
（2）target 是由 run()方法调用的可调用对象。
（3）name 是进程名称。
（4）args 是目标调用的参数元组。
（5）kwargs 是目标调用的关键字参数字典。
（6）daemon 参数将显式地设置该进程是否为守护模式。如果是 None（默认值），则进程将继承当前进程的守护模式属性。

多进程与多线程很类似，也有 run()、start()、join()等方法。
（1）run()方法需要被重载，将进程的逻辑写入此处，可以通过 args 和 kargs 获取参数。
（2）start()方法用于启动进程，这种方法的每个进程对象最多只能调用一次，它会将对象的 run()方法安排在一个单独的进程中调用。
（3）join()方法将阻塞进程，直到调用 join()方法的进程终止。join()方法可以接收一个参数，此参数必须为正数，用于阻塞时长，单位为 s。

需要注意的是，如果进程终止或者方法超时，则该方法返回 None。检查进程的 exitcode 以确定它是否终止。一个进程可以被 join()很多次，进程无法 join()自身，因为这会导致死锁。尝试在启动进程前 join()进程是错误的。

Process 类的 name 属性表示进程的名称，该名称是一个字符串，仅用于识别的目的。它没有语义，可以为多个进程指定相同的名称。

is_alive()方法用于返回进程是否还处于活动状态。粗略地说，从 start()方法返回子进程终止之前，进程对象仍处于活动状态。

2.14.6 使用 multiprocessing 创建进程

与创建线程一样，创建进程也有两种方式，一种是通过继承 Process 类并重载 run()方法的方式，一种是通过函数的方式创建。下面的示例以通过继承 Process 类的方式来创建多个进程，示例代码如下：

```
#第 2 章//pro.py
import multiprocessing                    #导入 multiprocessing 模块
import time
```

```python
class myProcess(multiprocessing.Process):        # 继承 Process 类
    def __init__(self,name,count):
        multiprocessing.Process.__init__(self)
        self.name = name
        self.count = count

    def run(self):
        i = 0
        while i < self.count:
            print("%s:%s" % (self.name,i))
            time.sleep(1)
            i = i + 1

if __name__ == "__main__":
    p1 = myProcess("p1",3)                       # 创建进程 p1
    p2 = myProcess("p2",4)                       # 创建进程 p2
    p1.start()                                   # 启动进程 p1
    p2.start()                                   # 启动进程 p2
    p1.join()
    p2.join()
    print("进程结束")

# 输出结果为
p2:0
p1:0
p1:1
p2:1
p2:2
p1:2
p2:3
进程结束
```

使用函数的方式创建多进程,示例代码如下:

```python
# 第 2 章//pro.py
import multiprocessing
import time

# 定义进程处理函数
def process(name,count):
    i = 0
    while i < count:
        print("%s:%s" % (name,i))
        time.sleep(1)
        i = i + 1

if __name__ == "__main__":
    # 创建进程 p1
    p1 = multiprocessing.Process(name = "p1",target = process,args = ("p1",3))
```

```
# 创建进程 p2
p2 = multiprocessing.Process(name = "p2",target = process,args = ("p2",3))
p1.start()
p2.start()
p1.join()
p2.join()
print("进程结束")

# 输出结果为
p1:0
p2:0
p2:1
p1:1
p2:2
p1:2
进程结束
```

因为笔者使用的操作系统是 Windows 10,当执行上面的多进程代码时,可以在 Windows 操作系统中的任务管理器看到有多个 Python 进程在运行,如图 2-6 所示。

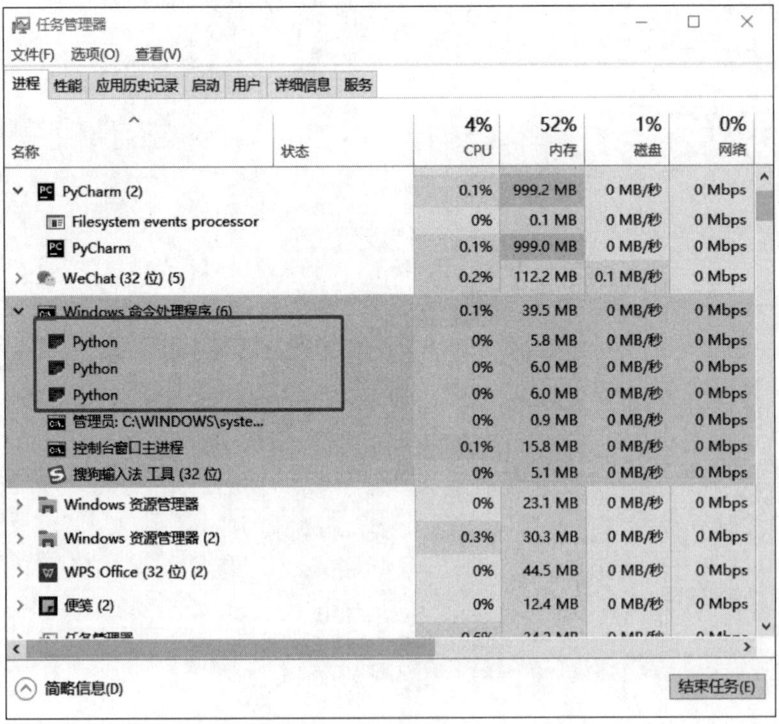

图 2-6　在任务管理器中显示的多个 Python 进程

2.14.7　进程同步

与线程同步类似,进程也存在同步问题,并且进程中也有类似的解决方案。进程同步可以使用 multiprocessing 模块中 Lock 对象的 acquire()方法及 release()方法来获取进程锁

与释放进程锁,示例代码如下:

```
#第2章//pro.py
import multiprocessing
import time
lock = multiprocessing.Lock()                    #返回锁对象
class myProcess(multiprocessing.Process):
    def __init__(self,name):
        multiprocessing.Process.__init__(self)
        self.name = name

    def run(self):
        lock.acquire()                           #获取锁
        print("%s"%(self.name))
        time.sleep(1)
        lock.release()                           #释放锁
if __name__ == "__main__":
    p1 = myProcess("p1")
    p2 = myProcess("p2")
    p1.start()
    p2.start()
    p1.join()
    p2.join()
    print("进程结束")

#输出结果为
p1
p2
进程结束
```

2.14.8 进程池

当需要多个进程来处理请求时,在数量不是太多的情况下可以使用 Process 来创建多个进程进行处理,但是当处理大量的请求时,例如 Web 的服务器在接收大量用户请求时,则需要使用进程池来处理并管理用户请求的进程。

进程池是资源进程、管理进程组成的技术的应用。进程池可以对大量进程进行管理。Python 中可以使用 multiprocessing 模块的 Pool 类创建进程池。Pool 类可以提供指定数量的进程供用户调用,当有新的请求提交到 Pool 中时,如果进程池还没有满,就会创建一个新的进程用来执行该请求,但如果进程池中的进程数已经达到最大值,则该请求就会等待,直到进程池中有进程结束才会创建新的进程来执行请求。

Pool 类包含了 pool()、apply_async()、apply()、join()、close()、terminate()等常用方法,使用 pool()方法来创建一个进程池对象,控制可以提交作业的工作进程池。Pool 类支持带有超时回调的异步结果及一个并行的 map 实现。

(1) pool([processes[, initializer[, initargs[, maxtasksperchild[, context]]]]])方法包含以下参数。

processes 为要使用的工作进程数目，如果 processes 为 None，则会使用 os.cpu_count() 返回的值。

initializer 参数若不为 None，则每个工作进程在启动时会调用 initializer(*initargs)。

maxtasksperchild 是一个工作进程在它退出或被一个新的工作进程代替之前能完成的任务数量，为了释放未使用的资源。默认的 maxtasksperchild 是 None，意味着工作进程寿命与进程池一致。

context 可被用于指定启动的工作进程的上下文。通常一个进程池是使用函数 multiprocessing.Pool() 或者一个上下文对象的 Pool() 方法创建的。在这两种情况下，context 都是适当设置的。

(2) apply_async(func[, args[, kwds]]) 方法使用非阻塞的方式调用 func 函数，是并行执行。args 为传递给 func 函数的参数列表。

(3) apply(func[, args[, kwds]]) 方法使用阻塞的方式调用 func 函数，必须等待上一个进程退出后才能执行下一个进程。args 为传递给 func 函数的参数列表。

(4) join() 方法需要等待工作进程结束，在调用 join() 方法前，必须先调用 close() 方法或者 terminate() 方法。

(5) close() 方法用于阻止后续任务被提交到进程池，当所有任务执行完成后，工作进程会退出。

(6) terminate() 方法不必等待未完成的任务，会立即停止工作进程。当进程池对象被垃圾回收时，会立即调用 terminate() 方法。

需要注意的是，进程池对象的方法只有创建了它的进程才能调用。创建一个进程池，示例代码如下：

```python
# 第 2 章//pro.py
from multiprocessing import Pool        # 导入进程池模块
import os,time
def func(n):
    print('%s:%s'%(os.getpid(),n))
    time.sleep(1)

if __name__ == '__main__':
    p = Pool(3)                          # 创建 3 个进程
    for i in range(7):
        res = p.apply(func = func, args = (i,))   # 同步调用，等待 func 执行
    print("线程池结束")

# 输出结果为
18712:0
8836:1
17744:2
18712:3
8836:4
17744:5
18712:6
线程池结束
```

2.14.9 进程间通信

进程间可以使用文件共享的方式实现进程间的通信,但是这样的方式效率太低,Python 的 multiprocessing 模块提供了基于消息的 ICP 通信机制的队列类 Queue 来处理进程间的通信。Queue 队列类无须再加锁和解锁。使用 Queue 队列的示例代码如下:

```python
#第2章//pro.py
import multiprocessing
import time

q = multiprocessing.Queue()                     #返回 queue 对象
def func1(name,count,q):
    i = 0
    while i < count:
        print("%s 写入:%s"%(name,i))
        q.put(str(i))                           #向 queue 队列中写入 i
        time.sleep(1)
        i = i + 1

def func2(name,count,q):
    i = 0
    while i < count:
        print("%s 读取:%s"%(name,q.get()))      #从 queue 队列中读取 i
        time.sleep(1)
        i = i + 1

if __name__ == "__main__":
    p1 = multiprocessing.Process(name = "p1",target = func1,args = ("p1",3,q))
    p2 = multiprocessing.Process(name = "p2",target = func2,args = ("p2",3,q))
    p1.start()
    p2.start()
    p1.join()
    p2.join()
    print("进程结束")
```

Queue 类方法包括 qsize()、empty()、full()、put()、put_nowait()、get()、get_nowait()、close()、join_thread()、cancel_join_thread()。

(1) qsize()方法用于返回队列的大致长度。由于多线程或者多进程的上下文,这个数字是不可靠的。注意,在 UNIX 平台上,例如 Mac OS X,使用 qsize()方法可能会抛出 NotImplementedError 异常,因为该平台没有实现 sem_getvalue()方法。

(2) empty()方法,如果队列是空的,则返回值为 True,否则返回值为 False。由于多线程或多进程的环境,该状态是不可靠的。

(3) full()方法,如果队列是满的,则返回值为 True,否则返回值为 False。由于多线程或多进程的环境,该状态是不可靠的。

(4) put(obj[,block[,timeout]])将 obj 放入队列。如果可选参数 block 为 True(默认值)且 timeout 为 None(默认值),将会阻塞当前进程直到有空的缓冲槽。如果 timeout 为正数,将会在阻塞了最多 timeout 秒后还是没有可用的缓冲槽时抛出 queue.Full 异常。反之(block 为 False 时),仅当有可用缓冲槽时才放入对象,否则抛出 queue.Full 异常(在这种情形下,timeout 参数会被忽略)。

(5) put_nowait(obj)相当于 put(obj,False)。

(6) get([block[,timeout]])从队列中取出并返回对象。如果可选参数 block 为 True(默认值)而且 timeout 为 None(默认值),将会阻塞当前进程,直到队列中出现可用的对象。如果 timeout 为正数,将会在阻塞了最多 timeout 秒后还是没有可用的对象时抛出 queue.Empty 异常。反之(block 为 False 时),仅当有可用对象能够取出时返回,否则抛出 queue.Empty 异常(在这种情形下,timeout 参数会被忽略)。

(7) get_nowait()相当于 get(False)。

(8) close()用于指示当前进程将不会再往队列中放入对象。一旦所有缓冲区中的数据被写入管道后,后台的线程会退出。这种方法在队列被垃圾回收机制回收时会自动调用。

(9) join_thread()用于等待后台线程。这种方法仅在调用了 close()方法后可用。这会阻塞当前进程直到后台线程退出,确保所有缓冲区中的数据都被写入管道中。默认情况下,如果一个不是队列创建者的进程试图退出,则它会尝试等待这个队列的后台线程。这个进程可以使用 cancel_join_thread()让 join_thread()方法什么都不做而直接跳过。

(10) cancel_join_thread()防止 join_thread()方法阻塞当前进程。具体而言,这可以防止进程退出时自动等待后台线程退出。

2.14.10 分布式进程

multiprocessing 模块不仅可以在一台计算机上创建多进程,其子模块 managers 还支持把多进程分布到多台服务器上。managers 提供了一种创建共享数据的方法,从而可以在不同进程中共享,甚至可以通过网络跨机器共享数据。managers 维护了一个用于管理共享对象的服务,其他进程可以通过代理访问这些共享对象。由于 managers 模块封装得很好,开发者不必了解网络通信的细节,就可以很容易地编写分布式多进程程序。

multiprocessing.Manager()返回一个已启动的 SyncManager 管理器对象,这个对象可以用于在不同进程中共享数据。返回的管理器对象对应了一个已经启动的子进程,并且拥有一系列方法可以用于创建共享对象、返回对应的代理。当管理器被垃圾回收或者父进程退出时,管理器进程会立即退出。管理器类定义在 multiprocessing.managers 模块。

(1) BaseManager([address[,authkey]])类用于创建一个 BaseManager 对象。此对象一旦被创建,应该及时调用 start()或者 get_server().serve_forever(),以确保管理器对象对应的管理进程已经启动。address 是管理器服务进程监听的地址,如果 address 为 None,则允许和任意主机的请求建立连接。authkey 为认证标识,用于检查连接服务进程的请求的合法性。如果 authkey 为 None,则会使用 current_process().authkey,否则会使用authkey,需要保证它必须是 Byte 类型的字符串。

(2) start([initializer[,initargs]])用于为管理器开启一个子进程,如果 initializer 不是 None,则子进程在启动时将会调用 initializer(*initargs)。

(3) get_server()用于返回一个 Server 对象,它是管理器在后台控制的真实的服务。Server 对象拥有 serve_forever()方法。

（4）connect()用于将本地管理器对象连接到一个远程管理器进程。

（5）shutdown()用于停止管理器的进程。这种方法只能用于已经使用start()启动的服务进程，它可以被多次调用。

（6）register(typeid[, callable[, proxytype[, exposed[, method_to_typeid[, create_method]]]]])用于将一种类型或者可调用对象注册到管理器类。typeid是一种"类型标识符"，用于唯一表示某种共享对象类型，必须是一个字符串。

callable是一个用来为此类型标识符创建对象的可调用对象。如果一个管理器实例将使用connect()方法连接到服务器，或者create_method参数为False，则这里可设置为None。

proxytype是BaseProxy的子类，可以根据typeid为共享对象创建一个代理，如果为None，则会自动创建一个代理类。

exposed是一个由函数名组成的序列，用来指明只有这些方法可以使用BaseProxy._callmethod()代理（如果exposed为None，则会在proxytype._exposed_存在的情况下转而使用它）。当暴露的方法列表没有指定的时候，共享对象的所有"公共方法"都会被代理（这里的"公共方法"是指所有拥有__call__()方法并且不是以'_'开头的属性）。

method_to_typeid是一个映射，用来指定那些应该返回代理对象的暴露方法所返回的类型（如果method_to_typeid为None，则proxytype._method_to_typeid_会在存在的情况下被使用）。如果方法名称不在这个映射中或者映射为None，则方法返回的对象会是一个复制的值。

create_method指明是否要创建一个以typeid命名并返回一个代理对象的方法，这个函数会被服务进程用于创建共享对象，默认值为True。

BaseManager实例也有一个只读属性address，此只读属性为管理器所用的地址。

下面是一个简单的Master/Worker模型，实现一个简单的分布计算。启动多个worker就可以把任务分配到多台机器上了，服务器端示例代码如下：

```python
#第2章//proserver.py
from multiprocessing.managers import BaseManager
from multiprocessing import Queue
import random

#发送队列
send_queue = Queue()
#接收队列
result_queue = Queue()

def get_send():
    return send_queue

def get_result():
    return result_queue

class QueueManager(BaseManager):          #继承BaseManager类
    pass
```

```python
# 在服务器的管理器上注册2个共享队列
QueueManager.register('get_send', callable=get_send)
QueueManager.register('get_result', callable=get_result)
# 设置端口,地址为本机的地址127.0.0.1,验证码authkey设定为Byte类型的123456
manager = QueueManager(address=('127.0.0.1', 5000), authkey=b'123456')

def manager_run():
    manager.start()
    # 通过管理器访问共享队列
    task = manager.get_send()
    result = manager.get_result()

    # 对队列进行操作,往task队列放入任务
    for value in range(10):
        n = random.randint(0,100)
        print('放入数据 %d' % n)
        task.put(n)
    # 从result队列取出结果
    print('开始取出数据')
    try:
        for value in range(10):
            r = result.get(timeout=100)
            print('取出数据: %s' % r)
    except Exception:
        print('取出数据失败')
    # 关闭管理器
    manager.shutdown()
    print('运行结束')

if __name__ == '__main__':
    manager_run()

# 输出结果为
放入数据 20
放入数据 40
放入数据 94
放入数据 7
放入数据 78
放入数据 28
放入数据 25
放入数据 78
放入数据 9
放入数据 9
开始取出数据
取出数据: 20 * 20 = 400
取出数据: 40 * 40 = 1600
取出数据: 94 * 94 = 8836
取出数据: 7 * 7 = 49
取出数据: 78 * 78 = 6084
取出数据: 28 * 28 = 784
```

```
取出数据: 25 * 25 = 625
取出数据: 78 * 78 = 6084
取出数据: 9 * 9 = 81
取出数据: 9 * 9 = 81
运行结束
```

worker 端代码如下,该代码同样在本机运行,如果希望在另一台机器上运行,则需要将 IP 地址修改为 Master 的 IP 地址。

```
#第2章//proclient.py
import time
from multiprocessing.managers import BaseManager
class QueueManager(BaseManager): pass

#从网络上的服务器上获取Queue,所以注册时只需提供服务器上管理器所注册的队列的名字
QueueManager.register('get_send')
QueueManager.register('get_result')

server_addr = '127.0.0.1'
print('连接服务器 %s...' % server_addr)
#b'123456'相当于'123456'.encode('ascii'),类型是Bytes
m = QueueManager(address = (server_addr, 5000), authkey = b'123456')
#连接服务器
m.connect()
#获取服务器上的队列对象
task = m.get_send()
result = m.get_result()

for value in range(10):
    try:
        n = task.get(timeout = 1)
        print('执行 %d * %d...' % (n, n))
        r = '%d * %d = %d' % (n, n, n * n)
        time.sleep(1)
        result.put(r)
    except Exception:
        print('执行出错')

print('客户端运行完毕')

#输出结果为
连接服务器 127.0.0.1...
执行 20 * 20...
执行 40 * 40...
执行 94 * 94...
执行 7 * 7...
执行 78 * 78...
执行 28 * 28...
执行 25 * 25...
```

```
执行 78 * 78...
执行 9 * 9...
执行 9 * 9...
客户端运行完毕
```

在多线程和多进程中，应当优先选择多进程，因为进程更稳定而且进程可以分布到多台机器上，而线程最多只能分布到同一台机器的多个 CPU 上。

💡**注意** 当 worker 与 Master 不在一台计算机上时，如果 worker 需要通过网络远程访问 Master，则需要将 Master 端计算机的防火墙关闭，或者设置防火墙以便允许 worker 端的 IP 及端口通过防火墙。

应 用 篇

对 Python 编程的学习除了应掌握 Python 语言本身的语法及规则之外，使用 Python 控制并管理除 Python 之外的应用是非常重要的。使用 Python 开发一个相对完善的项目，除了拥有 Python 的基础知识，更多的知识都是在 Python 之外的，如果没有这些 Python 之外的知识，我们会发现仅使用 Python 进行开发可以说是无从下手，因为仅靠单一的基础技能很难开发出有效的产品。掌握 Python 之外的编程知识是迈向商业化产品的第一步，也是最重要的一步。

在实际项目的开发过程中会用到大量的第三方应用，例如 MySQL、MongoDB、HTML 等，使用 Python 与这些第三方的应用灵活地结合，就可以开发出适应不同要求、满足不同应用场景且功能强大的商业化产品。本篇将带领读者对实际项目中一些必备的第三方应用进行学习及使用，并且讲解如何使用 Python 与这些第三方应用相结合。由于篇幅的限制，我们并不能过于深入地讲解第三方应用的知识，对于第三方应用的知识尽量把握在满足实际项目要求的层面上，如果读者对这些第三方应用十分感兴趣，则可以通过查阅相关资料进行进一步的学习。

本篇属于应用篇，对于本篇讲解的内容和操作，希望读者能够至少实际操作一遍，以便对这些知识更好地理解，并且本章所讲解的内容将会在实战篇的案例中得到综合体现，如果没能较好地学习本篇的内容，则项目实战中的内容可能无法理解。

应用篇包含以下四章：

第 3 章 Python 操作数据库

本章将讲解 MySQL、MongoDB、Redis 等常用数据库知识，包括各数据库之间的差异、不同数据库之间的操作及对这些数据库进行管理的常用客户端工具。除此之外，还将讲解如何使用 Python 操作并管理这些数据库。

第 4 章 Python 爬虫入门

本章将讲解使用 Python 爬取网页数据的几种方式，爬取数据后如何从复杂的数据源中快速地获取指定的数据，以及如何使用第三方工具分析并找出正确的数据源，对 App 数据进行抓取。

第 5 章　Python 数据分析与可视化

本章将讲解 Python 中的科学计算包 NumPy 与数据分析包 Pandas 的相关知识及使用方式，并且使用 Matplotlib 包与 NumPy 和 Pandas 相结合的方式绘制图表，将数据可视化展现。

第 6 章　Python 与前端交互

本章将讲解 HTML、CSS、JavaScript 及 jQuery 等前端知识，及 WSGI 相关的知识，使用 WSGI 实现一个简单的网页，并使用第三方工具对相关接口进行简单测试。

第 3 章 Python 操作数据库

数据库作为重要的基础软件之一,在现代软件开发中有着广泛的应用,特别是对于数字资产的存储、分发、管理,有着非常重要的作用。数据库是指长期存储在计算机内的、有组织的、可共享的数据的集合。通俗地讲,数据库就是专门存储并管理数据的地方。

数据库分为关系数据库与非关系数据库。关系数据库是采用关系模型来组织数据的数据库,即从一个数据可以关联并查询到其他相关联的很多数据。关系数据库的特点是对数据的一致性要求比较高,也就是对事务的支持。关系数据库多用于逻辑关联性较高的场景中,例如各类管理系统、电子商务平台、网上银行、网络支付等应用。其典型的代表是 PostgreSQL 数据库、MySQL 数据库、Oracle 数据库、MS SQL Server 等。关系数据库因为数据的相关性,以及结构相对固定,所以关系数据库在面对大数据的情况下性能会有所欠缺。

非关系数据库又称为 NoSQL,最常见的解释是 non-relational,即非关系,Not Only SQL 也被很多人接受。非关系数据库的特点是易扩展、高性能。数据之间没有关系,所以就非常容易扩展。无形间在架构层面上带来了较强的扩展能力。非关系数据库因为数据结构的简单及数据间的无关性,使非关系数据库具有非常高的读写性,尤其是在大数据量的情况下,表现十分优异。非关系数据库多用于低延时、高并发的场景中,例如股票交易、网络游戏、大数据分析、实时通信等应用。其典型的代表是 MongoDB、Redis、Hadoop HBase 等。非关系数据库不支持 SQL,且不同的数据库语法结构不一致,学习成本较高,另外大多数非关系数据库不支持事务,对数据一致性无法保障,有部分非关系数据也对事务提供了支持,但是与关系数据一样,使用事务时也会降低效率,这样非关系数据库的优势就无法体现出来了。

本章将向读者介绍应用非常广泛的关系数据库 MySQL 与非关系数据库 MongoDB、Redis,并且使用 Python 作为主要编程语言对这几种数据进行操作。

3.1 MySQL 简介及安装

3.1.1 MySQL 简介

MySQL 是典型的关系数据库,其应用十分广泛。MySQL 最早由瑞典的 MySQL AB 公司开发,后被甲骨文公司收购,现在是甲骨文公司旗下的产品。MySQL 是开放源代码的数据库,它采取了双授权政策,分为社区版和商业版。其中社区版本是完全免费的。

MySQL 数据库由于其体积小、速度快、使用成本低,尤其是开放源代码这一特点,很多中小型的网站或者系统会选择 MySQL 作为其数据库。

作为关系数据库,MySQL 将不同的数据保存在不同的表中,而不是将所有数据放在一个大的仓库内,这样就提高了速度和灵活性。

3.1.2 MySQL 特性

1. 运行速度快

MySQL 核心线程是多线程,支持多处理器,从而使处理效率更高。

2. 支持多种存储引擎

MySQL 支持的引擎多达十几种,不同的存储引擎有各自的特点,MyISAM、MEMORY 与 InnoDB 是比较常见的存储引擎。InnoDB 引擎支持事务的处理。

3. 学习成本低

MySQL 使用 SQL 作为数据库的设计语言。SQL 是一种数据库查询和程序设计语言,比较简单,但功能强大。通过简单的语句就可以完成复杂的查询工作。入门比较容易,学习成本低。

4. 存储容量大

在 MyISAM 存储引擎下,MySQL 的存储容量主要受限于操作系统,即操作系统对文件大小的限制,与 MySQL 本身无关。其他引擎的存储量也十分巨大,对于中小系统来讲,完全不必担心存储的容量限制。

5. 安全性高

灵活的授权形式,既可以按照数据库进行授权,又可以按照用户进行授权,连接服务器时,所有的密码传输均采用加密形式,从而保证了密码的安全。

6. 跨平台

MySQL 数据库是跨平台的数据库,可以很好地运行在不同的操作系统上,例如 Linux、Windows 等操作系统。

7. 支持多语言

支持多种开发语言调用,例如 PHP、Python、Java、C、C++、Perl 等。

8. 成本低

MySQL 社区版可以免费获取并使用,MySQL 是一款比较成熟的产品,社区版与商业版在性能方面相差不大,对于大多数中小企业,社区版已经足够使用。

3.1.3 MySQL 安装

MySQL 的官方网站为 https://www.mysql.com/。将该网址输入浏览器中并按回车键,就可以访问 MySQL 的官方网站了,因为该网站存放的服务器在国外,所以从国内访问会较慢,需要耐心等待一下。

成功打开 MySQL 官网后,单击 DOWNLOADS 栏目,即可显示 MySQL 的下载页面,如图 3-1 所示。打开 DOWNLOADS 页面,滑动到页面的最下方,单击 MySQL Community (GPL) Downloads 链接,进入 MySQL 社区版的下载页面,如图 3-2 所示。

因为需要在 Windows 操作系统上安装 MySQL,所以在 MySQL 社区版下载页面内选择 MySQL Installer for Windows 链接,就可以进入 Windows 安装包的下载界面,如图 3-3 所示。在 Windows 安装包的下载界面有两个下载选项,分别为 mysql-installer-web-community-8.0.23.0.msi 与 mysql-installer-community-8.0.23.0.msi,如图 3-4 所示。

图 3-1　MySQL 官方网站

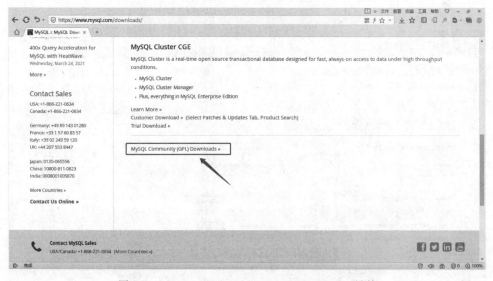

图 3-2　MySQL Community(GPL)DownLoads 链接

其中 mysql-installer-web-community-8.0.23.0.msi 表示通过 MySQL 官方提供的在线安装器进行边下载边安装,而 mysql-installer-community-8.0.23.0.msi 则是完整安装包,一次性下载到本地计算机上后再进行安装,此处选择 mysql-installer-community-8.0.23.0.msi 进行安装,也就是将完整安装包下载到本地后进行安装。

细心的读者可能会发现,MySQL 提供的 Windows 安装包都是基于 x86 架构 32 位操作系统的,如果计算机是 64 位操作系统应该如何选择呢?这里不论是 32 位操作系统还是 64

位操作系统，只能选择 32 位的安装包进行安装。这里的 32 位安装包只是一个打包器，打包器已经将 64 位的 MySQL 打包进去了，在安装 MySQL 的过程中可以选择 64 位的 MySQL，并且 64 位是向下兼容 32 位的，所以选择 32 位安装包将 MySQL 打包进去，既可以适配 32 位的操作系统，也可以兼容 64 位操作系统。

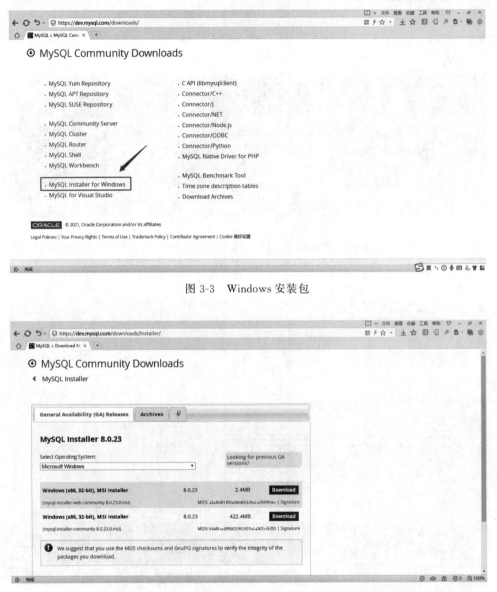

图 3-3　Windows 安装包

图 3-4　Windows 安装包下载页面

在安装包的下载界面可以看到，当前 MySQL 的最新版本为 MySQL 8.0.x（x 代表数字，例如 MySQL 8.0.23），在下载界面的 Archives 栏目中的 Product Version 列表中可以看到 MySQL 的版本号突然从 5.7.32 跳到 8.0.0，如图 3-5 所示，其实这期间并不是 MySQL 很久没有维护而导致的断代，而是版本命名的规则发生了改变，可以将 5.7.32 理解为 7.0.0，这样比较容易接受。

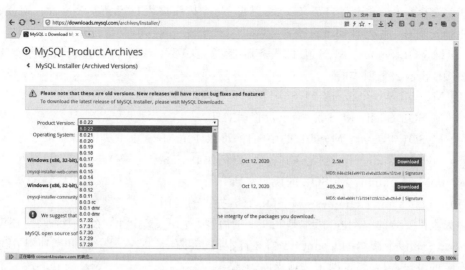

图 3-5　MySQL 历史版本号

双击下载好的 MySQL 安装包(安装包大小为 422.4MB),进入 MySQL 的安装界面,如图 3-6 所示,在安装界面有以下选项:

(1) Developer Default:安装 MySQL 开发所需的所有产品。
(2) Server only:仅安装 MySQL 服务器端。
(3) Client only:仅安装 MySQL 客户端。
(4) Full:安装 MySQL 所有产品和功能。
(5) Custom:用户自定义安装。

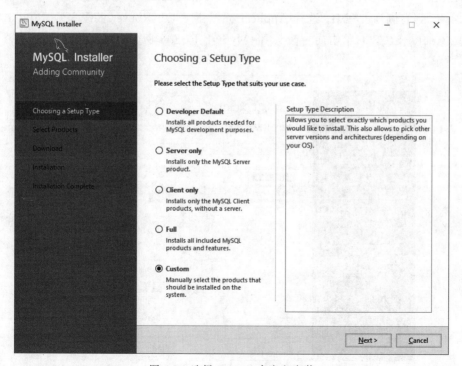

图 3-6　选择 Custom 自定义安装

在此选择 Custom 进行自定义安装,单击 Next 按钮进入自定义安装界面。MySQL 提供的能够安装的产品列表如下。

(1) MySQL Server:MySQL 的服务器端,这是必要的数据库程序,所有的数据库都是在 MySQL Server 下创建的。

(2) MySQL Workbench:MySQL 图形化管理工具。

(3) MySQL Shell:MySQL 命令行管理工具。

(4) MySQL Router:MySQL 的中间件,可以使用 MySQL Router 来做负载均衡。

(5) MySQL Connectors:允许其他语言(例如 Python、C++等)与 MySQL 交互的驱动。

(6) documentation:MySQL 的说明文档。

(7) samples and examples:MySQL 官方提供的案例。

因为本机安装的 Python 版本是 3.9.x 的版本,而 MySQL 官方在本书编写时还没有提供 Python 3.8 以上版本的 Connectors,并且本机也没有安装 Visual Studio,所以在选择自定义安装的时候,需要将这两个选项剔除。

在 Custom 安装界面,提供了两个列表选择框,左侧列表框内是所有可以安装的产品列表,选中左侧列表框中要安装的产品,单击向右的箭头,选中的产品会在右侧列表框中被列出,右侧列表框为即将安装的产品列表。

首先展开 MySQL Server 前方的加号,直到没有加号为止,选中 MySQL Server 8.0.23,然后单击向右的箭头,将 MySQL Server 8.0.23 移动到右侧列表框中。根据上述步骤,继续选择 Applications→MySQL Workbench→MySQL Workbench 8.0→MySQL Workbench 8.0.23,单击向右箭头,将 MySQL Workbench 8.0.23 移动到右侧列表框中;选择 Applications→MySQL Shell→MySQL Shell 8.0→MySQL Shell 8.0.23,单击向右箭头,将 MySQL Shell 8.0.23 移动到右侧列表框中;选择 Applications→MySQL Router→MySQL Router 8.0→MySQL Router 8.0.23,单击向右箭头,将 MySQL Router 8.0.23 移动到右侧列表框中,如图 3-7 所示。

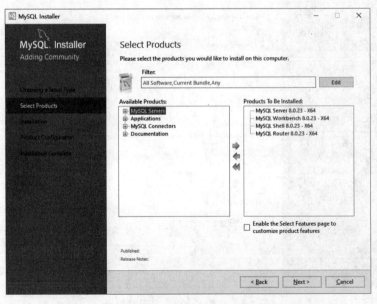

图 3-7　选择需要安装的产品并移动到右侧列表框

单击 Next 按钮后便会显示确认页面，继续单击 Execute 按钮开始安装，在当前页会显示安装进度，需要等待所有的产品出现 Complete，如图 3-8 所示。

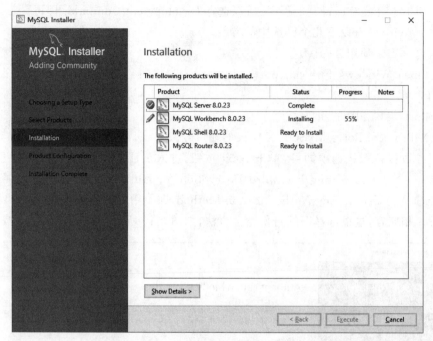

图 3-8　耐心等待所有产品安装完毕

安装完毕后，单击 Next 按钮便会显示确认配置界面，继续单击 Next 按钮进入配置界面，如图 3-9 所示。在配置界面有几个参数需要进行选择与设置。

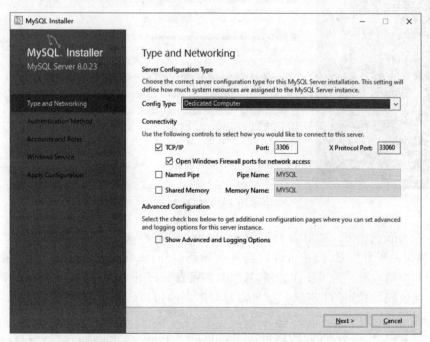

图 3-9　类型及网络设置

Config Type 参数提供了 3 个选项，分别是 Development Computer、Server Computer、Dedicated Computer，这 3 个选项分别对应 MySQL 服务所占用的资源为低、中、高。因为需要在当前机器上开发及运行其他程序，所以选择 Development Computer 即可。

Connectivity 中有以下几个已选中的参数。

（1）TCP/IP：使用 TCP/IP。

（2）Open Windows Firewall ports for network access：允许 Windows 防火墙开放 Port 端口。

（3）Port：TCP/IP 的端口号。

（4）X Protocol Port：MySQL X 协议的端口号。

以上参数保留默认选项即可，单击 Next 按钮，进入认证方式的选择界面，这里有两个认证选项，一个是 Use Strong Password Encryption for Authentication，即使用强力认证。另外一个选项是 Use Legacy Authentication Method，即使用旧的身份验证方法。为了与后面其他程序相兼容，这里选择旧的身份验证方法，如图 3-10 所示，然后单击 Next 按钮。

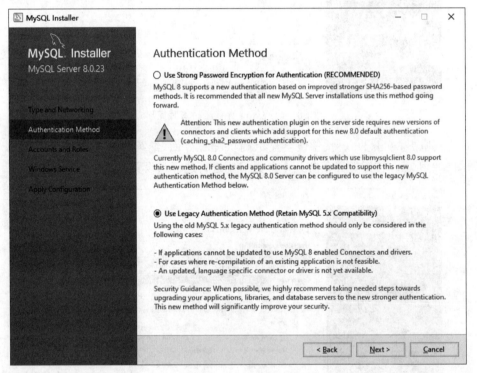

图 3-10　选择认证方式

进入账号设置界面，这里需要设置 root 用户的密码，root 用户是超级用户，拥有对 MySQL 操作的所有权限，除了可以设置 root 密码以外，在当前页面还可以添加新的用户，并且赋予相应的权限。为了操作方便，这里只需设置 root 用户的密码，该密码需要记住，建议设置常用密码，如图 3-11 所示。如果需要对不同的用户区分不同的访问权限，可以通过添加新的用户进行操作。

设置好密码后，单击 Next 按钮进入 Windows Service 设置界面，这里使用默认设置即可，如图 3-12 所示。

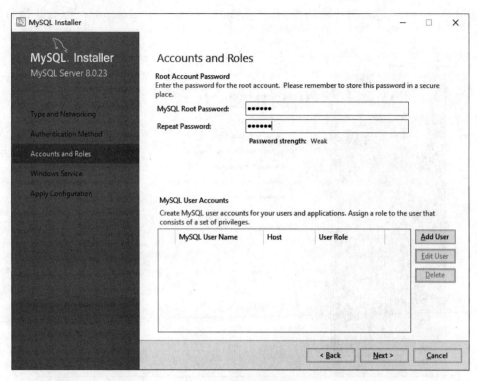

图 3-11 设置用户密码

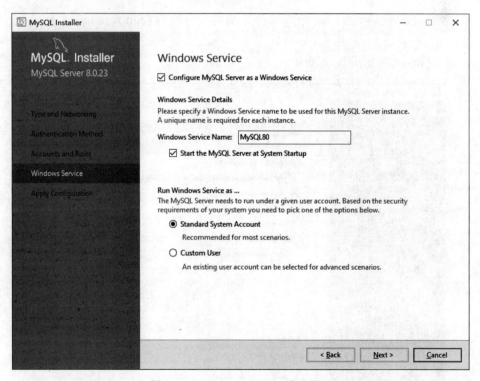

图 3-12 Windows Service 设置界面

单击 Next 按钮进入配置确认界面，如图 3-13 所示，单击 Execute 按钮确认执行相关配置。

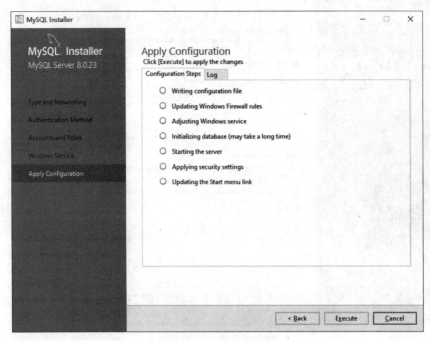

图 3-13　配置确认

单击 Execute 按钮，确认执行后等待配置生效，然后会出现 The configuration for MySQL Server 8.0.23 was successful. Click Finish to continue. 及 Finish 按钮。单击 Finish 按钮完成安装，如图 3-14 所示。

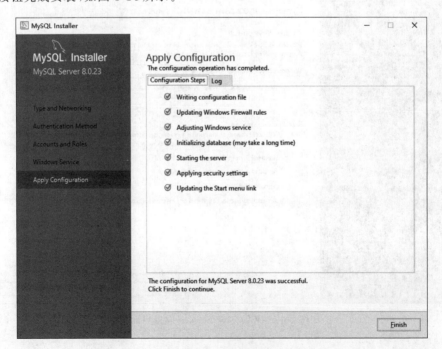

图 3-14　单击 Finish 按钮完成安装

此时完成了 MySQL 的配置,接下来对 MySQL Router 进行配置。单击 Next 按钮进入 MySQL Router 配置界面,该页面选择默认配置即可,单击 Finish 按钮回到产品配置页面,继续单击 Next 按钮进入安装完毕页面,单击 Finish 按钮即完成了 MySQL 的安装及配置,如图 3-15 所示。

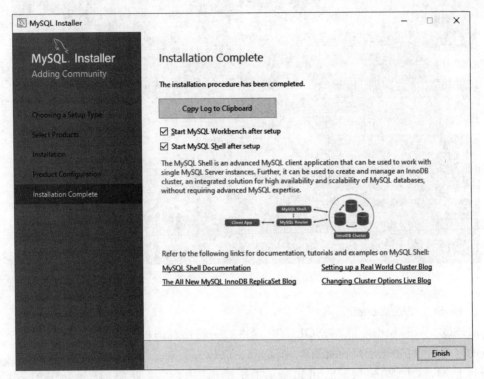

图 3-15　配置确认

因为在安装的最后一步勾选了 Start MySQL Workbench after setup 与 Start MySQL Shell after setup,所以在安装完毕后会弹出两个窗口,分别是 Workbench 与 Shell 窗口。在 Shell 窗口内输入\sql 并按回车键,将交互语言切换为 SQL,前面的\号不能省略,然后输入 \connect root@127.0.0.1:3306 并按回车键以便连接数据库,其中 root 是 MySQL 的用户名,127.0.0.1 是本机的 IP 地址,因为 MySQL 在当前机器运行,如果 MySQL 在其他机器运行,则应替换为相应的 IP 地址。3306 是 MySQL 的端口号,此时会提示输入数据库的密码,将安装时设置的 MySQL 密码填入即可。

登录后输入 select version();就会看到 MySQL 的版本号,如图 3-16 所示。此时 MySQL 已经顺利地安装完毕。

3.1.4　MySQL 可视化工具

前文安装的 MySQL Shell 工具可以通过 SQL 对 MySQL 数据库进行全面管理,包括创建及管理数据库、设计及管理数据表、创建及管理存储过程等,也可以对用户及其权限进行管理,但 Shell 工具界面始终不是太友好,特别对于初学者来讲比较影响使用效率,为此很多第三方产品提供了针对 MySQL 的可视化工具,包括 MySQL 官方也提供了自己的可视化工具。下面将要介绍两个比较常用的 MySQL 可视化工具,一个是由 MySQL 官方提供的可视化工具 MySQL Workbench，另一个是由第三方提供的可视化工具 Navicat for MySQL。

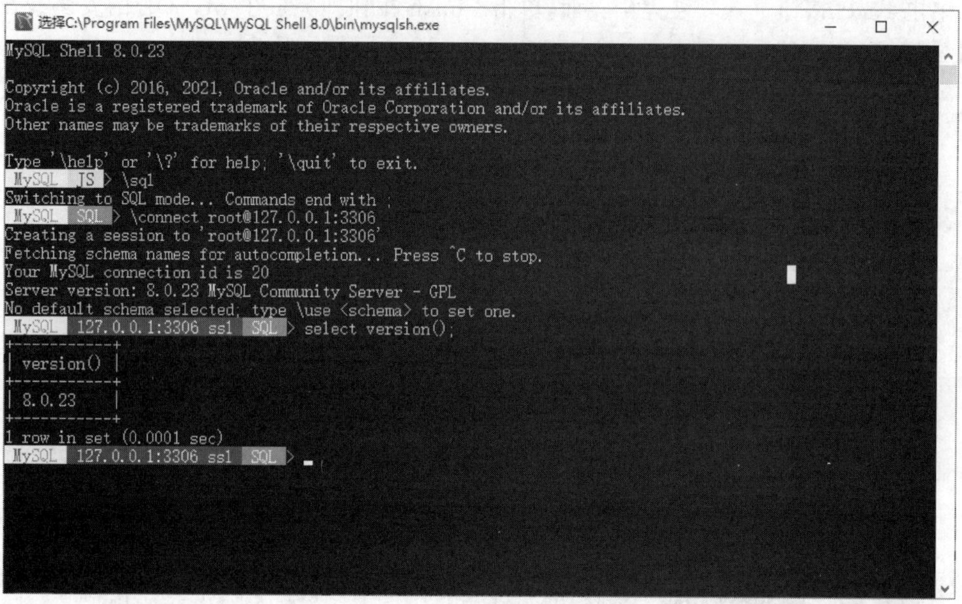

图 3-16 MySQL Shell 操作

1. MySQL Workbench

MySQL Workbench 是 MySQL 官方提供的一款免费的可视化工具，即能在命令行下完成的内容，在可视化工具内都可以完成，反之亦成立。在上文安装 MySQL 的同时，选择并安装了 MySQL Workbench，可以通过"开始"菜单的"最近添加"列表中的 MySQL Workbench 8.0 CE 打开 MySQL Workbench，如图 3-17 所示。

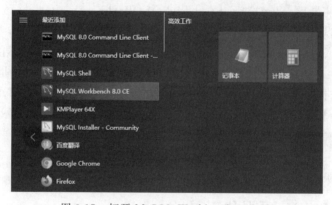

图 3-17 打开 MySQL Workbench 8.0 CE

第一次打开 MySQL Workbench 后会看到欢迎界面，如图 3-18 所示。Workbench 布局采用上、左、右的模式，上部分是菜单项，所有的操作都可以通过菜单完成；左侧有 3 个选项，分别是数据库管理、模型管理及迁移向导；右侧为相对应的操作界面。

在欢迎界面的左下角 Workbench 已经识别出当前机器所安装的 MySQL，可以单击

Local instance MySQL80 卡片来连接本机的 MySQL，也可以通过新建的方式来连接本地的 MySQL。这里选择创建新的连接方式来连接本地的 MySQL，选择菜单 Database→Manage Connections 选项会弹出新建连接的对话框，如图 3-19 所示。

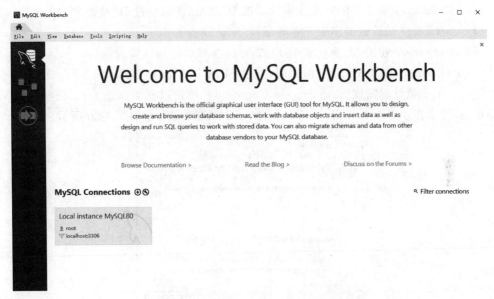

图 3-18　Workbench 欢迎界面

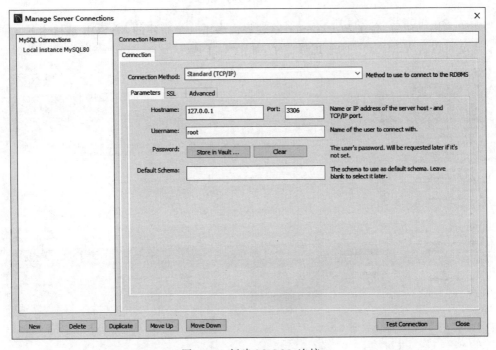

图 3-19　新建 MySQL 连接

在设置参数前，单击左下角的 New 按钮来创建新的连接。新连接有以下参数需要进行设置。

(1) Connection Name：设置连接名称，填写容易辨识的名称，可以使用中文。例如本机 MySQL 数据库。

(2) Connection Method：选择连接数据库的方式，默认选择 TCP/IP。

(3) Hostname：要连接的数据库服务器的 IP 地址，本机将此 IP 设置为 127.0.0.1。

(4) Port：要连接的数据库服务器的端口，默认端口为 3306。

(5) Username：连接 MySQL 的用户名，root 为默认的超级管理员。

(6) Password：连接 MySQL 的密码，通过 Store in Vault 保存。

将以上的参数设置完成后，单击 Test Connection 按钮以便测试是否正常连接，如果参数都正确，则会提示 Successfully made the MySQL connection，如图 3-20 所示。

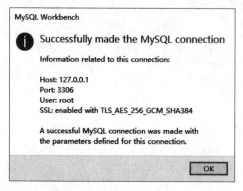

图 3-20　连接 MySQL 成功

新建连接成功后，会在 Workbench 欢迎界面多了一个新建的 MySQL 连接卡片。单击该卡片就可以进入 MySQL 的管理界面了，如图 3-21 所示。

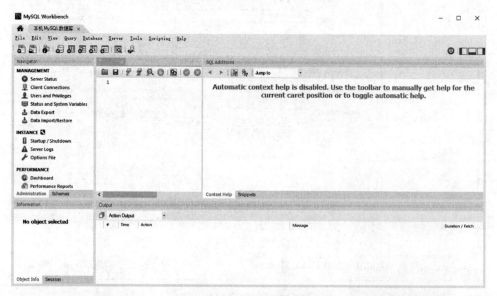

图 3-21　MySQL 管理界面

MySQL 管理界面里面的内容比较多，这里应重点关注对数据库的管理及操作，选择 Navigator 面板下方的 Schemas 选项卡，切换至数据库管理列表。在 SCHEMAS 面板可以看到默认有一个系统数据库 sys，在 SCHEMAS 面板的空白处右击，在弹出的菜单中选择 Create Schema 选项，在右侧会切换至创建数据库界面，如图 3-22 所示。

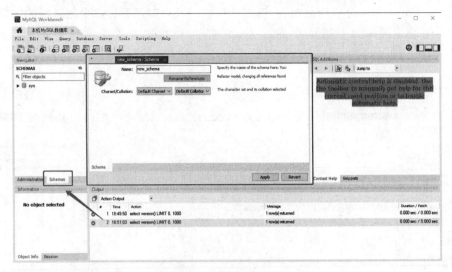

图 3-22　创建新的数据库

创建数据库界面中的参数设置如下。
（1）Name：数据库名，可设置任何名称，但不建议使用中文，例如 mydata。
（2）Charset/Collation：字符编码，建议选择为 utf8 和 utf8_unicode_ci，可以支持中文。
单击 Apply 按钮，弹出一个对话框，提示检查创建数据库的脚本，如图 3-23 所示。在 MySQL 中，一切都可以使用 SQL 进行创建、控制和管理。此时依然单击 Apply 按钮，然后在弹出的对话框中单击 Finish 按钮，完成 mydata 数据库的创建。

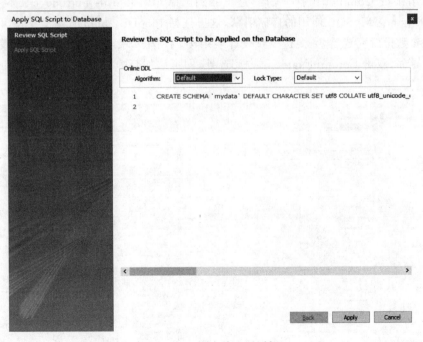

图 3-23　脚本检查对话框

创建完数据库后，在 SCHEMAS 面板中会多出一个刚才创建的 mydata 数据库。单击 mydata 数据库前面的三角按钮便可展开数据库，在数据库下有 Tables、Views、Stored Procedures、Functions，分别为数据表、视图、存储过程、存储函数。这里创建新的数据表，右击 Tables 在弹出的菜单中选择 Create Table 选项，则可进入数据表创建界面，如图 3-24 所示。

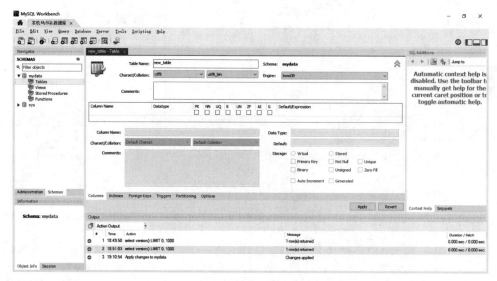

图 3-24　创建数据表

创建数据表界面中的参数设置如下。
（1）Table Name：数据表的名称可以随意填写，例如 mytable，但不建议使用中文。
（2）Charset/Collation：字符编码，这里分别选择 utf8 和 utf8_unicode_ci。
（3）Engine：MySQL 使用的存储引擎，这里选择 InnoDB，InnoDB 用于支持事务。

以上参数设置完成后，需要进一步设计表结构，单击图 3-24 右侧向上的两个箭头，切换到表设计界面，双击 Column Name 下方反选处，即可添加新的字段，如图 3-25 所示。

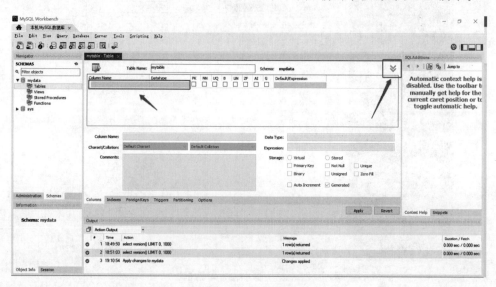

图 3-25　设计字段

在表中添加 3 个 Column Name，分别为 id、username、password，它们的 Datatype 分别为 INT、VARCHAR(45)、VARCHAR(45)，其中 45 表示该字段可以存放最多 45 个字符。对于 VARCHAR 类型的字段需要将下方的 Charset/Collation 参数设置为 utf8、utf8_unicode_ci。对于 id 字段，需勾选 Primary Key、Not Null、Auto Increment 复选框，它们分别代表主键、不为空、自增，如图 3-26 所示。单击 Apply 按钮，同样会弹出脚本检查对话框，继续单击 Apply 按钮及 Finish 按钮完成表设计，右侧 Tables 会出现一个三角形按钮，单击三角形按钮即可看到刚才创建的 mytable 表，右击 mytable 并在弹出的菜单中选择 Select Rows 选项，可以看到表详情，如图 3-27 所示。至此，使用 MySQL Workbench 完成了 MySQL 的连接、数据库的创建及数据表的创建。

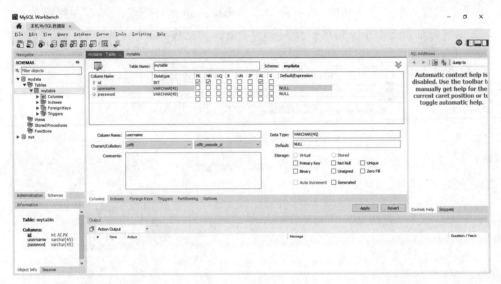

图 3-26　字段设计完毕

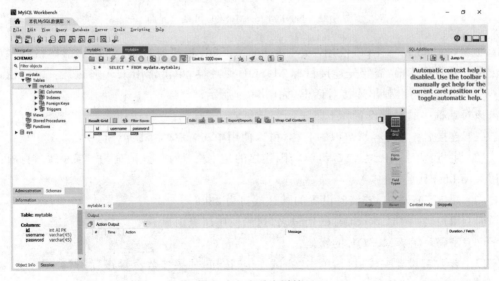

图 3-27　查看表详情

2. Navicat for MySQL

Navicat for MySQL 是一款比较流行的 MySQL 可视化工具,它是一款商业软件,但是因其简洁易用、功能强大的特性,深得从业人员的喜爱。Navicat 是一个系列产品,主要为各种数据库的可视化工具,这里使用的是 Navicat for MySQL。

打开 Navicat 官方网站,网址为 http://www.navicat.com.cn/,选择"产品"栏目,选择 Navicat for MySQL 进行下载并安装,可以免费试用 14 天。其安装比较简单,在此不再赘述。

打开 Navicat for MySQL 界面,如图 3-28 所示,中文界面,界面比较简洁。如果你的界面不是中文,可通过工具→选项→常规→语言选项,选择简体中文,重启 Navicat 后生效。界面默认的布局与 Workbench 的布局一样,也是上、左、右的形式。

界面上部是菜单及常用功能,所有的操作都可以通过此处完成。界面左侧是连接的对象,右侧是对应对象的操作。初次打开左侧列表可能为空白,或者只有一个本地数据库。

图 3-28　Navicat for MySQL 可视化界面

与 Workbench 一样,可使用 Navicat for MySQL 连接服务器、创建数据库、创建数据表。在创建数据库前,需要先连接目标 MySQL 服务器,单击常用工具中的"连接"按钮,选择 MySQL 选项将会弹出连接对话框,如图 3-29 所示。

该对话框中的参数设置如下。

(1) 连接名:填写容易辨识的名称,可以使用中文,例如本机 MySQL

(2) 主机:填写 IP 地址或者域名,因连接的是本机,所以 IP 地址为 127.0.0.1,亦可以使用 localhost 代替。

(3) 端口:MySQL 安装时设置的默认端口为 3306。

(4) 用户名:登录 MySQL 的用户名,这里使用超级用户 root。

(5) 密码:登录 MySQL 的密码。

以上参数都设置完成以后,单击"测试连接"按钮,如果参数设置正确,则会提示连接成功,然后单击"确定"按钮,在左侧连接列表面板中会出现刚才添加的"本机 MySQL"的连接名。

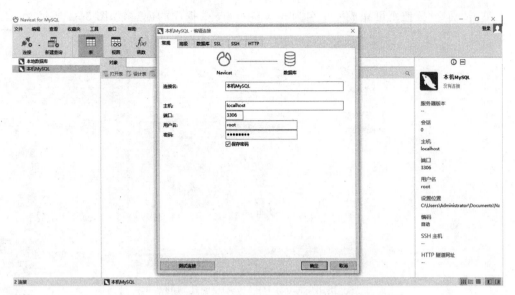

图 3-29　使用 Navicat for MySQL 连接 MySQL 服务器

双击刚才创建的本机 MySQL，将会连接 MySQL 服务器，并且展开该 MySQL 下的所有数据库列表，这时可以看到之前使用 Workbench 所创建的数据库 mydata。双击 mydata 即可看到数据库下的表 mytable，如图 3-30 所示。

图 3-30　mytable 表

右击连接名"本机 MySQL"，在弹出的菜单中选择"新建数据库"选项来创建一个新的数据库。创建对话框中的参数设置如下。

（1）数据库名：填写具有辨识度的名称，不建议使用中文，例如 newdatabase。

（2）字符集：选择 utf8。

（3）排序规则：选择 uft8_unicode_ci。

单击"确定"按钮则可完成一个名为 newdatabase 数据库的创建，如图 3-31 所示。

图 3-31　使用 Navicat for MySQL 创建新的数据库

双击左侧数据库列表中已创建的 newdatabase 数据库即打开了该数据库。在其展开的表上右击，在弹出菜单中选择"新建表"菜单，这样就可创建一张新表了，并且进入了表的设计界面，如图 3-32 所示。同样在此表内添加 3 个字段，分别为 id、username、password，字段类型分别为 int、varchar、varchar，varchar 的长度设置为 45，其中 id 将勾选"不是 null"，接着点选"键"及选择"自动递增"。username 与 password 字符集设置为 utf8、排序规则设置为 utf8_unicode_ci。按快捷键 Ctrl+S 保存该表，存储名称为 newtable。

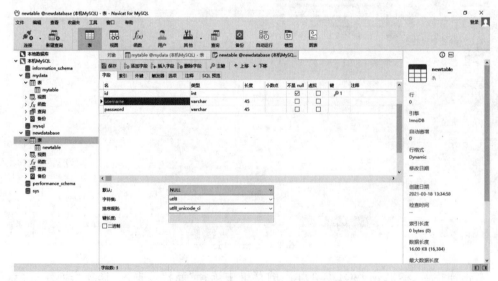

图 3-32　使用 Navicat for MySQL 创建新表

至此使用 Navicat for MySQL 完成了 MySQL 服务器的连接、创建了新的数据库 newdatabase、在 newdatabase 下创建了新的表 newtable。如果要执行 SQL 语句对指定数据库进行操作，则需要先选中该数据库，然后单击常用菜单中的"查询"按钮，单击"新建查询"按钮即可写入 SQL 语句并执行。例如想要查询 newdatabase 数据库中的 newtable 表中的所有内容,应先单击 newdatabase,然后单击"查询"按钮新建查询,如图 3-33 所示。输入代码如下:

```
select * from newtable
#数据结果为 newtable 下的所有内容
```

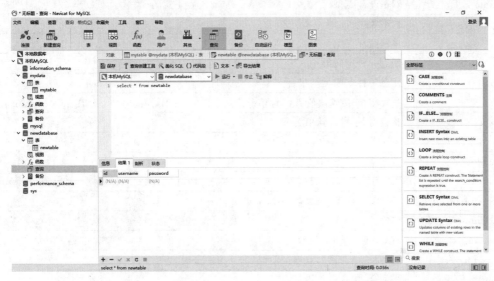

图 3-33　使用 Navicat for MySQL 执行 SQL 语句

3.1.5　MySQL 基础

1. MySQL 数据库与表

在一个 MySQL 服务器中可以同时保存多个数据库,每个数据库可以分别设置不同的访问权限。在使用数据库时通过数据库命名来区分,且命名方式不区分大小写,所以数据库名不能相同。

在一个数据库内可以同时存在多张表,表之间的命名也不能相同。每张表之间应当有相应的字段进行关联,在关系型数据库中数据表一般不应独立存在。

2. 字段的数据类型

MySQL 支持多种数据类型,其类型如表 3-1 所示。

7min

表 3-1　MySQL 数据类型

类　　型	说　　明
bigint	极大整数值,取值范围为 -2^{63}(-9223372036854775808)~$2^{63}-1$(9223372036854775807)
binary	固定长度二进制字符串
bit	位字段类型,范围为 1~64
blob	二进制字符串,最大为 65KB(单位为字节)
char	定长字符串,最大长度为 255 字节

续表

类型	说明
date	日期类型 YYYY-MM-DD
datetime	日期与时间类型 YYYY-MM-DD HH:MM:SS
decimal	精确定点类型,DECIMAL 的数字总长度 M,最大为 65,但是实际能表示的数值范围受精度和标度的限制
double	双精度浮点型
enum	枚举类型
float	单精度浮点型
geometry	任意一种空间类型
geometrycollection	任意一种空间类型集合
int	整数型,字段默认值为 0,取值范围为 $-2^{31}(-2147483648) \sim 2^{31}-1(2147483647)$
integer	整数型,字段默认值为 null
json	json 类型
longblob	二进制字符串,最大为 4GB(单位为字节)
longtext	BLOB 或 TEXT 类型
mediumblob	二进制字符串,最大为 16MB(单位为字节)
mediumint	整数型
mediumtext	BLOB 或 TEXT 类型
linestring	线类型,由一系列点连接而成
multilinestring	线集合,包含多条线
multipoint	点集合,包含多个点
multipolygon	多边形集合,包含多个多边形
numeric	精确定点类型
point	空间类型
polygon	多边形类型
real	不精确的双精度浮点型
set	集合类型
smallint	整数型,取值范围为 $-2^{15}(-32768) \sim 2^{15}-1(32767)$
text	字符串类型,最大长度为 65535 字节
time	时间类型
timestamp	时间戳类型
tinyblob	二进制字符串,最大长度为 255 字节
tinyint	整数型,取值范围为 0~255
tinytext	字符串类型,最大长度为 255 字节
varbinary	可变长度的二进制数据,取值范围为 1~8000
varchar	字符串类型,最大长度为 65535 字节
year	年份类型

3. 字段的属性

字段拥有以下属性。

(1) Primary Key(主键)：通过唯一索引对给定的一列或多列强制实体完整性的约束。对于每个表只能创建一个 PRIMARY KEY 约束。

(2) Not Null(不为空)：指字段的值不能为空。

(3) Unique(唯一约束)：通过唯一索引为给定的一列或多列提供实体完整性的约束。一个表可以有多个 UNIQUE 约束。

(4) Binary(区分大小写)：字段区分大小写。

(5) Unsigned(无符号)：表示不允许负值。

(6) Zero Fill(填充)：插入数据时，当该字段的值的长度小于定义的长度时，会在该值的前面补上相应的 0。

(7) Auto Increment(自动递增)：当给定某个字段该属性后，该列的数据在没有提供确定数据的时候，系统会根据之前已经存在的数据进行自动增加，以便填充数据。

(8) Generated(虚拟自增列)：该列由其他列计算而得。

4. MySQL 事务

MySQL 事务主要用于处理操作量大且复杂度高的数据。例如订单系统，用户购买了一件商品，下了一个订单并支付，此时要生成一个订单记录，在用户未支付时订单状态为未支付，商品的库存数量也保持不变，当用户支付后，此时要将订单状态修改为已支付，并且同时将商品的库存数量减 1，这些数据库操作就构成了一个事务。

在 MySQL 中，只有 InnoDB 存储引擎才支持事务，事务的特点是要么全部执行成功，要么全部执行失败，不会存在一半成功一半失败的情况。例如上面的例子，使用事务操作时，不会出现订单的支付状态被修改了，而商品的库存数量却没有减少的情况。

在 MySQL 中，使用 BEGIN 开始一个事务，使用 ROLLBACK 对事务进行回滚，使用 COMMIT 对事务进行确认。示例代码如下：

```
BEGIN -- 开始事务
select * from order;
insert into user values("jack","123456");
insert into newtable values("abcdef","python 开发");
COMMIT -- 提交事务
```

3.2 SQL

SQL(Structured Query Language)即结构化查询语言，是一种数据库查询和程序设计语言，用于存取数据库及查询、更新和管理关系数据库系统。

SQL 是高级非过程化编程语言，与普通编程语言不同，它不需要对数据进行定义、存储等。它是基于高层数据结构之上工作的语言。结构化查询语言可以嵌套，这使它具有极大的灵活性和强大的功能。

SQL 常见的操作是对数据表进行创建，以及对数据表中的记录进行读取、增加、编辑、删除等操作，利用 Navicat for MySQL 可以直接对表进行操作，大多数时候使用 SQL 语句对数据表进行操作。

SQL 本身不区分大小写,但是不同的操作系统有可能会区分大小写,例如在 Windows 操作系统中,SQL 不区分大小写,而在 Linux 系统中,有可能会因为大小写而产生一些意料之外的问题,所以在写 SQL 语句的时候,大小写应当保持统一。

1. 使用 SQL 创建表

使用 SQL 语言创建表的语法如下:

```
CREATE TABLE 表名 (
字段 1   字段 1 类型   字段 1 属性,
字段 2   字段 2 类型   字段 2 属性
);
```

打开 Navicat for MySQL,双击指定的数据库,单击快捷菜单中的"查询"→"新建查询"按钮便可创建一个新的查询。在新建查询界面可以输入 SQL 语句并执行,例如创建一个 newtable 数据表并设置 3 个字段,分别为 id、user、pass,对应的数据类型分别为 int、varchar、varchar,创建表的 SQL 代码如下:

```
CREATE TABLE 'newtable' (
    -- 创建字段 id、设置为整型、设置不为空、设置自动增长
  'id' int NOT NULL AUTO_INCREMENT,
    -- 创建字段 user、设置为字符串型,字符宽度为 45、设置为 utf8 格式、设置允许为空、-- 设置默认为空
  'user' varchar(45) CHARACTER SET utf8 COLLATE utf8_unicode_ci NULL DEFAULT NULL,
    -- 创建字段 pass、设置为字符串型,字符宽度为 45、设置为 utf8 格式、设置允许为空、-- 设置默认为空
  'pass' varchar(45) CHARACTER SET utf8 COLLATE utf8_unicode_ci NULL DEFAULT NULL,
    -- 将 id 设置为主键
  PRIMARY KEY ('id') USING BTREE
)
```

单击"运行"按钮会弹出信息栏,并在信息栏内输出 OK 及 SQL 代码运行的时长,在左侧刷新后会出现刚才创建的 newtable 表,如图 3-34 所示。如果没有出现 OK 按钮,则说明 SQL 代码存在错误,在错误代码中会提示大概在哪个位置有错误,根据错误提示修改代码直到输出 OK 为止。

在上面的代码中,使用双横线--可以为 SQL 代码添加注释。需要注意的是注释与双横线之间有空格,如果不写空格 SQL 则会报错。

双击左侧新建的表即可进入刚刚创建的表中,该表没有使用可视化界面来创建,而是完全使用 SQL 语言进行创建的。

2. 使用 SQL 读取数据

使用 SQL 语言读取表的语法如下:

```
SELECT 字段名 FROM 表名
```

同样使用 Navicat for MySQL 来执行读取语句,按照前文创建表的方式进入查询界面,查询刚才创建的 newtable 表中的所有字段,则 SQL 代码如下:

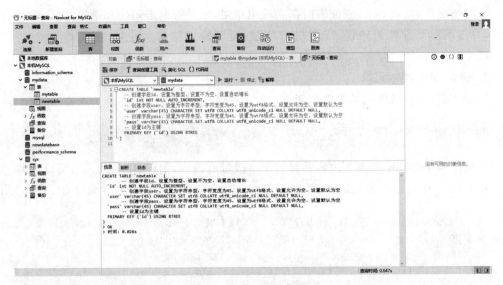

图 3-34　Navicat for MySQL 下使用 SQL 创建新表

```
-- 查询 id,user,pass 字段
SELECT id,user,pass FROM newtable
```

因为创建的 newtable 表中没有任何数据,所以将输出一张空表,如图 3-35 所示。

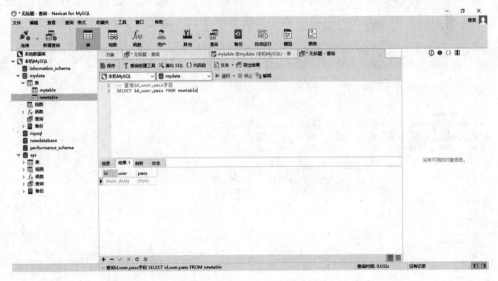

图 3-35　Navicat for MySQL 下使用 SQL 查询表

当表中字段特别多时,如果想要将所有的字段一次性查询出来,则可以使用通配符 * 来代替所有字段进行输出,SQL 代码如下:

```
-- 查询 id,user,pass 字段
SELECT * FROM newtable
```

一般情况下，使用 SQL 查询表时都会输出结果，如果查询语句内有错误，则会输出错误信息，并指明哪里发生了错误，需要进行修改，直到输出结果为止，在其信息面板也会输出 OK。

3. 使用 SQL 增加记录

使用 SQL 语言增加记录的语法如下：

```
INSERT INTO 表名称 (列1, 列2,...) VALUES (值1, 值2,....)
```

如果按照字段顺序来添加内容并且每个字段都有内容，则(列1,列2,...)可以省略。例如在 newtable 中增加一条记录，同样先进入 Navicat for MySQL 查询界面，SQL 代码如下：

```
-- 为newtable新增一条记录,id为自增字段,所以不用设置id
INSERT INTO newtable (user,pass) VALUES ("jack","123456")
-- 省略列
INSERT INTO newtable VALUES ("jack","123456")

#输出结果为
> Affected rows: 1
> 时间: 0.014s
```

使用 SQL 语言新增记录时，如果新增记录被正常地插入了表中，则在结果中会显示影响了多少行，但插入数据不会显示结果。如果需要查看插入的数据，则可以再次使用 SELECT 查询语句来查询表的内容。例如要查看刚才插入的记录，SQL 代码如下：

```
SELECT * FROM newtable
```

输出结果如图 3-36 所示。

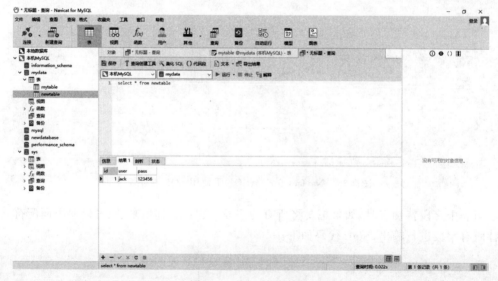

图 3-36　SQL 查询结果

4. 使用 SQL 编辑记录

使用 SQL 语言编辑记录的语法如下：

UPDATE 表名称 SET 列名称 = 新值 WHERE 列名称 = 某值

更新表中的记录应使用 UPDATE 关键字，例如要将上文查询到的 jack 的密码修改为 abcd，SQL 代码如下：

UPDATE newtable SET pass = "abcd" WHERE user = "jack"
输出结果为
> Affected rows: 1
> 时间: 0.013s

修改指定的行的记录时需要在后面附上条件语句，例如上面的 WHERE user＝"jack" 就是条件语句，WHERE 是条件语句的关键字，即指定 user 字段中记录为 jack 这一行的记录，并将其对应的 pass 字段修改为 abcd。

与 INSERT 一样 UPDATE 语句执行后并不展示任何结果，只是输出代码运行的结果。如果代码执行顺利并执行完毕，则会返回代码影响的行数，以及代码执行的时间。如需要查看结果，同样可使用 SELECT 将其结果查询出来，如图 3-37 所示。此时 jack 行的 pass 已经由原来的 123456 修改为 abcd 了。

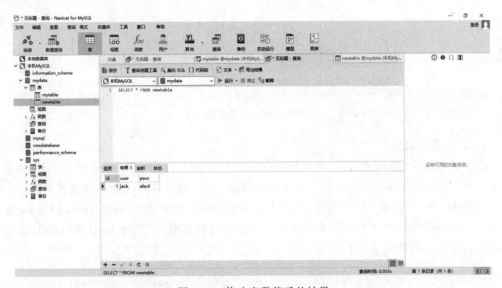

图 3-37　修改字段值后的结果

5. 使用 SQL 删除记录

使用 SQL 语言删除记录的语法如下：

DELETE FROM 表名称 WHERE 列名称 = 值

与 UPDATE 类似，在删除记录时需要使用条件语句指定要删除哪一行数据。例如要将上文的 jack 记录删除，SQL 代码如下：

```
DELETE FROM newtable WHERE user = "jack"

#输出结果为
> Affected rows: 1
> 时间: 0.016s
```

> **注意** 删除操作如果不指定条件语句,则会将该表中所有的数据删除。

删除操作也只会返回代码执行的状态,而不会返回表中的内容。使用 SELECT 来查询 newtable,会发现 jack 所在的行已经被删除了,如图 3-38 所示。

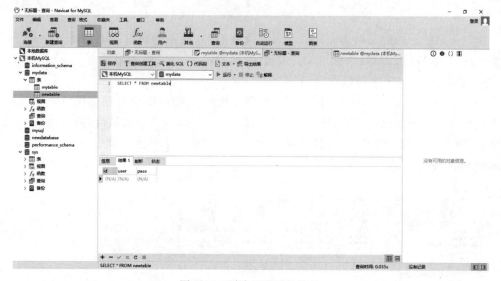

图 3-38　删除记录后的结果

6. SQL 条件语句

前文进行删除、编辑的时候,需要指明条件以便对哪一行进行操作,使用 WHERE 关键字进行指定。特别是删除操作,如果不指定删除某一行,则会将表中的所有数据删除。

在 SQL 语言中使用 WHERE 关键字设置条件。对表的查询(SELECT)、删除(DELETE)、更新(UPDATE)等需要对具体记录进行的操作,都需要使用 WHERE 语句设置操作条件。示例代码如下:

```
-- 查询 user 字段为 jack 的记录
SELECT * FROM newtable WHERE user = "jack"

-- 修改 user 字段为 jack 的记录,将该记录中的 pass 设置为 123
UPDATE newtable SET pass = "123" WHERE user = "jack"

-- 删除 user 字段为 jack 的记录
DELETE FROM newtable WHERE user = "jack"
```

WHERE 后面除了可以使用等号操作符之外,也可以使用很多其他的操作符,具体操作符列表如表 3-2 所示。

表 3-2　操作符说明

操作符	说　明
=	等于
<>	不等于
！=	不等于
<	小于
>=	大于或等于
<=	小于或等于
BETWEEN	在某个范围内
LIKE	匹配某种模式

在 WHERE 中还可以使用 AND、OR 进行多条件判断，示例代码如下：

```
-- 查询 user 字段为 jack 并且 pass 字段为 123 的记录
SELECT * FROM newtable WHERE user = "jack" AND pass = "123"

-- 查询 user 字段为 jack 或者为 marry 的记录
SELECT * FROM newtable WHERE user = "jack" OR user = "marry"
```

7. SQL 去重

使用 DISTINCT 关键词查询指定字段不重复的记录，语法如下：

```
SELECT DISTINCT 字段 FROM 表
```

当统计 newtable 表中所有的用户时，会发现 user 字段中有两个相同的 jack，如图 3-39 所示。

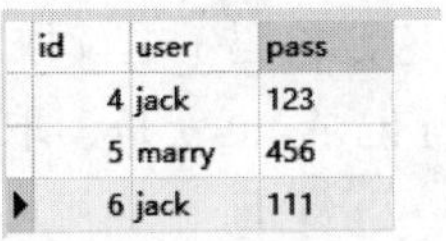

id	user	pass
4	jack	123
5	marry	456
6	jack	111

图 3-39　表中 user 字段含有相同的值

使用 SELECT 进行查询时，会将两条相同的数据都查出来，使用 DISTINCT 关键字就可以显示去重的记录，代码如下：

```
SELECT DISTINCT user FROM newtable

#输出结果为
user
jack
marry
```

8. 查询排序

SQL 中使用 ORDER BY 语句对结果集进行排序，示例代码如下：

```
SELECT * FROM newtable ORDER BY id
```

此时将会使用 id 字段进行升序排序，如果希望使用降序排序，则可加上 DESC 关键字，代码如下：

```
SELECT * FROM newtable ORDER BY id DESC
```

在使用排序时，指定的排序字段应可以进行排序，否则可能排出的结果与想要的结果不一致。例如排序的字段类型指定为字符串，且包含的记录中有数字样式的字符串、字母样式的字符串及符号样式的字符串，此种情况的排序结果是不可控的。

9. 返回指定行数

在 MySQL 中使用 LIMIT 关键字获取指定条数的数据，其语法如下：

```
SELECT * FROM 表 LIMIT 起始行数,条数
```

当数据表中的记录特别多的时候，例如当在 newtable 表中有一百万行记录时，此时想要对最早入库的 5 条记录进行操作，就需要使用 LIMIT 来限制读取记录的条数。否则将一百万行记录都读取出来再进行操作，这个时间将会很长，稍差点的计算机可能还会出现卡顿现象。

使用 LIMIT 关键字的示例代码如下：

```
SELECT * FROM newtable LIMIT 0,10
```

注意该段代码的含义，此处并不是读取从 0 条到第 10 条的记录，而是从第 0 条开始，读取 10 条记录，这里面的含义是不一样的。再举个例子，代码如下：

```
SELECT * FROM newtable LIMIT 5,10
```

上面这段代码不是读取从第 5 行到第 10 行的记录，而是从第 5 行起但不包含第 5 行，读取 10 行记录，也就是读取的是第 6 行到第 15 行的记录。这里比较容易混淆，读者需要注意。

3.3 使用 Python 操作 MySQL

3.3.1 MySQL 操作模块

在 MySQL 官方网站中，提供了便于其他语言连接并对 MySQL 进行操作的驱动程序 Connectors，也包括 Python 语言，但是当前 MySQL 官方提供的连接驱动在本书写作期间最高只支持 Python 3.8，而本书使用的 Python 是 3.9.x 版本，所以无法使用 MySQL 官方提供的驱动程序。

除了 MySQL 官方提供的操作模块之外，还有很多非常流行的第三方模块，例如 PyMySQL 模块与 mysqlclient 模块，这两个模块都支持 Python 3，两个模块各有特点。

PyMySQL 模块使用纯 Python 开发，安装与使用都比较简单，相对于 mysqlclient 模块来讲处理速度慢一些，适用于中小型的项目。

mysqlclient 模块是基于 C 语言的，所以其速度比较快，但其缺点是安装起来比

PyMySQL 复杂，对新手来讲不太友好。

两个模块除了安装有所区别以外，对于使用 Python 操作数据库方面大同小异，因此本书将使用 PyMySQL 模块来操作数据库。

3.3.2 使用 Python 操作 MySQL

因 PyMySQL 是第三方模块，所以在使用前需要对其进行安装。首先打开 PyCharm 编辑器，然后单击 View→Tool Windows→Terminal 打开终端窗口，在命令行中输入 pip install PyMySQL 并按回车键来安装 PyMySQL 模块，等待提示 Successfully installed PyMySQL 后即可使用。关于 pip 的使用方式，在前文已经详细讲过，这里不再赘述。

1. 连接 MySQL 数据库

使用 Python 连接数据库前，先要确保数据库已经被正确创建，可以使用 Navicat for MySQL 创建新的数据库，这里使用前文已经创建过的数据库 newdatabase。连接数据库的代码如下：

```
#第3章//mysqls.py
import pymysql                              #导入 pymysql 模块
db = pymysql.connect(user = "root", password = "123456", host = "localhost", database = "newdatabase")   #连接数据库
cur = db.cursor()                           #创建一个游标对象
cur.execute("SELECT VERSION()")             #执行 SQL 语句
data = cur.fetchone()                       #获取单条数据
print("Database version: %s" % data)
db.close()

#输出结果为 Database version:8.0.23
```

PyMySQL 模块中的 connect()方法用于连接 MySQL 数据库，其包含的参数如下。

(1) host：要连接的主机地址。

(2) user：用于登录的数据库用户。

(3) password：数据库密码。

(4) database：要连接的数据库。

(5) port：数据库的端口，MySQL 默认端口为 3306。

(6) unix_socket：选择是否要用 unix_socket 而不是 TCP/IP。

(7) charset：字符编码。

(8) sql_mode：数据库模型。

(9) read_default_file：从默认配置文件(my.ini 或 my.cnf)中读取参数。

(10) conv：转换字典。

(11) use_unicode：是否使用 unicode 编码。

(12) cursorclass：选择 Cursor 类型。

(13) init_command：连接建立时运行的初始语句。

(14) connect_timeout：连接超时时间。

(15) ssl：使用 ssl 连接。

(16) read_default_group：要从配置文件中读取的组。
(17) autocommit：是否自动提交事务。
(18) db：同 database，为了兼容 MySQLdb。
(19) passwd：同 password，为了兼容 MySQLdb。
(20) local_infile：是否允许载入本地文件。
(21) max_allowed_packet：限制 LOCAL DATA INFILE 的大小。
(22) bind_address：当客户有多个网络接口时，指定一个连接到主机。

connect()方法的参数比较多，所以在定义参数时最好使用关键字参数。连接数据库后，创建一个游标对象。游标实际上是一种能从包括多条数据记录的结果集中每次提取一条记录的机制。游标可以被看作一个查询结果集（可以是零条、一条或由相关的选择语句检索出的多条记录）和结果集中指向特定记录的游标位置组成的一个临时文件，提供了在查询结果集中向前或向后浏览数据、处理结果集中数据的能力。有了游标，用户就可以访问结果集中任意一行数据，在将游标放置到某行后，可以在该行或从该位置的行块上执行操作。

使用 execute()方法执行了 SQL 语句 SELECT VERSION()，该方法包含两个参数，分别为 SQL 语句及 args 参数，execute()方法中 sql 的占位符是用小括号()括起来的占位符，示例代码如下：

```
...
cur.execute("insert into newtable(username) values (%s)",val)
...
```

args 一般是 list 或 tuple 格式，如果只有一个参数，则可以直接传入。fetchone()方法用于返回数据集中的一条元素，与其同类型的还有 fetchall()，用于返回全部记录。fetchmany(n)返回 n 条记录。

2. 创建表

创建表前需要确保已经连接至数据库，使用 execute()方法执行创建表的 SQL 语句，下面创建一个表并命名为 news，用于存储新闻文章，字段分别为 id、title、bodys，数据类型分别为 int、varchar(45)、varchar(100)，其中 id 为主键并且自动增长，title 与 bodys 设置为 utf8 编码，示例代码如下：

```
#第3章//mysqls.py
import pymysql
db = pymysql.connect(user="root", password="123456", host="localhost", database="newdatabase")           #连接数据库
cur = db.cursor()
cur.execute("DROP TABLE IF EXISTS news")    #如果表存在则删除
sql = """
CREATE TABLE news (
    id int NOT NULL AUTO_INCREMENT,
    title varchar(45) CHARACTER SET utf8 COLLATE utf8_unicode_ci NULL DEFAULT NULL,
    bodys varchar(100) CHARACTER SET utf8 COLLATE utf8_unicode_ci NULL DEFAULT NULL,
    PRIMARY KEY (id) USING BTREE
) ENGINE = InnoDB CHARACTER SET = utf8 COLLATE = utf8_unicode_ci
```

```
"""
cur.execute(sql)              #执行SQL语句
db.close()
```

3. 插入数据

往上文创建的表中插入数据,示例代码如下:

```
#第3章//mysqls.py
import pymysql
db = pymysql.connect(user = "root", password = "123456", host = "localhost", database =
"newdatabase")           #连接数据库
cur = db.cursor()
args = ("标题","内容")
sql = "INSERT INTO news (title,bodys) VALUES (%s,%s)"
cur.execute(sql,args)         #执行SQL语句
db.commit()                   #手动提交到数据库执行
db.close()
```

如果连接数据库时没有指定自动提交事务,则需要在执行代码后手动提交,即使用commit()方法。

4. 查询数据

使用 fetchone()、fetchall()、fetchmany(n)处理查询出的结果集,fetchone()方法用于返回数据集中的一条元素,fetchall()方法用于返回全部记录,fetchmany(n)方法用于返回 n 条记录。使用 fetchall()处理数据集的示例代码如下:

```
#第3章//mysqls.py
import pymysql
db = pymysql.connect(user = "root", password = "123456", host = "localhost", database =
"newdatabase")           #连接数据库
cur = db.cursor()
sql = "SELECT * FROM news"
cur.execute(sql)              #执行SQL语句
db.commit()                   #手动提交到数据库执行
result = cur.fetchall()       #处理数据集
for i in result:
    print(i)
db.close()

#输出结果为
(4, '5435', '534543')
(6, '标题', '内容')
(7, '标题1', '内容1')
(8, '标题', '内容')
```

5. 更新数据

更新 id 为 4 的数据,并将 title 修改为 aaa,将 bodys 修改为 bbb,示例代码如下:

```
#第3章//mysqls.py
import pymysql
db = pymysql.connect(user = "root", password = "123456", host = "localhost", database =
"newdatabase")              #连接数据库
cur = db.cursor()
args = ("aaa","bbb",4)
sql = "UPDATE news set title = %s,bodys = %s where id = %s"
cur.execute(sql,args)    #执行SQL语句
db.commit()              #手动提交到数据库执行
print("更新成功")
db.close()

#输出结果为更新成功
```

6. 删除数据

删除id为4的数据,示例代码如下:

```
#第3章//mysqls.py
import pymysql
db = pymysql.connect(user = "root", password = "123456", host = "localhost", database =
"newdatabase")              #连接数据库
cur = db.cursor()
args = 4
sql = "DELETE FROM news where id = %s"
cur.execute(sql,args)    #执行SQL语句
db.commit()              #手动提交到数据库并执行
print("删除成功")
db.close()

#输出结果为删除成功
```

7. 执行事务

PyMySQL中可使用commit()及rollback()两种方法来完成一个事务的处理,示例代码如下:

```
#第3章//mysqls.py
import pymysql
db = pymysql.connect(user = "root", password = "123456", host = "localhost", database =
"newdatabase")              #连接数据库
cur = db.cursor()
sql = "DELETE FROM news where id = 4"
sql2 = "DELETE FROM news where id = 6"
try:
    cur.execute(sql)
    cur.execute(sql2)
    db.commit()
except:
    db.rollback()
db.close()
```

在上面的代码中多个 SQL 语句同时执行，要成功则一起成功，如果有一个执行不成功，则全部不成功，执行不成功需使用 rollback() 方法进行回滚。回滚是指将数据恢复到上一次状态的行为。

3.4 MongoDB 简介及安装

3.4.1 MongoDB 简介

MongoDB 属于非关系型数据库，它由 C++ 语言编写，旨在为 Web 应用提供可扩展的高性能数据库存储及解决方案。MongoDB 是开源的产品，与 MySQL 类似，除企业版本及一些增值服务以外，MongoDB 本身对用于商用是不收取费用的。

MongoDB（来自于英文单词 Humongous，中文含义为"庞大"）是可以应用于各种规模的企业、各个行业及各类应用程序的开源数据库。作为一个适用于敏捷开发的数据库，MongoDB 的数据模式可以随着应用程序的发展而灵活地更新。与此同时，它也为开发人员提供了传统数据库的功能：二级索引、完整的查询系统及严格一致性等。MongoDB 能够使企业更加具有敏捷性和可扩展性，各种规模的企业都可以通过使用 MongoDB 来创建新的应用，提高与客户之间的工作效率，加快产品上市时间，以及降低企业成本。

MongoDB 是专为可扩展性、高性能和高可用性而设计的数据库。它可以从单服务器部署并扩展到大型、复杂的多数据中心架构。利用内存计算的优势，MongoDB 能够提供高性能的数据读写操作。MongoDB 的本地复制和自动故障转移功能使应用程序具有企业级的可靠性和操作灵活性。

3.4.2 MongoDB 特性

1. 文档型数据库

文档型数据库存储格式是版本化的文档、半结构化的文档及特定格式存储，例如 JSON。文档型数据库允许嵌套键值，但比键值数据库的查询效率更高。文档型数据库操作起来也比较简单和容易。

2. 高可用

MongoDB 提供了数据副本，当发生硬件故障或者服务中断时，可以从副本恢复数据，并能自动进行故障转移。运维简单，故障自动切换。

3. 高性能

mmapv1、wiredtiger、mongorocks(rocksdb)、in-memory 等多种存储引擎支持满足各种场景需求。

4. 易部署

MongoDB 支持多种平台，如 Windows、Mac OS、Linux 等。官方提供非常详细的部署资料，多数云平台直接支持 MongoDB。可以非常方便地创建单例 MongoDB 及 MongoDB 集群。

5. 模式自由

模式自由（Schema-Free），意味着对于存储在 MongoDB 数据库中的文件，我们不需要知道它的任何结构定义。如果需要,则完全可以把不同结构的文件存储在同一个数据库中。

6. 面向集合

所谓"面向集合"(Collection-Oriented),意思是数据被分组存储在数据集中,被称为一个集合(Collection)。每个集合在数据库中都有一个唯一的标识名,并且可以包含无限数目的文档。集合的概念类似于关系数据库(RDBMS)里的表(table),不同的是它不需要定义任何模式,能够快速识别数据库内大数据集中的热数据,提供一致的性能改进。

7. 多语言支持

支持 Perl、PHP、Java、C♯、JavaScript、Ruby、C 和 C++ 语言的驱动程序,MongoDB 提供了当前所有主流开发语言的数据库驱动包,开发人员使用任何一种主流开发语言都可以轻松编程,实现访问 MongoDB 数据库。

3.4.3 MongoDB 安装

1. Windows 平台下 MongoDB 的安装

MongoDB 的官方网站为 https://www.mongodb.com,与 MySQL 相同的是,MongoDB 同样也分为社区版与企业版,社区版是免费开源的,企业版包含了一些增值服务。日常开发选择社区版就足够用了。

打开 MongoDB 官网 → Software 单击 Community Server 菜单即可显示社区版 MongoDB 的下载页面,如图 3-40 所示。在页面的 MongoDB Community Server 这一栏右侧可以选择 MongoDB 的版本进行下载,在本书的写作期间,MongoDB 的最高版本为 4.4.4,平台选择 Windows,选择 msi 安装包,单击 Download 按钮即可开始 MongoDB 的下载。

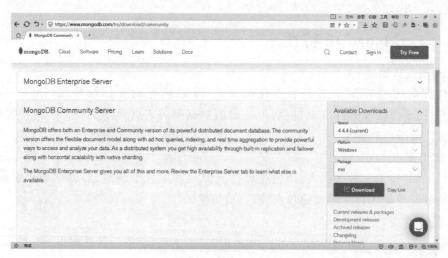

图 3-40 下载 MongoDB

双击下载好的 MongoDB 安装包即可开始对 MongoDB 进行安装,前两页单击 Next 按钮进行下一步。在 Choose Setup Type 页面 MongoDB 提供了安装模式的选择,该页面有两个选项,一个是完全安装,另一个是自定义安装,如图 3-41 所示。

这里选择 Custom,即自定义安装,单击 Custom 按钮即可显示自定义安装界面,如图 3-42 所示。

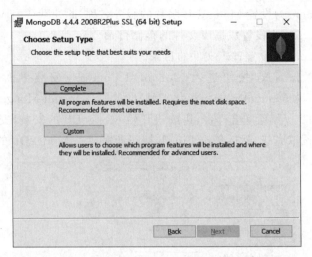

图 3-41　选择安装模式

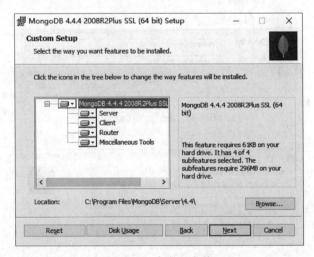

图 3-42　自定义安装

在自定义安装界面可见准备安装到计算机上的程序包，共含 4 部分，Server 为 MongoDB 的服务器端主程序，Client 为 MongoDB 的客户端工具，Router 向外提供应用访问的接口，Miscellaneous Tools 为 MongoDB 的一些其他工具。这里默认为都选中，按默认值安装即可。

在 Location 处选择要安装的路径，此处选择任意目录即可，切记目录中不要有中文字符及其他特殊字符，例如圆角空格等，因为这些字符有可能会产生一些意料之外的错误。选择好目录以后单击 Next 按钮，来到服务配置界面，如图 3-43 所示。此时默认勾选了 Install MongoD as Service，即将 MongoDB 作为服务安装到 Windows 操作系统上，这样做的好处是随着系统的启动，MongoDB 也跟着启动，所以此处要勾选。

在其下方有两个选项，分别为 Run service as Network Service user（使用网络用户运行服务），以及 Run service as a local or domain user（以本地域或用户身份运行服务），此处使用默认选择，即 Run service as Network Service user。

（1）Service Name 为设置 MongoDB 服务的服务名称，此处默认为 MongoDB。
（2）Data Directory 为设置数据库文件的存储目录。
（3）Log Directory 为设置日志文件的目录。

设置完毕后单击 Next 按钮进入 MongoDB Compass 安装界面，如图 3-44 所示。MongoDB Compass 为 MongoDB 的图形化工具，此处勾选 Install MongoDB Compass，单击 Next 按钮进入下一步。继续单击 Install 按钮开始 MongoDB 的安装，安装时间比较长，需要耐心等待进度条读取完毕，然后单击 Finish 按钮即完成了 MongoDB 的安装。

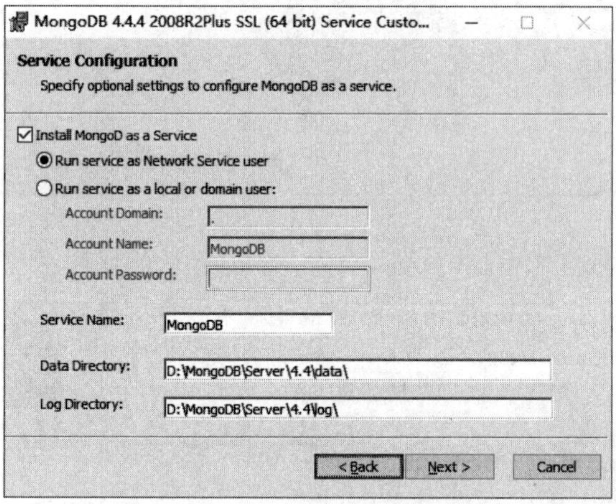

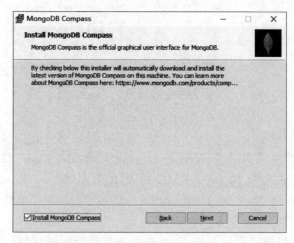

图 3-43　配置 MongoDB

图 3-44　安装 MongoDB Compass

2. Linux 平台下 MongoDB 的安装

打开 MongoDB 的官方网站，网址为 https://www.mongodb.com，单击 Software→Community Server 链接进入 MongoDB Community Server 下载页，因为笔者的 Linux 操作系统是 CentOS 7.9，所以在右侧 Available Downloads 面板中的 Platform 栏选择 RedHat/CentOS 7.0，注意不要选择 RedHat/CentOS 7.2 s390x。在 Package 栏选择 server，如图 3-45 所示。

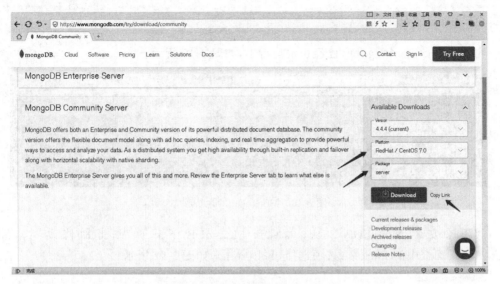

图 3-45　MongoDB 下载页面

如果不知道自己安装的 CentOS 的具体版本是多少，可以使用如下命令在命令行执行，命令如下：

```
cat /etc/redhat-release
#输出结果为 CentOS Linux release 7.9.2009 (Core)
```

选择好平台和包后，单击 Download 旁边的 Copy Link 链接，复制 rpm 包链接地址。地址为 https://repo.mongodb.org/yum/redhat/7/mongodb-org/4.4/x86_64/RPMS/mongodb-org-server-4.4.4-1.el7.x86_64.rpm。获取 rpm 包链接后，在 CentOS 命令行中执行如下命令

```
wget -i -c https://repo.mongodb.org/yum/redhat/7/mongodb-org/4.4/x86_64/RPMS/mongodb-org-server-4.4.4-1.el7.x86_64.rpm
```

该命令会下载一个 mongodb-org-server-4.4.4-1.el7.x86_64.rpm 的包文件，当文件下载完毕后，安装该包，命令如下：

```
yum -y install mongodb-org-server-4.4.4-1.el7.x86_64.rpm
```

等待文件安装完毕，出现 Complete 后表示 MongoDB Server 安装完成了。启动 MongoDB 服务命令如下：

```
systemctl start mongod.service
```

此时如果没有报错，则表示 MongoDB 已经启动了，查看 MongoDB 运行状态的命令如下：

```
systemctl status mongod.service
```

可以看到此时 MongoDB 已经正常运行了，如图 3-46 所示。

```
[root@localhost ~]# systemctl status mongod.service
● mongod.service - MongoDB Database Server
   Loaded: loaded (/usr/lib/systemd/system/mongod.service; enabled; vendor preset: disabled)
   Active: active (running) since Sat 2021-04-03 06:24:04 EDT; 1min 37s ago
     Docs: https://docs.mongodb.org/manual
  Process: 6953 ExecStart=/usr/bin/mongod $OPTIONS (code=exited, status=0/SUCCESS)
  Process: 6951 ExecStartPre=/usr/bin/chmod 0755 /var/run/mongodb (code=exited, status=0/SUCCESS)
  Process: 6949 ExecStartPre=/usr/bin/chown mongod:mongod /var/run/mongodb (code=exited, status=0/SUCCESS)
  Process: 6948 ExecStartPre=/usr/bin/mkdir -p /var/run/mongodb (code=exited, status=0/SUCCESS)
 Main PID: 6956 (mongod)
   CGroup: /system.slice/mongod.service
           └─6956 /usr/bin/mongod -f /etc/mongod.conf
```

图 3-46　MongoDB 的运行状态

接下来安装 MongoDB Shell，再回到 MongoDB 下载页面，此时修改 Available Downloads 面板中的 Package 选项选择 shell(rpm)，如图 3-47 所示。

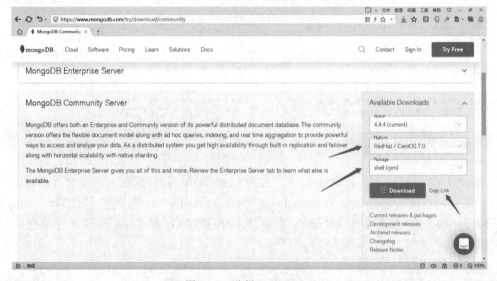

图 3-47　选择 shell(rpm)

然后单击 Copy Link 连接复制 shell(rpm)包下载网址，其下载网址为 https://repo.mongodb.org/yum/redhat/7/mongodb-org/4.4/x86_64/RPMS/mongodb-org-shell-4.4.4-1.el7.x86_64.rpm，回到 CentOS 下载包，执行命令如下：

```
wget -i -c https://repo.mongodb.org/yum/redhat/7/mongodb-org/4.4/x86_64/RPMS/mongodb-org-shell-4.4.4-1.el7.x86_64.rpm
```

等待下载完毕后会获得一个名为 mongodb-org-shell-4.4.4-1.el7.x86_64.rpm 的文件，安装该文件的命令如下：

```
yum -y install mongodb-org-shell-4.4.4-1.el7.x86_64.rpm
```

等待文件安装完毕后，即可运行 MongoDB Shell 了，进入 Shell 的命令如下：

```
mongo
```

显示所有数据库命令如下：

```
show dbs

#输出结果为
admin   0.000GB
config  0.000GB
local   0.000GB
```

至此完成了 MongoDB 在 Linux 系统上的安装。因本书主要讲解 Python 编程语言，所以不再详细展开，如需对 MongoDB 进行进一步的设置，则可参考 MongoDB 官方文档。

3.4.4　MongoDB 可视化工具

因为在安装 MongoDB 时勾选了 Install MongoDB Compass 选项，所以在安装程序运行完后会弹出 MongoDB Compass 界面，MongoDB Compass 是 MongoDB 官方提供的免费的可视化工具。初次打开 MongoDB Compass 会弹出 Privacy Settings 选项卡，即隐私设置选项卡，如图 3-48 所示。

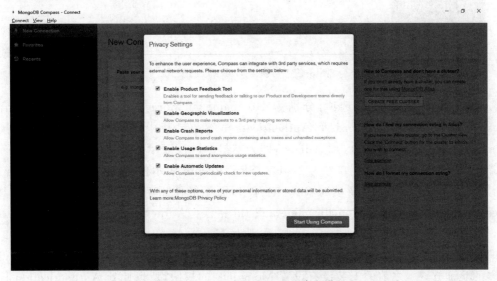

图 3-48　MongoDB Compass 隐私设置

该界面显示的大意为"为了增强用户体验，Compass 需要与外部网络的第三方服务集成请求。请从下面的设置中选择。"

(1) Enable Product Feedback Tool：允许向开发团队发送反馈信息。
(2) Enable Geographic Visualizations：启用地理可视化。
(3) Enable Crash Reports：允许发送错误报告。
(4) Enable Usage Statistics：允许发送匿名的使用统计信息。
(5) Enable Automatic Updates：启动自动更新。

可以根据自身情况选择需要开启或者关闭的信息，在这里笔者选择允许所有选项，然后单击 Start Using Compass 按钮即可开始使用 MongoDB Compass。

单击左侧菜单中的 New Connection 按钮，用来连接 MongoDB 服务器，此时 MongoDB Compass 界面上默认采取的是字符串的连接方式，对于刚接触 MongoDB 的读者来讲这样的连接方式看上去会有点陌生，可以单击 Fill in connection fields individually 链接切换到通过填写参数的方式来连接 MongoDB 服务器，如图 3-49 所示。

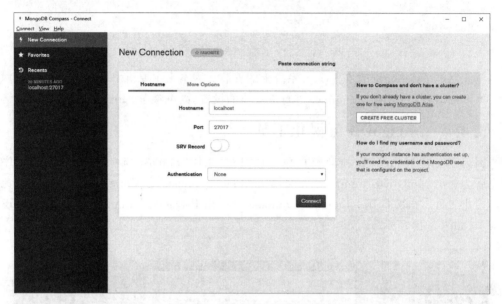

图 3-49　切换至填写参数的模式

该界面包含两个 Tab 选项，分别为 Hostname 与 More Options，Hostname 包含了 Hostname、Port、SRV Record 及 Authentication 参数。其中 Hostname 表示要连接的 MongoDB 服务器地址，默认为 localhost，即为本机。Port 表示要连接的 MongoDB 服务器的端口，MongoDB 的默认端口号为 27017。SRV Record 表示使用 SRV 的方式进行连接，选择此处后，Hostname 需要填写 SRV 字符串，而不能使用 IP 地址了，否则会提示 URI does not have hostname, domain name and tld 错误。Authentication 表示使用的加密方式，当前 MongoDB 的加密方式有 5 种，分别为 Username/Password、SCRAM-SHA-256、Kerberos、LDAP、X.509，其中 Username/Password、SCRAM-SHA-256 是项目中使用得比较多的验证方式。之前的安装没有设置 MongoDB 的权限，所以此处 Authentication 选择 None。

More Options 中包含了 Replica Set Name、Read Preference、SSL、SSH Tunnel 参数，其中 Replica Set Name 表示副本集的名称。Read Preference 为读取的首选项，可用于设置数据库的读写分离，以及故障转移等操作。该参数下有 Primary（主节点）、Primary Preferred（首选主节点）、Secondary（从节点）、Secondary Preferred（首先从节点）、Nearest（邻近节点）几个选项。SSL 参数为 MongoDB 的网络通信进行加密，其包含 4 种方式，System CA/Atlas Deployment、Server Validation、Server and Client Validation、Unvalidated。SSH Tunnel 参数为通过远程服务器连接 MongoDB 服务器，该参数包含 2 个

选项，分别为 Use Password 与 Use Identity File。

因为连接的是本机的 MongoDB 单例服务器，所以 More Options 无须进行配置，Hostname 使用默认设置即可，单击 Connect 按钮连接到本机的 MongoDB 服务器，如图 3-50 所示。

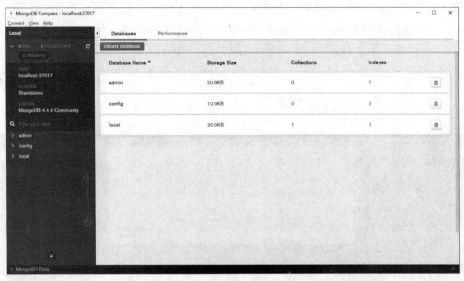

图 3-50　连接已安装的 MongoDB 服务器

单击 CREATE DATABASE 按钮后可创建新的数据库，在 Database Name 参数下输入 newdatabase，在 Collection Name 参数下输入 newcollection。Capped Collection 参数用于设置为固定集合。固定集合的意思是性能出色，有固定大小的集合。当集合空间使用完后，再插入的数据将会从第 1 条数据开始覆盖，此处无须勾选固定集合。Use Custom Collation 参数为使用用户自定义的方式进行排序，此处无须勾选，如图 3-51 所示。单击 CREATE DATABASE 按钮就完成了 MongoDB 的数据库的创建。

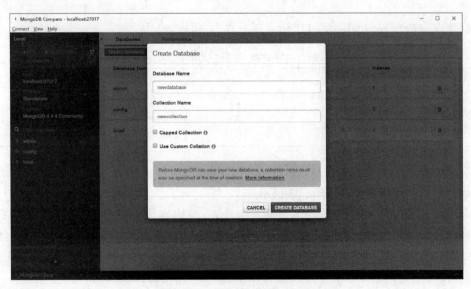

图 3-51　创建 MongoDB 数据库

在 MongoDB Compass 默认界面可以看到刚才创建的数据库 newdatabase，单击 newdatabase 链接，进入 Collections 界面可以看到刚才创建的 newcollection。继续单击 newcollection 链接即可进入 newcollection 集合内，在此可以添加任何类型的数据。单击 ADD DATA 添加一条新数据，在 ADD DATA 下有两个选项，分别为 Import File 与 Insert Document。Import File 从文件导入数据，支持 JSON 与 CSV 两种格式。Insert Document 则直接在 MongoDB Compass 中添加数据，此处选择 Insert Document，单击 Insert Document 按钮进入添加数据页面，如图 3-52 所示。在 VIEW 处选择列表视图，将鼠标移动到_id 字段之上，在前方会出现一个加号＋按钮，单击加号按钮便可以添加一个新的字段。

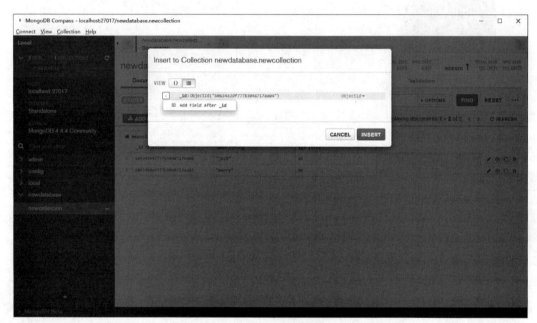

图 3-52　添加 Document

使用此方法在 newcollection 中插入两条数据，如表 3-3 所示。

表 3-3　添加的内容

字段名	age	name
数据 1	24	jack
数据 2	30	marry
类型	Int32	String

将上面内容添加到集合中后，在 MongoDB Compass 界面的 newcollection 集合下就可以看到添加的两条内容了，如图 3-53 所示。

在当前页有 3 种视图选项按钮，分别是列表式、结构式及表格式，可以根据自身习惯选择不同的表现样式。对于列表式与结构式两种表现样式，当鼠标移动到内容上时，即会弹出功能菜单列表，包括编辑、复制、克隆及删除。对于表格式，功能菜单直接显示在每行内容的最后面，使用功能菜单可以非常方便地对数据进行编辑、复制、克隆及删除。

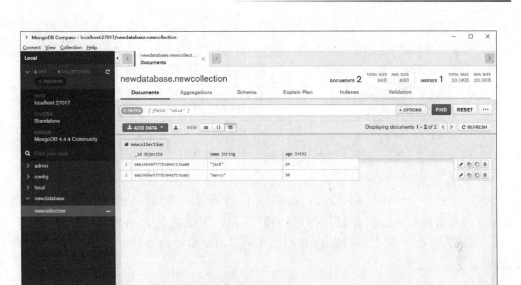

图 3-53 已添加的内容

3.4.5 MongoDB 基础

1. MongoDB 数据库与集合

MongoDB 与 MySQL 虽然属于不同类型的数据库，MongoDB 为非关系型数据库，MySQL 为关系型数据库，但是在概念上却极为相似，在 MongoDB 中同样有数据库的概念，其他诸如集合、文档、字段、索引等对于 MySQL 都有一一对应的概念，具体如表 3-4 所示。MongoDB 内可存储多个数据库，每个数据库可包含多个集合，而每个集合又可以包含多个文档。

6min

表 3-4 MongoDB 与 MySQL 对应的概念

mysql	mongodb	说　　明
database	database	数据库
table	collection	数据表/集合
row	document	记录行/文档
column	field	字段
index	index	索引
primary key	primary key	主键，MongoDB 自动将_id 字段设置为主键

2. MongoDB 格式及数据类型

MongoDB 文档支持 JSON 与 BSON 两种数据格式，JSON（JavaScript Object Notation）是一种轻量的数据交换格式，因为轻量，因此它易于理解、易于解析、易于记忆，但 JSON 的数据类型有限，只有 null、布尔型、数字、字符串、数组及对象这几种类型，所以 JSON 有一定的局限性。JSON 通常的格式代码如下：

```
{
    "user": "jack",
    "pass": "123456",
    "address": [{
        "city": "wuhan",
        "code": "434000",
        "tel": "123456"
    }]
}
```

BSON（Binary Serialized Document Format）也是一种数据交换格式，主要用于 MongoDB 数据库中的数据存储和网络传输，它是一种二进制表示形式。相较于 JSON，BSON 支持的数据类型更加丰富，且 BSON 主要用于提高存储和扫描效率。BSON 常见格式代码如下：

```
{
    user:"jack",
    pass:"123456",
    nowday: new Date('Jun 23, 2021'),
    otherday: new Date('Jun 07, 2022'),
    address:{
        city:"wuhan",
        tel:"123456",
        code:434000
    },
    scores:[
        {"name":"english","grade:3.0},
        {"name":"chinese","grade:2.0}
    ]
}
```

MongoDB 将数据记录存储为 BSON 文档，BSON 文档由一个有序的元素列表构成。每个元素由一个字段名、一种类型和一个值组成，字段名为字符串。BSON 类型如表 3-5 所示。

表 3-5　MongoDB 的数据类型

类　　型	说　　明
Array	数组类型
Binary	二进制类型
Boolean	布尔类型
Date	定长字符串，最大长度为 255 字节
Decimal128	128 位 IEEE 754-2008 浮点数；Binary Integer Decimal 的变体
Double	浮点数
Int32	32 位整数
Int64	64 位整数
MaxKey	最大值

续表

类　　型	说　　明
MinKey	最小值
Null	Null
Object	对象
ObjectId	ID 对象
BSONRegExp	BSON 正则表达式
String	字符串类型
BSONSymbol	符号
BSONMap	Map
Timestamp	时间戳
Undefined	Undefined

BSON 内没有自增字段,自增需要通过代码实现,且 BSON 文档的最大大小为 16MB 字节,最大文档的大小有助于确保单个文档不能使用过多的内存,或者在传输期间不能使用过多的带宽。为了存储大于最大大小的文档,MongoDB 提供了 GridFS API。

在 MongoDB 文档内有一个特殊的字段为_id,该字段默认由 MongoDB 自动生成,该字段具有唯一性,且默认被设置为主键。该字段总是文档中的第 1 个字段,如果服务器首先接收到一个没有_id 字段的文档,则服务器将把该字段移到开头。_id 字段可以包含除数组之外的任何数据类型的值。

MongoDB 创建的默认_id 通常为 6065400d182c9cf6587975dc 样式,该字段中包含了 24 位十六进制数,也就是 12 字节(每字节由 2 个十六进制数组成),6065400d182c9cf6587975dc 对应的划分如表 3-6 所示。

表 3-6　ObjectID 的划分

60	65	40	0d	18	2c	9c	f6	58	79	75	dc
时间戳				机器码			PID		计数器		

时间戳也就是从 1970 年 1 月 1 日(UTC/GMT 的午夜)开始所经过的秒数,机器码则表示运行 MongoDB 的计算机,PID 表示生成次_id 的进程,计数器是由一个随机开始的计数器生成的值。MongoDB 通过如此复杂的生成方式,既可以保证_id 字段的唯一性,又可以通过该字段所包含的含义进行查询及排序,非常方便。也可以根据自己的需要定制符合需求的生成规则。

3.5　MongoDB 操作语法

打开 MongoDB Compass,在界面左下角有一个 MongoSH Beta 链接,单击该链接即可进入 MongoDB Shell,如图 3-54 所示。

MongoDB 除了可以使用 MongoDB Compass 可视化操作以外,还有很多命令的操作方式,该方式可以在 MongoDB Shell 下执行,且其他语言使用 MongoDB 时也可以通过调用命令的方式对 MongoDB 进行操作。下面的命令都可以在 MongoSH Beta 中执行。

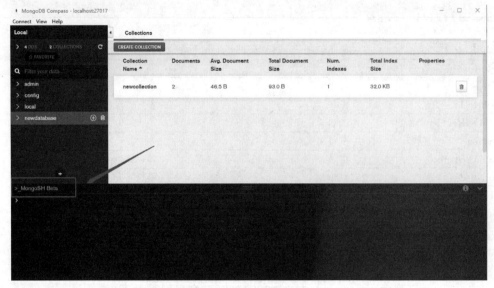

图 3-54 打开 MongoDB Compass 中的 MongoSH Beta

1. 创建数据库

创建一个新的 MongoDB 数据库 newdt 的代码如下：

```
use newdt

#输出结果为'switched to db newdt'
```

上面的代码可以用于创建一个名为 newdt 的新数据库。注意，如果 newdt 已经存在，则直接使用原数据库而不再创建新数据库。

可以使用 db 命令查看当前数据库的名称，代码如下：

```
db

#输出结果为 newdt
```

如果想查看所有的数据库，则可以使用 show dbs 命令来查看，代码如下：

```
show dbs

#输出结果为
admin          65.5 kB
config         98.3 kB
local          73.7 kB
newdatabase    65.5 kB
```

刚才创建了新的数据库后，不论是使用 show dbs 命令还是在 Mongo Compass 内并没有显示刚创建的数据库 newdt，因为该数据库内没有数据，如果想显示它，需要向该数据库内插入一些数据。插入数据的示例代码如下：

```
db.newcoll.insert({"name":"jack"})

#输出结果为
{ acknowledged: true,
  insertedIds: { '0': ObjectId("606569d2aa45a9378c309883") } }
```

单击 MongoDB Compass 界面上的刷新按钮，即可看到新创建的数据库 newdt，如图 3-55 所示。

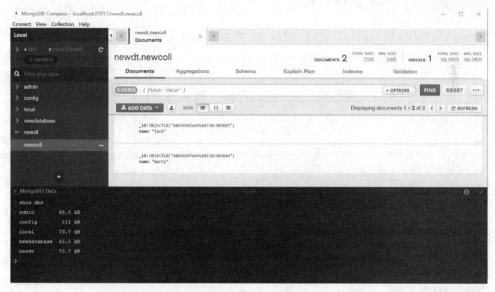

图 3-55　显示新创建的数据库

使用 show dbs 来查看，则会显示出创建的数据库 newdt，代码如下：

```
show dbs

#输出结果为
admin          65.5 kB
config         111 kB
local          73.7 kB
newdatabase    65.5 kB
newdt          73.7 kB
```

2. 删除数据库

删除数据库的语法格式如下：

```
db.dropDatabase()
```

删除某个数据库前，需要先使用该数据库，即 use 数据库名，然后使用删除命令。例如将前面创建的 newdt 数据库删除，先切换至该数据库，代码如下：

```
use newdt

#输出结果为'switched to db newdt'
```

执行删除命令,代码如下:

```
db.dropDatabase()

#输出结果为{ ok: 1, dropped: 'newdt' }
```

单击 MongoDB Compass 上的刷新按钮,则看不见数据库 newdt 了,如图 3-56 所示。使用 show dbs 命令来查看,也看不见 newdt 了,代码如下:

```
show dbs

#输出结果为
admin          65.5 kB
config         111 kB
local          73.7 kB
newdatabase    65.5 kB
```

数据库被删除后,其内的集合及文档都将一并被删除,删除数据库是比较危险的操作,在删除数据库前最好做好备份,以防不测。

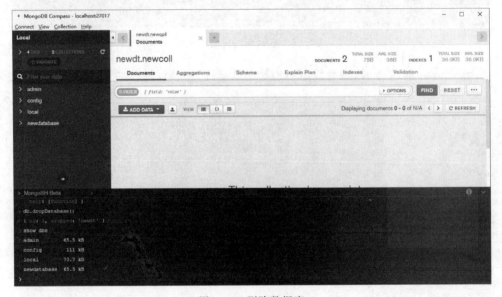

图 3-56　删除数据库

3. 创建集合

MongoDB 中使用 createCollection()方法来创建集合,其语法格式如下:

```
db.createCollection(name, options)
```

其中，name 为要创建的集合的名称，options 为可选参数。options 包含的参数如表 3-7 所示。

表 3-7　删除数据库

参　　数	类　　型	说　　明
capped	boolean	如需创建固定集合，则该参数需设置为 true 且需要设置 size 参数的大小
autoIndexId	boolean	3.2 版本后不再支持该参数。当设置为 false 时，禁止对_id 字段自动创建索引
size	number	指定固定集合的最大字节数
max	number	指定固定集合中的最大文档数
storageEngine	document	仅支持 WiredTiger 存储引擎，允许用户配置存储引擎
validator	document	验证器，允许用户为集合指定验证规则
validationLevel	string	指定 MongoDB 在更新过程中对现有文档验证规则的严格程度
validationAction	string	对无效文档的提示形式
indexOptionDefaults	document	创建集合时为索引指定默认的配置
viewOn	string	源 collection 或源视图，指定依赖某个集合或视图而建的
pipeline	array	聚合管道，作为聚合管道片段的一部分，参与聚合操作
collation	document	指定集合的默认排序规则
writeConcern	document	写安全机制，用于控制写入安全的级别

使用 createCollection() 方法在新创建的数据库 newdt 中创建一个新的集合 newcoll，代码如下：

```
use newdt
db.createCollection("newcoll")

#输出结果为{ ok: 1 }
```

此时已经完成了集合 newcoll 的创建，在 MongoDB Compass 内单击"刷新"按钮即可看到刚创建的数据库 newdt 及数据库内的集合 newcoll。

也可以使用 options 参数创建一个固定集合，示例代码如下：

```
use newdt
db.createCollection("newcoll2",{capped:true,size:6000000,max:10000})

#输出结果为{ ok: 1 }
```

此时创建了一个固定集合，集合的最大字节数为 6000000，最大文档数为 10000。在 MongoDB Compass 内单击"刷新"按钮即可看到刚才创建的固定集合 newcoll2。固定集合的意思是集合的大小被固定了，当集合空间使用完以后，再插入文档将会从第 1 条文档开始进行覆盖，如果指定了最大文档数，则同样当插入的文档数量超过了最大文档数，将会从第 1 条文档开始进行覆盖。固定集合就好比一个圆环，当空间使用完了以后，又回到起点。

4. 删除集合

使用 drop()方法来删除集合,其语法格式如下:

```
db.集合名称.drop()
```

例如要删除 newdt 数据下的 newcoll2 集合,代码如下:

```
use newdt
db.newcoll2.drop()

#输出结果为 true
```

5. 查看所有集合

使用 show collections 命令查看当前数据库下的所有集合,示例代码如下:

```
use newdt
db.createCollection("newcoll3")
show collections

#输出结果为
newcoll3
newcoll
```

6. 插入文档

使用 insert()方法来插入文档,insert()方法既可以插入单条文档,也可以插入多条文档。

其语法格式如下:

```
db.collection.insert(
    <document or array of documents>,
    {
        writeConcern: <document>,
        ordered: <boolean>
    }
)
```

document 为要插入的文档。writeConcern 为写入策略,默认值为 1,即要求确认写操作,当参数值为 0 时表示不要求确认写操作。ordered 指定是否按顺序写入,默认值为 true,即按顺序写入。

若插入的数据主键已经存在,则会抛出 org.springframework.dao.DuplicateKeyException 异常,提示主键重复,不保存当前数据。

在 newdt 数据库中的 newcoll 集合中插入单条文档,示例代码如下:

```
use newdt
db.newcoll.insert({
    name:"jack",
```

```
        age:23,
        address:{
            city:"wuhan",
            code:434000,
            tel:123456
        }
})

#输出结果为
{ acknowledged: true,
  insertedIds: { '0': ObjectId("60658a16aa45a9378c309887") } }
```

在 newcoll 集合中插入多条文档,示例代码如下:

```
use newdt
db.newcoll.insert([{
    name:"tom",
    age:23,
    address:{
            city:"hangzhou",
            code:310000,
            tel:123456
    }
},{
    name:"marry",
    age:23,
    address:{
            city:"shanghai",
            code:200000,
            tel:123456
    }
}])

#输出结果为
{ acknowledged: true,
  insertedIds:
    { '0': ObjectId("60658efaaa45a9378c309888"),
      '1': ObjectId("60658efaaa45a9378c309889") } }
```

单击 MongoDB Compass 的刷新按钮,然后单击 newcoll 集合就可以看到刚才添加的集合了,如图 3-57 所示。

7. 更新文档

使用 updateOne()方法来更新单个文档,updateOne()方法在查询条件中即使查询到了满足该条件的多个文档,也只会更新第 1 个文档,它只用于更新单个文档。updateOne()方法的语法格式如下:

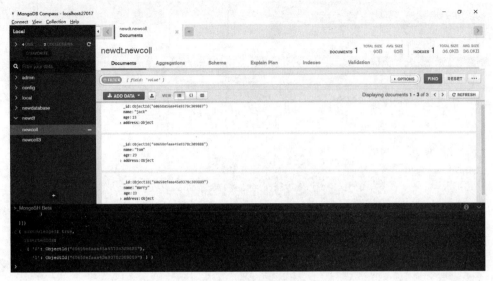

图 3-57　插入新的文档

```
db.collection.updateOne(
   <filter>,
   <update>,
   {
     upsert: <boolean>,
     writeConcern: <document>,
     collation: <document>,
     arrayFilters: [ <filterdocument1>, ... ],
     hint: <document|string> //Available starting in MongoDB 4.2.1
   }
)
```

　　filter 为查询条件,可以使用与 find()方法中相同的查询选择器,类似 SQL 的 WHERE 语句。update 为要应用的修改。upsert 为可选参数,如果设置为 true,则在没有文档符合查询条件时创建新的文档,默认值为 false。multi 为可选参数,用于更新满足条件的全部文档。writeConcern 为可选参数,表示写入策略,默认值为 1。collation 为可选参数,表示排序规则。arrayFilters 为可选参数,用于筛选文档的数组,确定要为数组字段上的更新操作修改哪些数组元素。hint 为可选参数,指定用于支持查询断言的索引的文档或者字符串。

　　在前文已经向 newcoll 集合插入了两个文档,对应于 name 字段分别为 tom 与 marry,现将 tom 的 city 修改为 shenzhen,示例代码如下:

```
use newdt
db.newcoll.updateOne(
{"name":"tom"},
{ $set:{"address.city":"shenzhen"}}
)

#输出结果为
```

```
{ acknowledged: true,
  insertedId: null,
  matchedCount: 1,
  modifiedCount: 1,
  upsertedCount: 0 }
```

使用 updateMany() 方法可更新所有满足条件的文档，updateMany() 方法与 updateOne() 方法格式和参数都一致，唯一不同的是即使 updateOne() 方法查询到了多个符合查询条件的文档，也只会更新第 1 个，而 updateMany() 方法则更新全部的文档。

前文向 newcoll 添加的所有文档，其 age 字段均为 23，以此为条件将 age 为 23 的所有文档中的 city 修改为 beijing，示例代码如下：

```
use newdt
db.newcoll.updateMany(
{"age":23},
{ $ set:{"address.city":"beijing"}}
)

#输出结果为
{ acknowledged: true,
  insertedId: null,
  matchedCount: 3,
  modifiedCount: 3,
  upsertedCount: 0 }
```

注意　新版本的 MongoDB 已经弃用了 update() 方法，但为了兼容性目前仍然可以使用。建议新开发的程序不要再使用 update() 方法，更新单个文档使用 updateOne() 方法，更新多个文档则应使用 updateMany() 方法，而 save() 方法也在 4.2 版本以后被弃用，可以使用 replaceOne() 方法来代替。

8. 删除文档

使用 deleteOne() 方法从数据集中删除一个文档，deleteOne() 方法的语法格式如下：

```
db.collection.deleteOne(
   <filter>,
   {
      writeConcern: <document>,
      collation: <document>,
      hint: <document|string>        //Available starting in MongoDB 4.4
   }
)
```

filter 为删除条件。writeConcern 为可选参数，表示写入策略。collation 为可选参数，表示排序规则。hint 为可选参数，指定用于支持查询断言的索引的文档或者字符串。

使用 deleteOne() 方法删除 newcoll 集合中 name 为 tom 的文档，代码如下：

```
use newdt
db.newcoll.deleteOne({"name":"tom"})

#输出结果为{ acknowledged: true, deletedCount: 1 }
```

使用 deleteMany() 删除所有符合条件的文档,其语法格式如下:

```
db.collection.deleteMany(
    <filter>,
    {
        writeConcern: <document>,
        collation: <document>
    }
)
```

如果要删除数据集下的所有文档,则可以传递一个空的文档给 filter。示例代码为删除所有符合 age 等于 23 的文档,代码如下:

```
use newdt
db.newcoll.deleteMany({"age":23})

#输出结果为{ acknowledged: true, deletedCount: 2 }
```

> **注意** 新版本的 MongoDB 已经弃用了 remove() 方法,但为了兼容性目前仍然可以使用。建议新开发的程序不要再使用 remove() 方法,删除单个文档使用 deleteOne() 方法,删除多个文档则应使用 deleteMany() 方法。

9. 查询文档

使用 find() 方法查询,find() 方法的语法格式如下:

```
db.collection.find(query,projection)
```

query 为可选参数,表示查询条件。projection 为可选参数,用于指定要在文档中返回的与查询条件匹配的字段。如要返回全部字段,则忽略此参数。

下面示例代码将三条文档插入 newcoll 数据集中,代码如下:

```
db.newcoll.insert([{
    name:"tom",
    age:23,
    address:{
            city:"hangzhou",
            code:310000,
            tel:123456
    }
},{
```

```
        name:"marry",
        age:23,
        address:{
                city:"shanghai",
                code:200000,
                tel:123456
        }
},{
        name:"jack",
        age:23,
        address:{
                city:"beijing",
                code:100000,
                tel:123456
        }
}
])

#输出结果为
{ acknowledged: true,
  insertedIds:
    { '0': ObjectId("6065adfeaa45a9378c30988b"),
      '1': ObjectId("6065adfeaa45a9378c30988c"),
      '2': ObjectId("6065adfeaa45a9378c30988d") } }
```

使用 find() 方法将所有的文档查询出来,示例代码如下:

```
db.newcoll.find()

#输出结果为
{ _id: ObjectId("6065adfeaa45a9378c30988b"),
  name: 'tom',
  age: 23,
  ...
```

也可以使用条件参数将满足条件的文档查询出来,例如查询 city 为 beijing 的文档,代码如下:

```
db.newcoll.find({"address.city":"beijing"})

#输出结果为
{ _id: ObjectId("6065adfeaa45a9378c30988d"),
  name: 'jack',
  age: 23,
  address: { city: 'beijing', code: 100000, tel: 123456 } }
```

通过使用不同的查询条件,使查询变得灵活而强大,可以从不同的文档内查询到各种符合查询条件的数据,查询条件有多种匹配的运算符,具体的运算符如表 3-8 所示。

表 3-8 查询运算符

运算符	说明
$ eq	等于
$ gt	大于
$ gte	大于或等于
$ in	匹配数组中的任意值
$ lt	小于
$ lte	小于或等于
$ ne	不等于
$ nin	不匹配数组中的任意值
$ and	与
$ not	取反
$ nor	或非
$ or	或
$ exists	匹配具有指定字段的文档
$ type	匹配指定类型字段
$ expr	聚合表达式
$ jsonSchema	根据给定的 JSON 模式验证文档
$ mod	对字段值执行模运算，并选择具有指定结果的文档
$ regex	选择与正则表达式匹配的文档
$ text	执行文本搜索
$ where	匹配满足 JavaScript 表达式的文档
$ geoIntersects	选择与几何图形相交的集合图形
$ geoWithin	选择便捷几何中的几何
$ near	返回点附近的地理空间对象
$ nearSphere	返回球体上某一点附近的地理空间对象
$ all	匹配包含查询中指定的所有元素的数组
$ elemMatch	匹配数组字段中元素匹配所有指定的 $ elemMatch 条件
$ size	匹配数组字段为指定大小
$ bitsAllClear	匹配数值或二进制值，其中一组比特位置的值都为 0
$ bitsAllSet	匹配数值或二进制值，其中一组比特位置的值都为 1
$ bitsAnyClear	匹配数值或二进制值，其中一组比特位置中的任意位的值都为 0
$ bitsAnySet	匹配数值或二进制值，其中一组比特位置中的任意位的值都为 1

常见运算符查询条件的示例代码如下：

```
#查询满足 name 为 tom 或者 age 等于 23 的文档
db.newcoll.find({ $ or:[{"name":"tom"},{"age":23}]})

#查询 age 小于 40 的文档
db.newcoll.find({"age":{ $ lt:40}})

#查询 name 为 tom 同时 age 等于 23 的文档
db.newcoll.find({"name":"tom","age":23})
```

```
#查询存在age字段且age字段在20~40的文档
db.newcoll.find({"age":{ $ exists:true, $ nin:[20,40]}})
```

3.6 使用 Python 操作 MongoDB

3.6.1 MongoDB 操作模块

MongoDB 官方提供了 Python 操作 MongoDB 的驱动 PyMongo，MongoDB 官方也推荐使用 PyMongo 来对 MongoDB 进行操作。不同版本的 PyMongo 支持的 MongoDB 版本也不一样，如表 3-9 所示，此表为 PyMongo 对应支持的 MongoDB 版本。如果下载了旧版本的 PyMongo，对于新版本的 MongoDB 可能无法支持。

前文下载并安装的 MongoDB 版本为 4.4.4 版本，根据表 3-9 所示，要想对该版本的 MongoDB 进行正常操作，则需要安装 3.11 及以上的 PyMongo 版本才能正常使用。

表 3-9 不同版本的 **PyMongo** 对 **MongoDB** 的支持

Python Driver	Mongo DB 4.4	Mongo DB 4.2	Mongo DB 4.0	Mongo DB 3.6	Mongo DB 3.4	Mongo DB 3.2	Mongo DB 3.0	Mongo DB 2.6
3.11	√	√	√	√	√	√	√	√
3.1		√	√	√	√	√	√	√
3.9		√	√	√	√	√	√	√
3.8			√	√	√	√	√	√
3.7			√	√	√	√	√	√
3.6				√	√	√	√	√
3.5					√	√	√	√
3.4					√	√	√	√
3.3						√	√	√
3.2						√	√	√
3.1							√	√
3							√	√
2.9							√	√
2.8							√	√
2.7								√

使用 pip 可以很方便地安装 PyMongo，打开 PyCharm 编辑器，然后单击 View→Tool Windows→Terminal 打开终端窗口，在命令行中输入 pip install pymongo 并按回车键来安装 PyMongo 模块，等待提示 Successfully installed pymongo 后即可使用。

PyMongo 中使用 MongoClient()方法来连接 MongoDB 服务器，连接 MongoDB 服务器的语法格式如下：

```
MongoDB://[username:password@]host1[:port1][,...hostN[:portN]][/[defaultauthdb][?options]]
```

连接 MongoDB 服务器并将该服务器上所有的数据库名列出来，其 Python 代码如下：

```
#第3章//mon.py
import pymongo                                    #导入 pymongo

#使用 MongoClient()方法连接 MongoDB 服务器
myclient = pymongo.MongoClient("mongodb://localhost:27017/")

#使用 list_database_names()方法获取所有数据库名
dblist = myclient.list_database_names()
print(dblist)

#输出结果为['admin', 'config', 'local', 'newdatabase', 'newdt']
```

3.6.2 使用 Python 操作 MongoDB

1. 创建数据库

在 MongoDB 的命令行模式中创建数据库,可在连接服务器后,使用"use 新数据库名"命令即可创建新的数据库,在 Python 中同样使用此方法来创建数据库,Python 创建 MongoDB 数据库的代码如下:

```
import pymongo
myclient = pymongo.MongoClient("mongodb://localhost:27017/")
mydb = myclient["pydatabase"]                    #创建一个名为 pydatabase 的数据库
```

当数据库中没有内容时,不会显示该数据库,所以此时使用 list_database_names()方法也是无法获取刚创建的数据库。可以在数据库内创建一个集合,并且插入一个文档,这样就可以看到新创建的数据库了,Python 中创建集合与创建数据库一样非常简单,创建集合的代码如下:

```
#第3章//mon.py
import pymongo
myclient = pymongo.MongoClient("mongodb://localhost:27017/")
mydb = myclient["pydatabase"]                    #创建一个名为 pydatabase 的数据库
mycoll = mydb["mycoll"]                          #创建一个名为 mycoll 的集合
doc = {"name":"jack","age":24}                   #定义一个文档
result = mycoll.insert_one(doc)                  #将文档插入集合
dblist = myclient.list_database_names()          #获取数据库列表
print(dblist)

#输出结果为['admin', 'config', 'local', 'newdatabase', 'newdt', 'pydatabase']
```

在上面的代码中,mydb=myclient["pydatabase"]表示如果 pydatabase 数据库存在,则不创建新的数据库,如果 pydatabase 数据库不存在,则创建新的数据库并命名为 pydatabase。

2. 查看数据库

使用 list_database_names()方法来查看当前所有的数据库,list_database_names()方

法会返回一个列表,列表内为当前所有可以显示的数据库的名称,示例代码如下:

```
import pymongo
myclient = pymongo.MongoClient("mongodb://localhost:27017/")
dblist = myclient.list_database_names()                    #查看当前所有数据库
print(dblist)

#输出结果为['admin', 'config', 'local', 'newdatabase', 'newdt', 'pydatabase']
```

3. 删除数据库

使用 drop_database(name_or_database,session=None)方法可删除 MongoDB 数据库,删除数据库后,数据库内的数据也会一并删除,在实际操作中需谨慎使用该方法。该方法包含两个参数,name_or_database 参数为要删除的数据库实例,session 为会话。删除 pydatabase 数据库的示例代码如下:

```
#第3章//mon.py
import pymongo
myclient = pymongo.MongoClient("mongodb://localhost:27017/")
dblist = myclient.list_database_names()
print(dblist)
dropDatabase = myclient["pydatabase"]
myclient.drop_database(dropDatabase)                       #删除数据库
dblist = myclient.list_database_names()
print(dblist)

#输出结果为
['admin', 'config', 'local', 'newdatabase', 'newdt', 'pydatabase']
['admin', 'config', 'local', 'newdatabase', 'newdt']
```

4. 创建集合

使用 Python 创建集合与创建数据库一样非常简单,示例代码如下:

```
import pymongo
myclient = pymongo.MongoClient("mongodb://localhost:27017/")
mydb = myclient["pydatabase"]                              #创建一个名为pydatabase的数据库
mycoll = mydb["mycoll"]                                    #创建一个名为mycoll的集合
```

在上面的代码中使用数据库对象即可创建一个集合,mycoll=mydb["mycoll"]该段代码创建了一个名为 mycoll 的集合。

5. 查看集合

使用 list_collection_names()方法可查看当前数据库下所有的集合,返回值为列表(list)类型,列表中的值为集合的名称。示例代码如下:

```
import pymongo
myclient = pymongo.MongoClient("mongodb://localhost:27017/")
mydb = myclient["pydatabase"]          #pydatabase数据库已存在,使用pydatabase数据库
```

```
listcoll = mydb.list_collection_names()        #查看当前数据库下所有的集合
print(listcoll)

#输出结果为['mycoll']
```

6. 删除集合

使用 drop()方法可删除当前集合,示例代码如下:

```
import pymongo
myclient = pymongo.MongoClient("mongodb://localhost:27017/")
mydb = myclient["pydatabase"]             #pydatabase 数据库已存在,使用 pydatabase 数据库
coll = mydb["mycoll"]
coll.drop()                                #删除当前集合
listcoll = mydb.list_collection_names()
print(listcoll)

#输出结果为[]
```

7. 插入文档

使用 insert_one()方法可插入单个文档,使用 insert_id 返回插入的_id 示例代码如下:

```
#第3章//mon.py
import pymongo
myclient = pymongo.MongoClient("mongodb://localhost:27017/")
mydb = myclient["pydatabase"]                         #使用 pydatabase 数据库
mycoll = mydb["mycoll"]                               #创建一个名为 mycoll 的集合
doc = {"name":"jack","age":24}                        #构造一个文档
result = mycoll.insert_one(doc)                       #插入单个文档
id = result.inserted_id                               #返回刚才插入文档的_id
print(id)

#输出结果为 6066838efd04788beb0f6b15
```

使用 insert_many()方法可插入多个文档,使用 inserted_ids 返回所有插入文档的 id 值,示例代码如下:

```
#第3章//mon.py
import pymongo
myclient = pymongo.MongoClient("mongodb://localhost:27017/")
mydb = myclient["pydatabase"]                         #使用 pydatabase 数据库
mycoll = mydb["mycoll"]                               #使用 mycoll 的集合
arraydoc = [
{"name":"jack","age":24},
{"name":"tom","age":25},
{"name":"marry","age":26},
{"name":"jan","age":27},
]
#构造文档列表
```

```
results = mycoll.insert_many(arraydoc)          #插入多条文档
ids = results.inserted_ids                       #返回 id 列表
print(ids)

#输出结果为
[ObjectId('6066855cec0a22b64766563f'),
 ObjectId('6066855cec0a22b647665640'),
 ObjectId('6066855cec0a22b647665641'),
 ObjectId('6066855cec0a22b647665642')]
```

对于_id,除了可以使用系统生成的_id 字段以外,也可以插入指定_id 的文档。例如要插入一条指定_id 字段的文档,示例代码如下:

```
#第 3 章//mon.py
import pymongo
myclient = pymongo.MongoClient("mongodb://localhost:27017/")
mydb = myclient["pydatabase"]
mycoll = mydb["mycoll"]
doc = {"_id":12345,"name":"jack","age":24}      #构造一个指定_id 的文档
result = mycoll.insert_one(doc)
id = result.inserted_id
print(id)

#输出结果为 12345
```

8. 更新文档

使用 update_one()方法更新单条文档,该方法常用两个参数,filter 与 update,filter 参数表示要更新文档的查询条件,update 表示要更新的文档,与 MongoDB 的 Shell 命令一致,update_one 即使查询出多条符合条件的文档,也只会更新第 1 条文档。示例代码如下:

```
#第 3 章//mon.py
import pymongo
myclient = pymongo.MongoClient("mongodb://localhost:27017/")
mydb = myclient["pydatabase"]
mycoll = mydb["mycoll"]
query = {"_id":12345}                            #要更新文档的查询条件
doc = {"$set":{"name":"jack_update","age":99}}   #需要更新的字段
result = mycoll.update_one(query,doc)            #更新一条文档
```

使用 update_many()方法可更新所有匹配条件的文档,该方法常用的两个参数为 filter 与 update,filter 参数表示要更新文档的查询条件,update 表示要更新的文档。示例代码如下:

```
#第 3 章//mon.py
import pymongo
myclient = pymongo.MongoClient("mongodb://localhost:27017/")
mydb = myclient["pydatabase"]
```

```
mycoll = mydb["mycoll"]
query = {"_id":12345}                          #要更新文档的查询条件
doc = {"$ set":{"name":"jack_update","age":99}} #需要更新的字段
result = mycoll.update_many(query,doc)         #更新所有满足查询条件的文档
```

9. 查询文档

使用 find_one()方法可查询集合中满足条件的一条文档，find_one()方法的主要参数为 filter，即查询条件，find_one()方法查询的条件即使有多条文档满足，也只会返回一条文档数据，其示例代码如下：

```
#第3章//mon.py
import pymongo
myclient = pymongo.MongoClient("mongodb://localhost:27017/")
mydb = myclient["pydatabase"]
mycoll = mydb["mycoll"]
query = {"_id":12345}                    #查询条件
result = mycoll.find_one(query)          #查询一条文档
print(result)

#输出结果为{'_id': 12345, 'name': 'jack_update', 'age': 99}
```

使用 find()方法可查询集合中所有满足条件的文档，find()方法的主要参数为 filter，即查询条件，使用 find()方法查询所有 age 小于 40 的文档，示例代码如下：

```
#第3章//mon.py
import pymongo
myclient = pymongo.MongoClient("mongodb://localhost:27017/")
mydb = myclient["pydatabase"]
mycoll = mydb["mycoll"]
query = {"age":{"$ lt":40}}              #查询所有 age 小于 40 的文档
result = mycoll.find(query)
for cur in result:
    print(cur)

#输出结果为
{'_id': ObjectId('6066818c74814628cc9a0...
```

匹配查询的运算符在前文 MongoDB 操作语法内已经讲解过，如有对匹配运算符不清楚的读者可以翻看前文。需要注意的是，在 MongoDB 的 Shell 中使用 find()方法其运算符是不需要加引号的，但是在 Python 中运算符需要使用引号括起来。find()方法查询的结果为 pymongo.cursor.Cursor，可以循环将字典对象也就是文档读取出来。

使用 limit()设置返回 find()查询的指定条数，该方法接收一个数字参数。如设置的指定条数大于 find()返回的总条数，则按 find()返回条数显示，示例代码如下：

```
#第3章//mon.py
import pymongo
myclient = pymongo.MongoClient("mongodb://localhost:27017/")
```

```
mydb = myclient["pydatabase"]
mycoll = mydb["mycoll"]
query = {"age":{"$lt":40}}              #查询所有 age 小于 40 的文档
result = mycoll.find(query).limit(2)    #限制返回 2 条文档
for cur in result:
    print(cur)

#输出结果为
{'_id': ObjectId('6066818c74814628cc9a06c4'), 'name': 'jack', 'age': 24}
{'_id': ObjectId('606681a8a1d83301dfbfe9c9'), 'name': 'jack', 'age': 24}
```

10. 删除文档

使用 delete_one()方法可删除匹配条件的文档,该方法常用的参数为 filter,即匹配查询条件,delete_one()只会删除一条匹配的文档,即使该查询条件匹配出多条文档,也只删除一条文档。例如要删除 name 为 jack 的文档,示例代码如下:

```
#第 3 章//mon.py
import pymongo
myclient = pymongo.MongoClient("mongodb://localhost:27017/")
mydb = myclient["pydatabase"]
mycoll = mydb["mycoll"]
query = {"name":"jack"}                 #查询 name 为 jack 的文档
result = mycoll.delete_one(query)       #删除一条匹配的文档
```

使用 delete_many()方法可删除所有匹配条件的文档,该方法常用的参数为 filter,即匹配查询条件,例如删除所有 age 小于 20 的文档,示例代码如下:

```
#第 3 章//mon.py
import pymongo
myclient = pymongo.MongoClient("mongodb://localhost:27017/")
mydb = myclient["pydatabase"]
mycoll = mydb["mycoll"]
query = {"age":{"$lt":"jack"}}          #查询所有 age 小于 20 的文档
result = mycoll.delete_many(query)
```

如果要删除集合中内所有的文档,则传入的匹配条件为{}即可。

3.7 Redis 简介及安装

3.7.1 Redis 简介

Redis 是一个开源(BSD 许可)的内存中的数据结构存储系统,它可以用作数据库、缓存和消息中间件。它支持多种类型的数据结构,如字符串、散列、列表、集合、有序集合与范围查询、bitmaps、hyperloglogs 和地理空间(geospatial)索引半径查询。Redis 内置了复制、LUA 脚本、LRU 驱动事件、事务和不同级别的磁盘持久化,并通过 Redis 哨兵和自动分区提供高可用性。

Redis 执行的是纯内存操作，需要的时候可以持久化到硬盘中，且 Redis 是单线程，没有频繁的切换操作，数据结构简单，自己构建了 VM 机制，使用多路 I/O 复用模型，因为这些特性，所以 Redis 访问速度非常快。

由于 Redis 的访问速度快、高可用及支持数据类型丰富等特性，所以被大量地应用在缓存数据、消息队列、计数器、热点数据等请求量巨大且对实时性要求比较高的应用场景中。

3.7.2　Redis 安装

目前 Redis 官方已不再提供 Windows 平台下的 Redis 版本，且 Redis 官方推荐部署在 Linux 操作系统下，所以想要使用 Redis 则需要在 Linux 操作系统下进行安装。笔者使用的 Linux 版本为 CentOS 7 64 位操作系统。

首先打开 Redis 的官方网站，网址为 https://redis.io/，单击 Download 链接进入 Redis 下载页面，如图 3-58 所示。

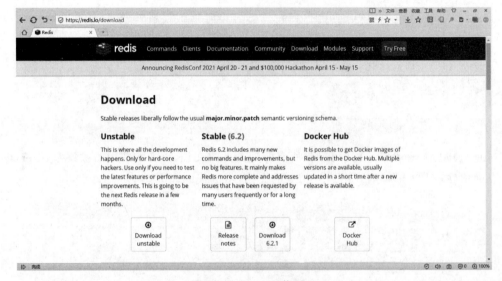

图 3-58　Redis 下载页面

在 Redis 下载页面有 3 个可选下载项，分别为 Unstable（不稳定版本）、Stable（稳定版）、Docker Hub（Docker 安装版），在笔者写作期间 Redis 的最新版本为 6.2。

单击 Stable 版本的 Download 6.2.1 按钮下载 Redis 安装包，然后将下载好的 Redis 安装包上传到 CentOS 操作系统内。也可以在 Download 6.2.1 按钮上右击，在弹出菜单中选择"复制链接地址"将该安装包的下载链接复制到 CentOS 操作系统内进行下载，安装包的下载网址为 https://download.redis.io/releases/redis-6.2.1.tar.gz，进入 CentOS 操作系统进行下载，执行命令如下：

```
wget -i -c https://download.redis.io/releases/redis-6.2.1.tar.gz
```

下载完后可以得到一个 redis-6.2.1.tar.gz 的压缩包，将其解压出来的命令如下：

```
tar -zxf redis-6.2.1.tar.gz
```

解压完成后即可获得一个与压缩包同名的文件夹,也就是 redis-6.2.1,进入 redis-6.2.1 文件夹,执行命令如下:

```
cd redis-6.2.1
```

在进行 make 前,先确认是否安装了 gcc,如果没有安装 gcc 则编译会失败,失败时会提示 cc:command not found 错误。使用 yum 命令安装 gcc,命令如下:

```
yum install gcc
```

安装 gcc,等待出现 Complete 后执行 make 命令,命令如下:

```
make
```

有时会出现以下错误,如图 3-59 所示。

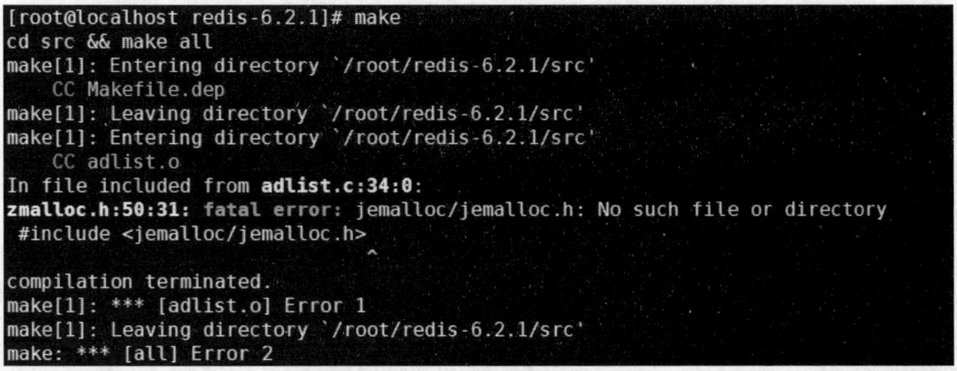

```
[root@localhost redis-6.2.1]# make
cd src && make all
make[1]: Entering directory `/root/redis-6.2.1/src'
    CC Makefile.dep
make[1]: Leaving directory `/root/redis-6.2.1/src'
make[1]: Entering directory `/root/redis-6.2.1/src'
    CC adlist.o
In file included from adlist.c:34:0:
zmalloc.h:50:31: fatal error: jemalloc/jemalloc.h: No such file or directory
 #include <jemalloc/jemalloc.h>
                               ^
compilation terminated.
make[1]: *** [adlist.o] Error 1
make[1]: Leaving directory `/root/redis-6.2.1/src'
make: *** [all] Error 2
```

图 3-59　编译 Redis 时出现的错误

当出现如图 3-59 所示的错误时需要在 make 后加上 MALLOC=libc 强制对 libc malloc 进行编译,参数命令如下:

```
make MALLOC=libc
```

Redis 安装完毕后会提示 Hint: It's a good idea to run 'make test';,安装程序提示我们进行安装测试,输入命令如下:

```
make test
```

执行命令后提示 You need tcl 8.5 or newer in order to run the Redis test,使用 yum 安装 tcl,命令如下:

```
yum install tcl
```

安装完 tcl 后，再次执行 make test，命令如下：

```
make test
```

此时一切正常，表示 Redis 安装完成了，即使 make test 不通过也不必太过担心，并不影响 Redis 的使用。Redis 安装完成后会在 redis-6.2.1 目录下生成一个 src 文件夹，里面有 3 个可执行文件，分别为 redis-server、redis-benchmark 和 redis-cli，将这 3 个文件复制至/usr/redis 目录下，再将 redis-6.2.1 目录下的 redis.conf 也复制至/usr/redis 目录下，在 src 目录内执行的命令如下：

```
mkdir /usr/redis
cp redis-server /usr/redis
cp redis-benchmark /usr/redis
cp redis-cli /usr/redis
cd ..
cp redis.conf /usr/redis
```

此时在/usr/redis 目录下就有 4 个文件了，如图 3-60 所示。

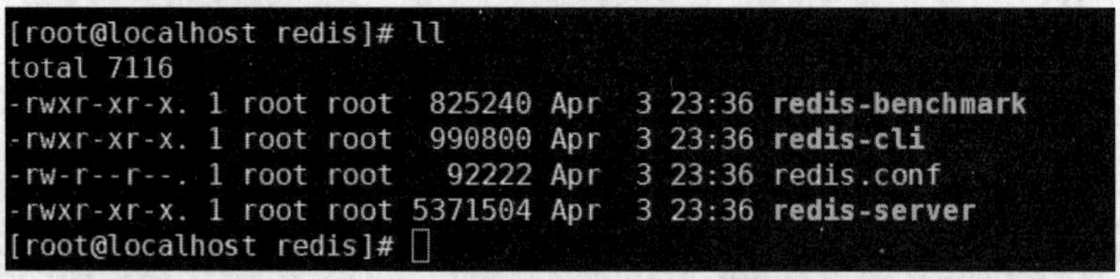

图 3-60　Redis 文件夹中的文件

进入/usr/redis 文件夹内，启动 Redis 的命令如下：

```
cd /usr/redis
./redis-server redis.conf
```

执行上面的命令后，Redis 就成功启动了，如图 3-61 所示。

在 Redis 运行界面中显示当前程序在独立模式下运行，端口号为 6379，PID 为 14019。此时不能将该界面关闭，当前属于前台运行方式，如果关闭了该界面则 Redis 就停止运行了，接下来将 Redis 设置为后台运行。

按快捷键 Ctrl＋C 关闭当前运行界面，打开/usr/redis/redis.conf 配置文件，命令如下：

```
vi /usr/redis/redis.conf
```

在打开的 redis.conf 文件内按斜杠键/进行全文检索，在斜杠键后输入 daemonize，然后按回车键，此时文档会定位到 daemonize no 这一行，单击 i 键进行编辑，通过方向键控制光标的位置，将 daemonize 后的 no 修改为 yes，然后按 ESC 键，再键入:wq 进行保存，如图 3-62 所示。

此时再次启动 Redis，Redis 欢迎界面就不显示了，执行命令如下：

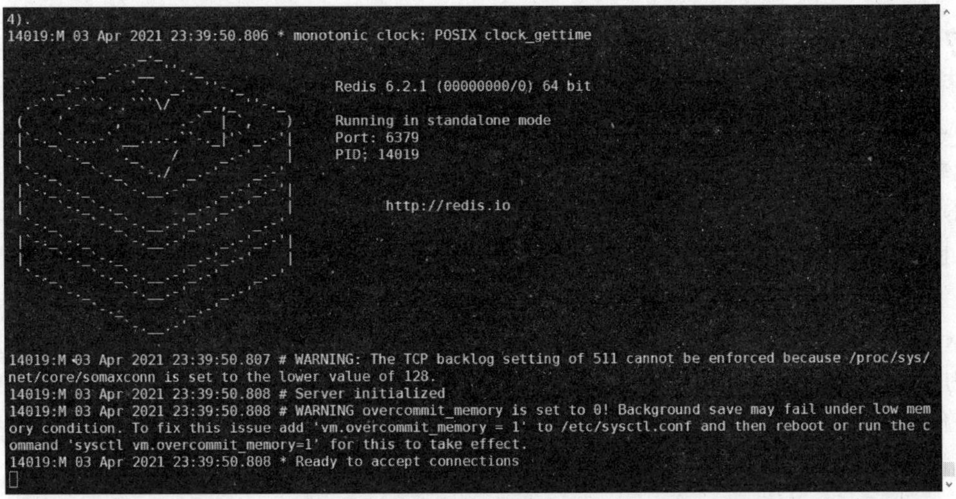

图 3-61 Redis 运行界面

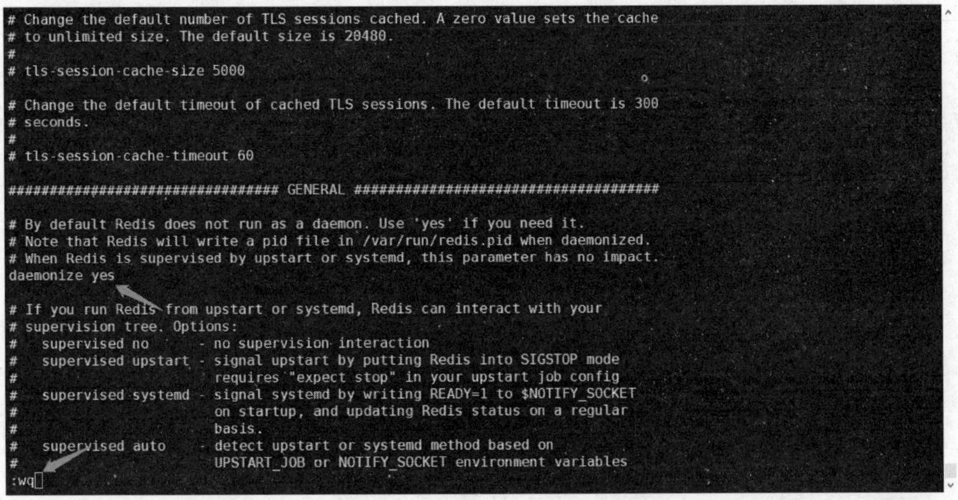

图 3-62 修改 Redis 配置文件

```
cd /usr/redis
./redis-server redis.conf
```

查看 Redis 是否运行，代码如下：

```
ps -ef | grep redis
```

此时 Redis 已经在后台运行了，如图 3-63 所示。

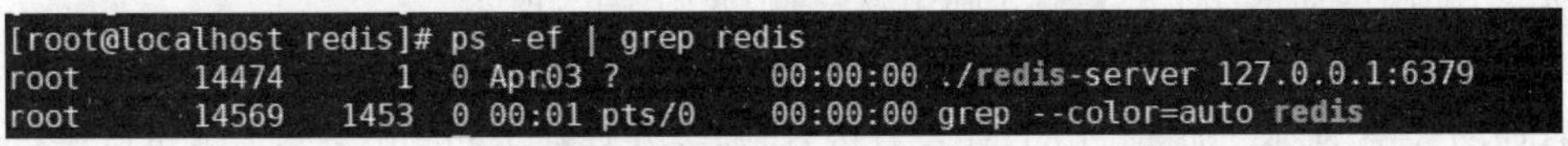

图 3-63 Redis 运行进程

3.7.3 Redis 可视化工具

不同于 MySQL 与 MongoDB，Redis 官方没有提供可视化工具，目前市场上比较流行的且比较完善的 Redis 可视化工具有 RedisDesktopManager 与 FastoRedis 等，这里主要讲解 RedisDesktopManager 工具的安装及使用。

RedisDesktopManager 是一款比较流行的 Redis 可视化工具，它起初是款开源产品，之后升级成为一款商业软件。其产品官网为 https://rdm.dev/。RedisDesktopManager 简称 RDM，适用于多种平台，是一个用于 Windows、Linux 和 macOS 的快速开源 Redis 数据库管理应用程序。该工具提供了一个易于使用的 GUI，可以访问 Redis 数据库并执行一些基本操作：将键视为树、CRUD 键、通过 Shell 执行命令。RDM 支持 SSL / TLS 加密。

打开 RedisDesktopManager 的官网 https://rdm.dev/，如图 3-64 所示。

图 3-64 RDM 官网

单击"价钱"链接进入产品试用界面，在 Windows 平台下有 3 个订阅计划，分别为个人、企业、Microsoft，单击"开始 14 天免费试用"按钮进行注册。输入你的邮箱及注册密码，单击"注册"按钮进行注册，此时会向你的邮箱发送一封邮件，如图 3-65 所示。单击 Confirm Your Email 按钮完成邮箱验证。

此时会跳转回 RDM 的官方网站，并会显示一个"开始免费的 14 天试用"的按钮，单击此按钮就可以进入下载页面进行下载了，如图 3-66 所示。下载 Windows 版本，单击 Windows 文字右侧的 2021.3.332 链接即可开始 RDM 的下载。

下载完 RDM 后双击安装程序便可进行安装，安装过程比较简单，此处略过。安装完毕 RDM 后，初次启动 RDM 需要输入邮箱及密码，如图 3-67 所示。

将刚才在 RDM 官网注册的邮箱及密码填入后，单击"登录"按钮即可来到 RDM 的主界面，如图 3-68 所示。此时的 RDM 没有内容，需要在连接 Redis 服务器后才可以进行下一步的操作。

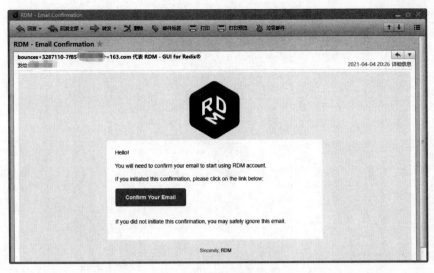

图 3-65　进行邮箱验证

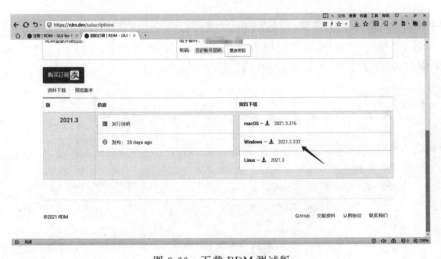

图 3-66　下载 RDM 测试版

图 3-67　初次打开 RDM 界面

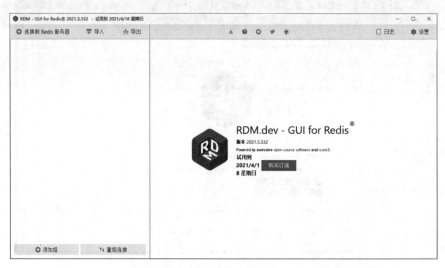

图 3-68　RDM 主界面

使用 RMD 的第 1 步就是要连接 Redis 服务器，前面搭建好的 Redis 服务所在的服务器 IP 地址为 192.168.3.103，要连接该服务器此时需单击"连接到 Redis 服务器"按钮，这时会弹出一个窗口，需要对连接的服务器进行设置，如图 3-69 所示。

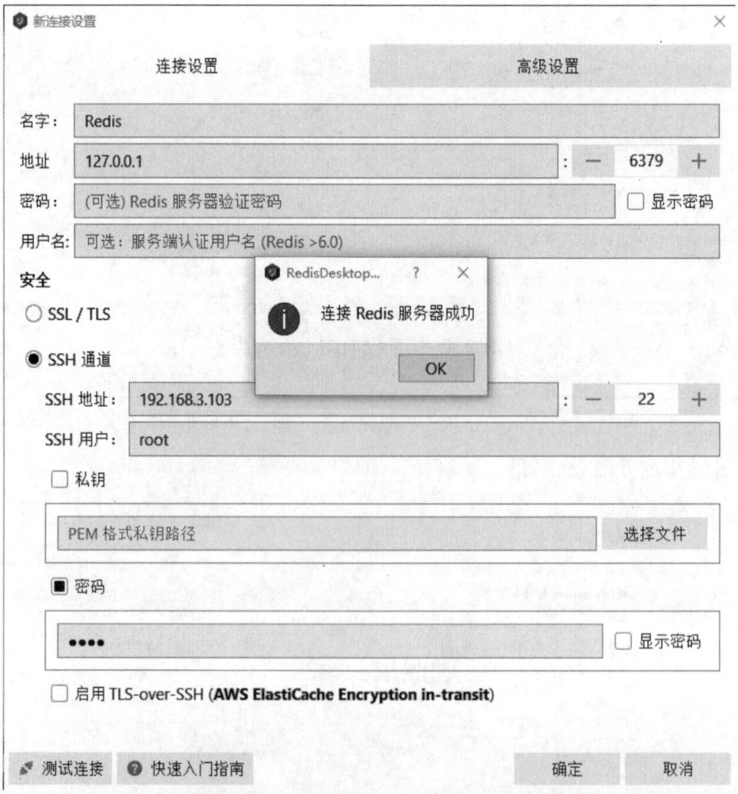

图 3-69　RDM 连接 Redis 服务器

如图 3-69 所示，需要填写远程服务器的相关参数才能进行连接，包含的参数如下。

名字：标识符，可以填写中文，用于区分 Redis 服务器。

地址：Redis 服务器的 IP 地址，因使用 SSH 的方式进行连接，所以此处填写 127.0.0.1，使用 SSH 方式连接相当于使用远程服务器的用户名及密码登录到远程服务器上对本机的 Redis 进行连接。

密码：因未设置 Redis 的密码，此处留空。

用户名：因未设置 Redis 的用户名，此处留空。

SSH 地址：远程服务器的 IP 地址。

SSH 用户：远程服务器登录的用户名。

密码：远程服务器登录的密码。

设置好以上参数后，单击"测试连接"按钮，此时 RDM 就可以连接上远程服务器的 Redis 服务了，然后单击"确定"按钮对 Redis 进行连接。此时在 RDM 的主界面会出现一个 Redis 的远程连接标识符，单击此标识符就可以看到远程 Redis 服务器上的所有数据库了，如图 3-70 所示。

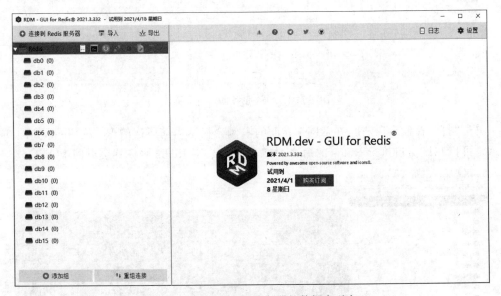

图 3-70 远程 Redis 服务器的数据库列表

在 Redis 标识符的右侧，有一排操作按钮，分别是服务器信息、打开控制台、重载服务器、卸载所有数据、编辑连接设置、复制连接及删除连接。

单击"服务器信息"按钮，在 RDM 界面的右侧会显示当前连接的远程服务器的运行状态信息，如图 3-71 所示。在服务器信息界面，包含了全景信息、服务器信息、慢查询日志、客户端及推送/订阅通道等几个栏目。

全景信息：可以了解当前服务器上每秒查询率、连接的客户端数量、内存占用、网络输入、网络输出及键总量等内容，其内容都有图表的形式实时呈现，该界面可用于监测服务器的性能情况。

（1）服务器：在该栏目下可以查看诸如 clients、cluster、command、cpu、errorstats、memory、persistence、replication、server、stats 等信息。

（2）慢查询日志：在该栏目可以查看 Redis 中的慢查询日志。慢查询日志主要记录了一些执行时间超过给定时长的 Redis 请求，让使用者更好地监视和找出在业务中的一些慢 Redis 操作，以便找到更好的优化方法。

（3）客户端：在该栏目下可以查看当前连接 Redis 的客户端 IP、时长及当前执行的库。

（4）推送/订阅通道：在该栏目下可以查看推送/订阅通道的情况。

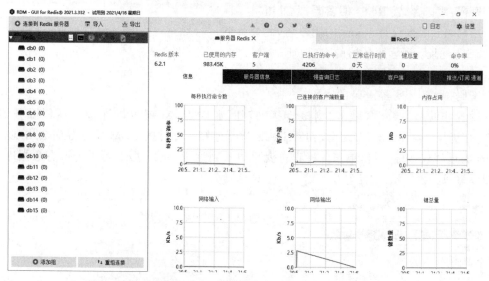

图 3-71　RDM 服务器信息界面

单击"打开控制台"按钮，在 RDM 界面的右侧会显示当前所连的 Redis Shell，如图 3-72 所示。可以在该窗口执行 Redis 的命令，如输入 ping，则 Redis 服务器会返回 PONG。

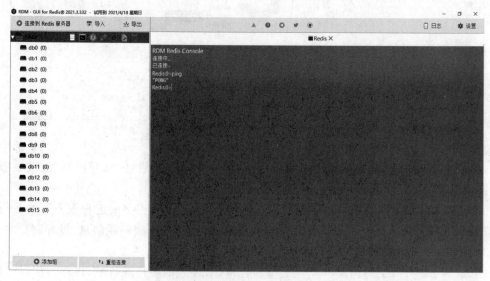

图 3-72　RDM 控制台

单击"重载服务器"按钮，会重新刷新服务器。单击"卸载所有数据"按钮，会清空所有数据。单击"编辑连接设置"按钮会打开连接配置对话框。单击"复制链接"按钮，会在 RDM 服务器列表里增加一个与当前连接一模一样的连接。单击"删除连接"按钮则会删除当前连接。

单击 db0 数据库，在其右侧有个"添加新键"按钮，单击此按钮便可向 db0 中添加一个键名为 session1 的键，字段类型为 String，字段值为 12345，如图 3-73 所示。单击"保存"按钮，此时就完成了向 Redis 中 db0 数据库添加数据的操作。

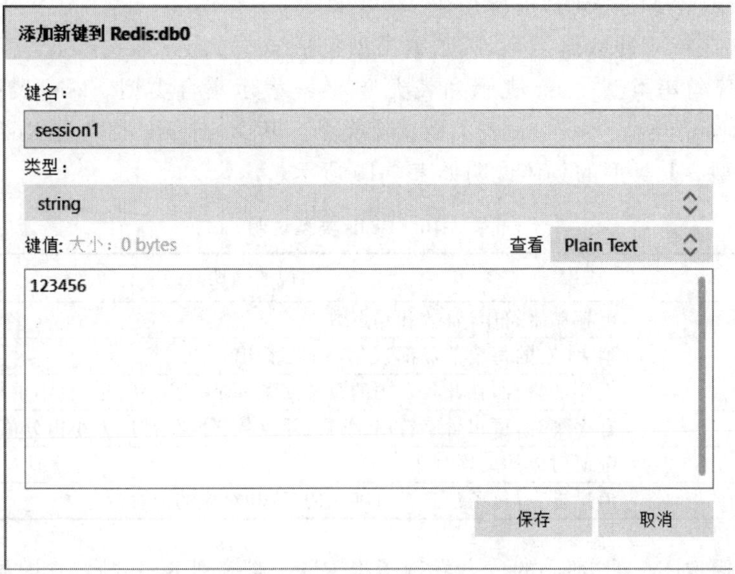

图 3-73　RDM 添加字段

在 db0 下会多出一个 session1 的按钮，单击此按钮，在 RDM 右侧会看到键 session1 的值为 123456，如图 3-74 所示。在当前界面可以对键值进行重命名。

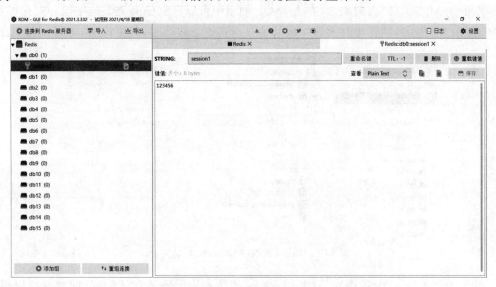

图 3-74　RDM 编辑字段

单击"重命名"按钮即可修改键值名称，在值处可以直接进行修改，修改完后右侧保存按钮便被激活。RDM 的整体界面比较简洁，操作也比较方便。

3.7.4 Redis 基础

Redis 是一个开源的高性能键值对(key-value)非关系型数据库,属于 NoSQL 产品类,因其速度快,数据类型丰富,常被用作缓存、消息队列、排行榜、电子商务秒杀等功能应用模块,与 MySQL 或者 MongoDB 进行互补。

Redis 6.2 支持 6 种数据类型,其数据类型包括 string、list、set、zset、hash、stream。其中 string 表示字符串类型。list 表示列表类型。set 表示集合类型。zset 表示有序集合类型。hash 表示哈希类型。stream 表示数据流类型。其中 stream 类型是 Redis 5.0 以后新增加的数据类型。其类型的具体说明如表 3-10 所示。

表 3-10 Redis 类型说明

数据类型	说 明
string(字符串)	可存储字符串、整数和浮点数
list(列表)	列表,它的每个节点都包含一个字符串
set(集合)	无序的集合,在此集合中的每个元素都是一个字符串,且不重复
zset(有序集合)	有序集合,可包含字符串、整数、浮点数、分值,排序大小由分值决定
hash(哈希散列)	键值对应的无序列表
stream(流)	消息链表,每条消息都有唯一的 ID 和对应的内容

在前面使用 RDM 时,细心的读者发现了当 RDM 连接到 Redis 后,立即显示了 16 个数据库,编号为 0~15,而之前使用 MySQL 与 MongoDB 时则不会出现这种情况。在 MySQL 与 MongoDB 中,数据库都是由用户自己创建的。

Redis 中创建的 16 个数据库的概念与传统的数据库其实是不太一样的,Redis 此时的数据库更像 MySQL 中表的概念,在 MySQL 的表中可以存放任何类型的字段和对应的值,而在 Redis 的 db 中,同样也存放着字段和值。与其说是数据库,其更像表,如图 3-75 所示。

图 3-75 Redis 数据库与 MySQL 表对比

至于为什么是 16 个数据库,这是由 Redis 的作者所设置的默认配置,此数量可以根据 Redis 配置文件进行修改,在 redis.conf 文件中有一行配置信息为 databases 16,如果将 16 修改为 1000 则 Redis 启动的时候就会自动创建 1000 个数据库了。默认创建多个数据库还有另一个原因是为了开发者更好地管理自己的数据,可以将不同功能的数据存放在不同的数据库中以便维护。

Redis 不支持自定义数据库名字，所以每个数据库都以编号命名。开发者需要自己记录存储的数据与数据库的对应关系，且 Redis 不支持为不同的数据库设置不同的密码，客户端要么能访问全部的数据库，要么一个都访问不了。

3.8 Redis 操作语法

Redis 主要有 6 种类型的数据，而 Redis 的主要操作都是针对这 6 种数据类型进行的。以下所有的操作都是在 RDM 的控制台里进行的。

1. string(字符串)增、删、改、查

```
#增加一条键为 newkey,值为 str 的记录
set newkey "str"
ok

#查询 newkey 键的键值
get newkey
"str"

#将 newkey 键的键值修改为 newstr
set newkey "newstr"
ok

#将 newkey 键的名称修改为 nkey
rename newkey nkey
ok

#查找所有给定模式的 key
keys n*
"nkey"

#删除指定键
del nkey
"1"

#查询指定键是否存在
exists nkey
"0"

#删除当前数据库中的所有内容
flushdb
ok
```

2. set(集合)增、删、改、查

操作集合时需要注意的是，集合内的成员是不重复的、唯一的且成员类型是 string 类型。集合操作代码如下：

```
#创建一个集合并向其中添加 3 个成员
sadd setkey "123","abc","你好"
3

#查询指定集合里所有的成员
smembers setkey
"123"
"abc"
"你好"

#删除成员 abc,如果有则返回 1,如果没有则返回 0
srem setkey "abc"
1

#添加不重复成员,重复成员无法添加
sadd setkey "aaa"
1
```

3. list(列表)增、删、改、查

list 列表按照插入顺序排序,列表内容可以向列表的头部或者尾部添加元素,操作代码如下:

```
#创建一个 3 个元素的列表
lpush listkey "123","abc","你好"
3

#查询 listkey 的集合
lrange listkey 0 -1
"123"
"abc"
"你好"

#向 list 尾部添加元素
rpush listkey "new"
6

#向 list 头部添加元素
lpush listkey "lnew"
7

#更新 index 为 1 的值
lset listkey 1 "index1"
ok

#删除 index 为 1 的值
lrem listkey 1 "index1"
1
```

4. hash(哈希)增、删、改、查

hash 是一个 string 类型的 field 和 value 的映射表,适合存储对象,操作代码如下:

```
#创建一个 hash 集合 hashtable,并将 key 设置为 user,将 value 设置为 jack
hset hashtable "user" "jack"
1

#获取 hash 中字段的数量
hlen hashtable
1

#获取 hash 中所有的 key
hkeys hashtable
"user"

#返回 hash 中所有的 value
hvals hashtable
"jack"

#向 hash 添加记录
hset hashtable "pass" "123456"
1

#获取指定键的值
hget hashtable user
"jack"

#获取当前 hash 所有的键与值
hgetall hashtable
"user"
"jack"
"pass"
"123456"

#更新 hashtable 中 user 的值
hset hashtable user "123"
0

hgetall hashtable
"user"
"123"
"pass"
"123456"
```

5. zset(有序集合)增、删、改、查

zset(有序集合)与 set(集合)一样,其元素为 string 类型,且不允许重复成员的出现。与 set 不同的是 zset 每个元素都会关联一个 score(分数),Redis 通过分数来为集合中的成员进行排序。有序集合的成员是唯一的,但 score 允许相同,操作代码如下:

```
# 创建一个有序集合并向其中添加一个成员,且将分数设为1
zadd zsetkey 1 "str"
"1"

# 向有序集合内再添加一个成员,且将分数设为2
zadd zsetkey 2 "sec"
"1"

# 查询有序集合内所有的值
zrange zsetkey 0 -1
1) "str"
2) "sec"

# 删除有序集合内的成员
zrem zsetkey "str"
1

# 显示有序集合内的所有成员
zrange zsetkey 0 -1
1) "str"
```

3.9 使用 Python 操作 Redis

3.9.1 Redis 操作模块

Redis 官方没有提供 Python 语言的操作模块,但是市场上有大量由第三方开发的 Python 模块,Redis 官方也将这些第三方模块收集并公示在其官方网站上了。Redis 的官方网站为 https://redis.io,打开其官方网站,单击 Clients 链接即可进入 Redis 官方收集的针对各种语言的客户端,如图 3-76 所示。

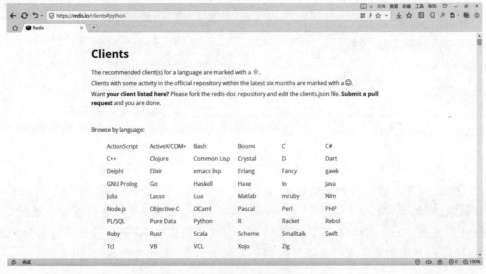

图 3-76 其他语言对 Redis 的支持

在该页中 Redis 官方提示，在其推荐的客户端后标有星星图标。此处单击 Python 链接便可跳转到 Python 客户端的列表中，如图 3-77 所示。

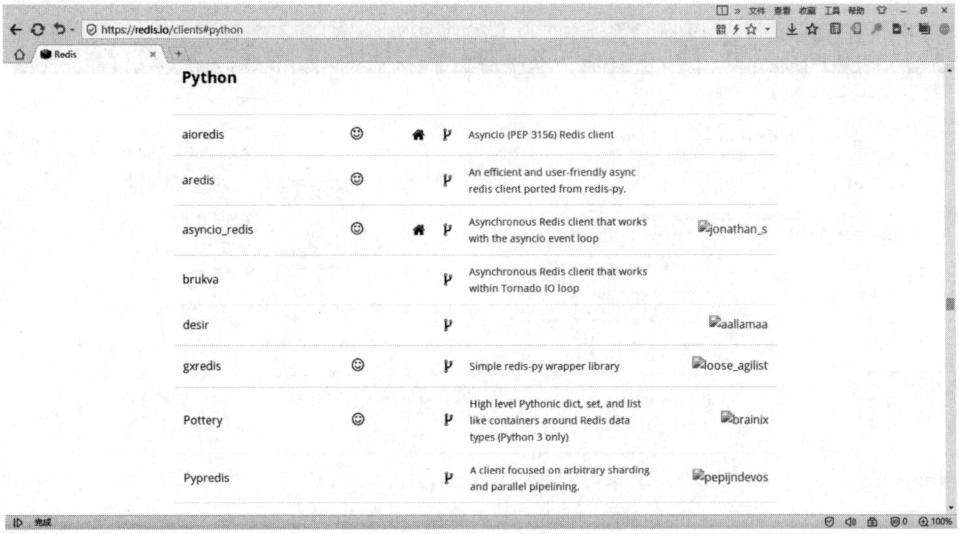

图 3-77 支持 Redis 的 Python 客户端列表

在前面 Redis 官方提示过，推荐使用的客户端后标有黄色小星星，往下滑动 Python 语言的客户端列表，发现有两个 Python 客户端被 Redis 官方推荐，分别为 redis-py 与 walrus，如图 3-78 所示。

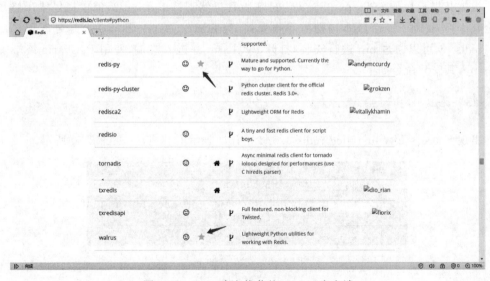

图 3-78 Redis 官方推荐的 Python 客户端

对于这两个库 Redis 官方对其分别描述为，redis-py 成熟且有支撑，符合目前 Python 的发展方向。walrus 为轻量级 Python 库。根据以上信息，选择 redis-py 用作 Python 对 Redis 的开发会更加合适。

单击 redis-py 黄色小星星右侧的分支图标即可进入 redis-py 的 GitHub 项目，其链接地址为 https://github.com/andymccurdy/redis-py，如图 3-79 所示。

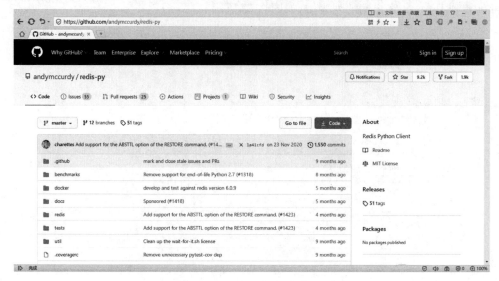

图 3-79　redis-py 项目的 GitHub 页面

在 redis-py 项目的说明中提到，redis-py 3.5.x 将是支持 Python 2 的最后一个版本，在 2020 年 8 月 1 日之前将继续为 Python 2 修复错误及提供安全补丁，在这之后将停止对 Python 2 的支持，而 redis-py 4.0 将是未来的主要版本，且要使用 redis-py 4.0 需要 Python 3.5 以上的版本。

根据其提示目前 redis-py 3.5.x 为最新版且仍然支持 Python 2，但仅提供错误修复及安全补丁，不排除下一个版本可能就不再支持 Python 2。在 Python 3 上是可以正常使用的。redis-py 可以通过 pip 进行安装，打开 PyCharm 并进入终端，使用 PyCharm 终端安装 redis-py，其安装命令如下：

```
pip install redis
```

出现 Successfully installed redis-3.5.3 字样即表示安装成功，如图 3-80 所示。

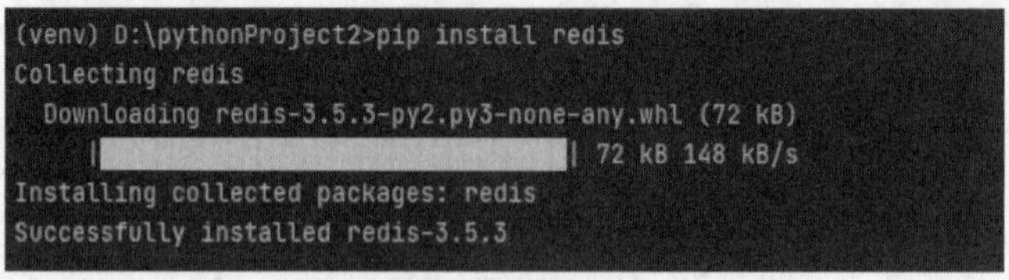

图 3-80　安装 redis-py

3.9.2　使用 Python 操作 Redis

redis-py 项目的 GitHub 页上提到了 redis 模块提供了两个类，分别是 Redis 和 StrictRedis，redis-py 3.0 不再支持传统的 Redis 客户端类，StrictRedis 已被重命名为 Redis 并且提供了一个名为 StrictRedis 的别名，以便以前使用 StrictRedis 的用户可以继续运行而不改变代码。redis-py 不支持集群模式。

1. 连接 Redis

如果使用普通连接方式,则需要注意的是应在 CentOS 操作系统上的防火墙将 Redis 服务器端口设置对外开放,临时开放命令如下:

```
iptables -I INPUT 1 -p tcp -m state --state NEW -m tcp --dport 6379 -j ACCEPT
```

且将 redis.conf 中的 bind 127.0.0.1 -::1 替换为 bind 0.0.0.0 -::1,将 protected-mode 设置为 no,否则无法连接 Redis。

redis 模块下的 Redis 类构造函数拥有丰富的参数,可以进行多种方式的连接,例如普通连接、SSH 连接等,其参数如表 3-11 所示。

表 3-11 Redis 构造函数参数

参数	说明
host	连接的主机地址
port	连接 Redis 服务的端口
db	默认连接 Redis 数据库
password	Redis 的密码
socket_timeout	socket 超时时间
socket_connect_timeout	socket 连接超时时间
socket_keepalive	socket 的长连接
socket_keepalive_options	socket 长连接设置
connection_pool	连接池
unix_socket_path	socket path
encoding	编码
encoding_errors	错误处理方案
charset	字符集
decode_responses	返回结果是否为 decode
retry_on_timeout	重试超时时间
ssl	ssl 连接方式
ssl_keyfile	ssl keyfile
ssl_certfile	ssl certfile
ssl_cert_reqs	设置 ssl 安全检查模式
ssl_ca_certs	证书路径
max_connections	最大连接数
single_connection_client	单用户连接限制
health_check_interval	心跳检测
client_name	客户端名称
username	用户名

使用 Redis 进行普通连接 Redis 服务器的代码如下:

```
import redis
r = redis.Redis(host = '192.168.3.106', port = 6379, db = 0)
```

```
r.set('foo', 'bar')
print(r.get('foo'))

#输出结果为 b'bar'
```

如需登录跳板机连接 Redis 服务器，且使用跳板机的用户名和密码登录，需要引入 sshtunnel 模块，虽然 Redis 类提供了 SSH 的连接方式，但是无法使用跳板机的用户名和密码进行验证。首先安装 sshtunnel 模块，pip 命令如下：

```
pip install redis
```

出现 Successfully 即表示安装成功，sshtunnel 模块中有个 SSHTunnelForwarder 类，该类用于初始化到远程服务器的 SSH 隧道，其构造函数常用的参数包括 ssh_address_or_host（SSH 地址）、ssh_username（SSH 连接的用户名）、ssh_password（SSH 连接的密码）及 remote_bind_address（远程机器地址和端口号），使用 SSH 连接 Redis 服务器的具体代码如下：

```
#第 3 章//rds.py
import sshtunnel
import redis
server = sshtunnel.SSHTunnelForwarder(
    ssh_address_or_host = "192.168.3.106",            #远程服务器地址
    ssh_username = "root",                            #远程服务器登录用户
    ssh_password = "root",                            #远程服务器登录密码
    remote_bind_address = ('192.168.3.106',6379)      #远程服务器 IP 及端口号
)
server.start()
conn = redis.Redis(
    host = '127.0.0.1',                               #Redis 所在服务器地址
    port = server.local_bind_port,                    #Redis 端口
    decode_responses = True                           #返回方式为字符串
)
print("已连接")

#输出结果为已连接
```

对于新手读者来讲，有个常见的错误需要注意一下，有种情况在使用 redis 模块时会提示 partially initialized module 'redis' has no attribute 'Redis'，如图 3-81 所示。

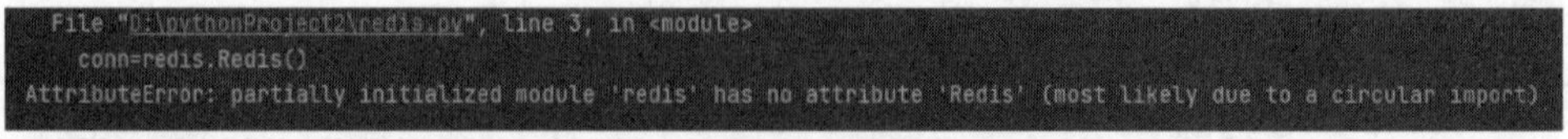

```
File "D:\pythonProject2\redis.py", line 3, in <module>
    conn=redis.Redis()
AttributeError: partially initialized module 'redis' has no attribute 'Redis' (most likely due to a circular import)
```

图 3-81　使用 Redis 模块报错

这里需要注意了，一是检查 import redis 是否有拼写错误，二是看一看当前文件名或者同项目下是不是有文件名取了 redis.py 的名字。

通常在实际使用 Redis 连接时更偏向于使用连接池进行连接和管理，如果采取直连的

方式,使用 Redis 时要进行连接,不用时又释放了连接,而频繁地连接和释放是比较浪费资源的,所以通常情况下使用连接池的方式进行管理连接,连接池的原理是通过预先创建的多个连接,当进行 Redis 操作时,直接获取已经创建的连接进行操作,操作完成后不会释放连接,将用于后续其他的 Redis 操作,这样就达到了避免频繁地对 Redis 进行连接和释放的目的,从而提高了性能。redis 模块采用 ConnectionPool 来管理对 Redis Server 的所有连接。连接池连接 Redis 的代码如下:

```
import redis
pool = redis.ConnectionPool(host = 'localhost', port = 6379, db = 0)
red = redis.Redis(connection_pool = pool)
red.set('key1', 'value1')
red.set('key2', 'value2')
```

在 SSH 模式下使用连接池,代码如下:

```
#第 3 章//rds.py
import redis
import sshtunnel
server = sshtunnel.SSHTunnelForwarder(
    ssh_address_or_host = "192.168.3.106",
    ssh_username = "root",
    ssh_password = "root",
    remote_bind_address = ('192.168.3.106', 6379)
)
server.start()
pool = redis.ConnectionPool(host = '127.0.0.1', port = server.local_bind_port, db = 0)
red = redis.Redis(connection_pool = pool)
red.set('key1', 'value1')
red.set('key2', 'value2')
```

2. string(字符串)增、删、改、查

```
#第 3 章//rds.py
import redis
pool = redis.ConnectionPool(host = 'localhost', port = 6379, db = 0)
red = redis.Redis(connection_pool = pool)

#增加一个 key 为 key1,value 为 value1 的值
red.set('key1', 'value1')

#查询 key1 的值
red.get("key1")

#修改 key1 的值
red.set('key1', 'value2')

#将 key1 的键名修改为 key2
```

```python
red.rename("key1","key2")

# 获取所有的键名
red.keys()

# 删除 key2
red.delete("key2")

# 查询 key2 是否存在
red.exists("key2")

# 清空当前数据库中所有的 key
red.flushdb()
```

3. set(集合)增、删、改、查

```python
# 第 3 章//rds.py
import redis
pool = redis.ConnectionPool(host = 'localhost', port = 6379,db = 0)
red = redis.Redis(connection_pool = pool)

# 创建一个集合并向其中添加 3 个成员
red.sadd("setkey","123","abc","你好")

# 查询指定集合里所有的成员
red.smembers("setkey")

# 删除成员 abc,如果有则返回 1,如果没有则返回 0
red.srem("setkey","abc")

# 添加不重复的成员,重复的成员无法添加
red.sadd("setkey","aabbcc")
```

4. zset(有序集合)增、删、改、查

```python
# 第 3 章//rds.py
import redis
pool = redis.ConnectionPool(host = 'localhost', port = 6379,db = 0)
red = redis.Redis(connection_pool = pool)

# 创建一个有序集合并向其中添加 2 个成员,且将分数分别设为 1 和 2
mapping = {"str":1,"sec":2}
red.zadd("zsetkey",mapping)

# 向有序集合内再添加一个成员,且将分数设为 2
red.zadd("zsetkey",{"thr":2})

# 查询有序集合内所有的值
res = red.zrange("zsetkey",0, - 1,withscores = True)      # withscores 带上分数
```

```python
for i in res:
    print(i)
#输出结果为
(b'str', 1.0)
(b'sec', 2.0)
(b'thr', 2.0)

#删除有序集合内的成员
red.zrem("zsetkey","str")
```

5. list(列表)增、删、改、查

```python
#第 3 章//rds.py
import redis
pool = redis.ConnectionPool(host = 'localhost', port = 6379,db = 0)
red = redis.Redis(connection_pool = pool)

#创建一个含 3 个元素的列表
red.lpush("listkey","123","abc","你好")

#查询 listkey 的集合
res = red.lrange("listkey",0, -1)
for i in res:
    print(i)
#输出结果为
b'\xe4\xbd\xa0\xe5\xa5\xbd'
b'abc'
b'123'

#向 list 尾部添加元素
red.rpush("listkey","new")

#向 list 头部添加元素
red.lpush("listkey","lnew")

#更新 index 为 1 的值
red.lset("listkey",1,"index1")

#删除 index 为 1 的值
red.lrem("listkey",1,"index1")
```

6. hash(哈希)增、删、改、查

```python
#第 3 章//rds.py
import redis
pool = redis.ConnectionPool(host = 'localhost', port = 6379,db = 0)
red = redis.Redis(connection_pool = pool)
```

```
#创建一个hash集合hashtable,并将key设置为user,将value设置为jack
red.hset("hashtable","user","jack")

#获取hash中字段的数量
red.hlen("hashtable")

#获取hash中所有的key
red.hkeys("hashtable")

#返回hash中所有的value
red.hvals("hashtable")

#向hash添加记录
red.hset("hashtable","pass","123456")

#获取指定键的值
print(red.hget("hashtable","user"))

#获取当前hash所有的键与值
red.hgetall("hashtable")
#输出结果为{b'user': b'jack', b'pass': b'123456'}

#更新hashtable中user的值
red.hset("hashtable","user","123")
red.hgetall("hashtable")
#输出结果为{b'user': b'123', b'pass': b'123456'}
```

不论是MySQL、MongoDB还是Redis,Python程序能在其之上良好地运行得益于对数据库本身的特点特性、语法结构及使用方法的掌握,理解了数据库本身的原理、逻辑及使用方法,则立即就可以使用Python对其进行操作,这些Python模块都是根据数据库自身的方法进行构造的,使用起来非常简单和方便。

第 4 章 Python 爬虫入门

78min

网络爬虫又称为网络蜘蛛、网络机器人,是一种按照一定规则自动地抓取互联网信息的程序或脚本。世界上最大的中文搜索引擎公司百度与世界上最大的搜索引擎公司谷歌两家互联网巨头,它们的主要产品都是搜索引擎,搜索引擎最基本的功能就是爬虫,通过爬取互联网上海量的数据并存储在服务器内供用户检索。

而目前火热的大数据、数据分析、数据挖掘、数据决策、人工智能等行业,都存在爬虫的身影。爬虫可以将不同维度、不同类型、不同形式的数据整合在一起,以便进行深度分析,寻找出有价值的数据。

爬虫也分为不同的类型,类似百度、谷歌这种搜索引擎的爬虫叫作通用网络爬虫,该类型的爬虫所爬取的范围广、数量大。除此之外聚焦于某个行业或者某个领域的爬虫称为聚焦网络爬虫,类似于爱奇艺的视频搜索,它的爬虫会爬取全网的视频信息,并将其归类以便供用户检索。这类爬虫会按照预先定义好的主题进行有选择性的爬取。

另外还有增量式爬虫和深层网络爬虫,增量式爬虫主要用于对某些特定目标实时进行监测爬取,例如很多新闻机构会对新闻来源的网站进行实时监测,一旦发现其有新闻更新,则立即会将该新闻爬取过来,而深层网络爬虫则除了对无须登录即可获取的信息进行抓取外,还要登录后进行抓取,或者自动填写表单后对数据进行抓取。深层网络爬虫的最大特征是能够自动填写表单进行更深层的数据抓取。例如有很多论坛需要登录后才能访问,此时爬虫就需要自动处理表单进行登录,然后进行数据的抓取。

Python 语言在开发爬虫程序方面有着天然的优势,Python 语言比较简洁明了,可以快速上手,且 Python 有大量的成熟的第三方包可用于对网页的模拟、请求、抓取、数据处理等,无须自己从头开发,合理地使用这些第三方库可以很方便地开发出满足需求的爬虫产品。

4.1 爬取网页数据

4.1.1 网页的构成

在开始编写 Python 代码前,需要先了解一下网页的基础知识,以清华大学出版社官方网站为例,网址为 http://www.tup.tsinghua.edu.cn,打开后如图 4-1 所示。

可以看到该网站是由文字、图片、表单等为基础构建而成的,鼠标移动到导航栏还可以看到有弹出交互,内容十分丰富,而当前的页面是展示给用户看的,当使用程序获取页面的信息时，程序"看到"的页面与用户看到的页面则完全不一样了。

图 4-1　清华大学出版社官方网站

在网页上按 F12 键即可进入开发者工具内，单击元素（Elements）按钮就可以看到构成网页的所有 HTML 元素了，如图 4-2 所示。

图 4-2　构成网页的 HTML 元素

想要获取图书栏目的连接，首先需要定位图书在 HTML 中的位置。在开发者工具界面单击左上角的在页面审查元素的按钮，或者同时按快捷键 Ctrl+Shift+C 即可在页面上进行选择，此时将光标移动到图书文字上方并且单击鼠标，在右侧元素页面就定位到了图书文字所在的 HTML 位置，如图 4-3 所示。

网页主要由三部分组成，即结构、表现和行为。结构部分由 HTML（超文本标记语言）完成，也就是决定网页的结构和内容是什么。CSS（层叠样式表）用于表现样式，即设定的

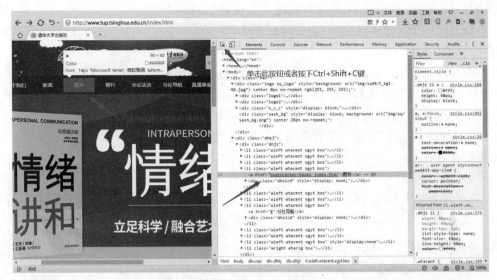

图 4-3 定位图书所在的 HTML 位置

网页是什么样子的，而 JavaScript（脚本语言）则用于控制网页的行为。通过 HTML、CSS 及 JavaScript 的组合，再加上文字、视频、图片等元素就构成了一个内容丰富的网页。多数情况下文字、图片、视频等元素都会放在 HTML 中，当使用程序从页面爬取数据时，实际上是从 HTML 中将数据抓取下来，而数据的解析，就是将爬取下来的多余数据例如 HTML、CSS 等代码清除掉，只获取想要获取的信息。

在图 4-3 的元素（Elements）处可以看到，图书这两个字是被包裹在< a href="booksCenter/books_index.html"></a>之内的，而< a >标签又是被包裹在< li >节点之内的。这就是 HTML 的特性，被称为 HTML DOM 节点树。一棵节点树中的所有节点彼此是有关系的。例如下面的代码：

```
< html >
  < head >
    < title >DOM</ title >
  </ head >
  < body >
    < div >
      < a >图书</ a >
    </ div >
    < div >
      < a >期刊</ a >
    </ div >
  </ body >
</ html >
```

此时并不需要理解上面代码中每个元素的特性及使用方法，只需关注它们的结构形式，在上面的代码中，所有的节点彼此之间存在关系，除 html 节点之外的每个节点都有父节点，例如< head >与< body >的父节点是< html >，文本节点期刊的父节点是< a >节点。

同样，在上面的代码中大部分元素的节点有子节点，例如< title >元素的节点的子节点是 DOM 文本节点,<head>元素的节点的子节点是<title>节点。

当分享同一个父节点时,它们就是同级节点,例如<head>与<body>就是同级节点,它们有共同的父节点<html>。

节点可以拥有后代,即某个子节点的子节点,例如<head>子节点的子节点就是文本节点 DOM,既然节点可以拥有后代,同样也可以拥有先辈,例如文本节点图书的父节点的父节点就是<body>节点。

在 HTML 中,可以通过一个节点到达任何一个节点,所以说在一棵节点树中所有节点彼此是有关系的。

理解了 HTML DOM,再回到清华大学出版社的官网,文本节点图书的父节点就是<a>节点,<a>节点的父节点为<li>,<li>节点的父节点为<div>,在<div>节点处有个 class="dhjz",此处表示在当前 div 节点下使用了 dhjz 样式,该样式的定义代码如下:

```
.dhjz {
    width: 1040px;
    margin: 0 auto;
    height: 50px;
}
```

样式表的名称一般在定义后就不会再去修改了,样式的名称与 HTML 元素都会有非常明显的区分,很多情况下可以将 CSS 样式的名称用作定位标识进行定位。例如文本节点图书如果采取 HTML 的方式来定位,则它的节点层级为<a>→<li>→<div>→<div>→<div>→<body>→<html>,其层级比较长,一级一级查找下来耗费的时间也比较长。如果使用 CSS 的标识符进行定位,则它的节点层级为<a>→<li>→<div>,比之前的层级要简短得多,其消耗时间也会少得多。

4.1.2 内容截取

有时候需要从一堆文本中取出想要的数据,此时就不能使用 HTML 节点的方式来获取数据了,因为此时已经进入文本节点了,无法再将文本节点分层。例如从"定价:99 元"这段文字中获取数字 99 以便进一步分析,这就需要使用正则表达式进行拆分。

正则表达式,又称为规则表达式。正则表达式通常被用来检索、替换那些符合某个模式(规则)的文本。正则表达式是对字符串操作的一种逻辑公式,就是用事先定义好的一些特定字符及这些特定字符的组合,组成一个规则字符串,这个规则字符串用来表达对字符串的一种过滤逻辑。正则表达式可以在绝大多数的编程语言中使用。

正则表达式由一些普通字符和一些元字符组成。普通字符包括数字和大小写的字母,而元字符则具有特殊的含义,下图列出了常用的正则表达式元字符及对各个元字符的简短描述,如表 4-1 所示。

表 4-1 常用正则表达式

元字符	说明
.	匹配除换行符以外的任意字符
\w	匹配字母、数字、下画线及汉字

续表

元字符	说　明
\s	匹配任何的空白符
\d	匹配数字
\b	匹配单词的开始或结束
^	匹配字符串的开始
$	匹配字符串的结束
*	重复0次或更多次
+	重复1次或更多次
?	重复0次或1次
{n}	重复n次
{n,}	重复n次或更多次
{n,m}	重复n~m次
\W	匹配任意不是字母、数字、下画线、汉字的字符
\S	匹配任意不是空白符的字符
\D	匹配任意非数字的字符
\B	匹配不是单词开头或结束的位置
[^x]	匹配除了x以外的任意字符
[0-9]	匹配数字
[\u4e00-\u9fa5]	匹配中文字符
[a-zA-Z]	匹配英文字符
()	分组使用

根据以上正则表达式的规则,匹配"定价：99元"的正则表达式如下：

```
\d*
```

这个在线正则表达式测试工具可以很方便地测试所编写的正则表达式是否正确,网址为 http://tool.chinaz.com/regex/,如果编写的正则表达式正确,则被匹配的文字将会高亮显示出来。在该工具页面内还提供了很多快捷的正则表达式匹配规则,例如匹配中文字符、双字节字符、空白行、Email地址、网址URL、手机号、QQ号、IP地址等,十分方便。

4.1.3　网页请求

当要完成一个登录流程时,用户的使用感受与程序的处理流程是截然不同的。用户可以通过填写页面上的表单进行登录或者注册,例如登录的流程,用户首先打开登录界面,在表单上填写用户名及密码,有时会需要填写验证码之类的验证表单,然后单击"登录"按钮进行登录。以上就完成了一个登录的流程,这是一个可感受到的流程。

而这个过程对程序来讲其流程是这样的,打开登录页面时,浏览器会向给定的URL服务器发送请求以便获取该URL页面的信息数据,服务器响应请求并将该页面的信息数据发送给浏览器,浏览器根据接收的数据,诸如HTML、CSS、JavaScript、文字、图片链接等将页面渲染并显示出来,等待用户填好表单并提交后,浏览器会将用户填写的这部分数据组装起来,提交给服务器,服务器接收到数据并验证用户名及密码都正确后,就将登录后的数据回传给浏览器,浏览器接收到数据后渲染并显示出来。

只用浏览器本身就可以直观地感受程序请求的过程。以登录清华大学出版社官网为例,首先打开浏览器,此时不要访问任何网页,在浏览器中按 F12 键以便打开浏览器的开发者工具界面,单击网络(Network)按钮切换到网络监控界面,单击"清除"按钮,如图 4-4 箭头所指处,将开发工具内所有的信息清空,然后访问清华大学出版社的官网登录页面,网址为 http://www.tup.tsinghua.edu.cn/member/dl.aspx,此时在网络监控界面会显示很多条请求信息,包括页面的请求、资源的请求等,如图 4-5 所示。

图 4-4 开发者工具网络界面

此时单击网络列表中的 dl.aspx,就可以进入请求 dl.aspx 页面时浏览器请求的信息及服务器返回的响应信息,如图 4-5 所示。

图 4-5 dl.aspx 详细请求信息

在详细信息页面有个 Header 栏目,前文讲过网页的数据是通过浏览器与服务器之间的数据交互传输而完成的,完成数据之间的传输则离不开传输协议,网页的数据传输使用的是 HTTP 超文本传输协议,而 Header 是 HTTP 请求和响应的核心,它承载了关于客户端浏览器、请求页面、服务器等相关信息。

一个 Header 由 3 个部分组成,分别是 General(通用信息)、Response Headers(响应头)、Request Headers(请求头)。

General(通用信息)包含以下参数,如表 4-2 所示。

表 4-2 通用信息参数说明

参 数	说 明
Request URL	请求的 URL 网址
Request Method	请求的方法,常用的方法有 get、post、head、put 等
Status Code	状态码
Remote Address	请求的服务器 IP 地址及端口
Referrer Policy	来源策略

这里有个 Status Code,即状态码,因为返回的内容不一定可见,所以判断请求是否成功可以通过状态码进行判断。状态码是请求网页响应状态的 3 位数字代码,它是由 RFC 2616 规范定义的,并得到 RFC 2518、RFC 2817、RFC 2295、RFC 2774 与 RFC 4918 等规范扩展。所有状态码的第 1 个数字代表了响应的 5 种状态之一。这 5 种状态所表示的意义:1 表示消息、2 表示成功、3 表示重定向、4 表示请求错误、5 表示服务器错误。

常见的状态码所表示的意义:200 表示请求成功、301 表示资源被永久转义到其他 URL、404 表示请求的资源不存在、500 表示内部服务器错误。按照第 1 个数字代表的 5 种状态,也就是 400 以下的数字表示响应正确的状态码,400 以上的数字则表示响应错误的状态码。

Response Headers(响应头)包含以下参数,如表 4-3 所示。

表 4-3 响应头参数说明

参 数	说 明
Cache-Control	缓存控制
Content-Encoding	内容编码
Content-Length	内容大小
Content-Type	定义网络文件类型和网页编码
Date	日期与时间
Server	远程服务器上的 Web 服务器类型
X-Frame-Options	给浏览器指示允许一个页面可否在 < frame >、</iframe > 或者 < object >中展现的标记

Request Headers(请求头)包含以下参数,如表 4-4 所示。

表 4-4 请求头参数说明

参　　数	说　　明
Accept	指定客户端能够接收的内容类型
Accept-Encoding	指定浏览器可以支持的 Web 服务器返回内容的压缩编码类型
Accept-Language	浏览器可接收的语言
Cache-Control	缓存控制
Connection	表示是否需要持久连接
Cookie	储存在用户本地终端上的数据
DNT	Do Not Track 的缩写,表示用户对于网站追踪的偏好
Host	指定请求的服务器的域名和端口号
Pragma	用来包含实现特定的指令
Referer	来源网址
Upgrade-Insecure-Requests	浏览器支持 https
User-Agent	发出请求的用户信息

回到清华大学出版社网站的登录页,单击开发者工具内的清除按钮,将所有的信息清空,然后在页面上填入用户名(python)、密码(123456)及验证码,单击"登录"按钮提交登录信息,此时在网络监控界面就会显示提交表单时所访问的链接,该链接类似 ValidUser.ashx?un=python&pw=123456&nv=0553,单击此链接会显示详细请求信息,此时会看到本次请求比上一次的请求多了一项 Query String Parameters,该项目下包含了刚才填写的用户名、密码及验证码信息,如图 4-6 所示,并且 Request Method 类型由 GET 变成了 POST。

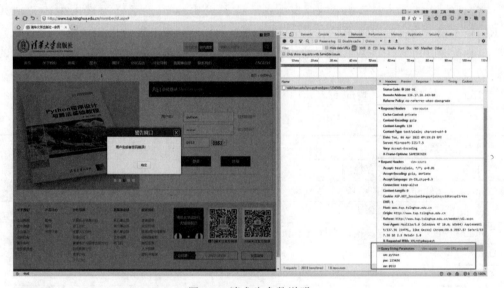

图 4-6 请求头参数说明

在 HTTP 协议中用于请求页面的常用方法有 GET、POST,GET 用于请求指定的页面信息,并返回实体主体,用于传输少量的数据,GET 传输的数据不能大于 2KB。POST 用于请求服务器接受所指定的文档作为对所标识的 URI 的新的从属实体。

由于 GET 传输的数据量比较小，GET 方法大多应用于页面之间的跳转、资源链接的请求等，并且 GET 的安全性不如 POST。用户提交表单、上传文件大多使用 POST 方法进行传输，例如上文的登录表单，使用的就是 POST 方法。

对于验证访问，还有个重要的概念叫会话，会话跟踪是 Web 程序中常用的技术，用于跟踪用户的整个会话。由于 HTTP 协议是无状态的协议，一旦数据交换完毕，客户端与服务器端的连接就会关闭，再次交换数据需要建立新的连接，这就意味着服务器无法从连接上跟踪会话。为了解决这个问题，由此引入了 Cookie 与 Session。

Cookie 是存储在客户端浏览器的一小段文本信息。客户端浏览器请求服务器，如果服务器需要记录该用户的状态，就使用 response 向客户端浏览器颁发一个 Cookie。客户端浏览器会把 Cookie 保存起来。当浏览器再次请求该网站时，浏览器把请求的网址连同该 Cookie 一同提交给服务器。服务器检查该 Cookie，以此来辨认用户的状态。

Session 是另一种记录客户状态的机制，与 Cookie 不同的是 Session 的主体信息是存储在服务器上的，但是 Session 的使用需要 Cookie 的支持，此时 Cookie 中保存的不再是一小段文本信息而是 session_id，客户端下次请求时会连同该 Cookie 所保存的 session_id 一同提交给服务器，服务器根据获得的 session_id 来查找对应的 Session，再根据 Session 的状态来判断当前用户的状态。

由于 Cookie 存储在客户端，所以容易被进行篡改，安全性不高。Cookie 的存储大小有限制，不同的浏览器的存储限制略有不同，一般要小于 4KB。

Session 由于存储在服务器端，安全性比较高，不容易被篡改。Session 的存储大小不固定，没有大小限制，但因为存储在服务器端，所以会占用一定的服务器资源。

由于 Cookie 或者 Session 的应用，使会话容易被跟踪，服务器就可以很容易地判断用户目前的状态情况。

回到清华大学出版社网站的登录页，打开开发者工具，按快捷键 Ctrl＋F5 强制刷新当前页面，打开 dl.aspx 链接的详情，切换至 Cookie 页，此时没有登录，客户端保存的 Cookie 名为 ASP.NET_SessionId，值为 gqy4jpihzyvl0tdcxp21rkbx（此处的值每个客户端都不一样），由此可知该网站使用 Session 来跟踪会话的状态，如图 4-7 所示。

图 4-7　当前页面的 Cookie

当前的 session_id 对应的服务器上的 Session 没给我们登录后的访问权限，打开 http://www.tup.tsinghua.edu.cn/member/hy_index.aspx 链接进行测试，该链接是登录后的用户中心的链接地址。由于没有登录，访问该链接会被阻止并跳转回登录页面。

接下来注册一个账号并且登录，登录后 Cookie 并未发生任何改变，Cookie 名为 ASP.NET_SessionId，值为 gqy4jpihzyvl0tdcxp21rkbx，但是已经可以打开用户中心的页面了，如图 4-8 所示。在登录时服务器端将 session_id 对应服务器上的 Session 赋予了访问的权限，所以我们此时可以访问用户中心了。

图 4-8　页面的 Cookie 无变化

当清除浏览器的 Cookie 时，我们就会被踢出来，重新回到登录页面，因为将 Cookie 清除后，没有 session_id 能与服务器端的 Session 对应起来了，此时服务器就会认为我们没有访问权限。

由以上情况得知，当使用其他程序（例如 Python 编写的程序）请求网页时，只要将 header 信息构造好，就可以脱离浏览器而使用程序模拟请求并获得数据。因为浏览器本身也是一种软件，如果浏览器能够完成这些请求步骤，则其他程序也可以完成这些步骤，只需模仿浏览器的请求流程和提交的数据。

4.1.4　爬虫约束

通过 robots 来约束爬虫哪些信息是可以爬取的，哪些信息是不允许爬取的。robots 是网站跟爬虫之间的协议，它是一个文本文件，一般要放在网站的根目录下。在文件内通过指定的语法来制订哪些数据允许被访问，哪些数据不允许被访问。它是爬虫访问网站时要查看的第 1 个文件。爬虫通过分析 robots.txt 文件来确定访问的范围，如果不存在该文件，则爬虫将会访问所有没有口令保护的页面。

需要注意的是，robots 并不是一个强制性的规范，只是一个约定俗成，所以定义 robots.txt 文件并不能保护网站的隐私，但是对于绝大多数正规的爬虫来讲，会遵守这个约定。

robots.txt 文件包含一条或多条记录，这些记录通过空行分开（以 CR、CR/NL or NL

作为结束符),每条记录的格式如下:

```
<field>:<optionalspace><value><optionalspace>
```

robots.txt 文件的常用字段有 3 个,分别是 User-agent、Disallow 与 Allow。User-agent 用于定义搜索引擎的类型。Disallow 用于定义禁止搜索引擎收录的地址。Allow 用于定义允许搜索引擎收录的地址。robots.txt 文件的示例代码如下:

```
#禁止所有爬虫收录网站的某些目录
User - agent: *
Disallow:          /目录名1/
Disallow:          /目录名2/
Disallow:          /目录名3/

#禁止某个爬虫收录本站,例如禁止百度
User - agent: Baiduspider
Disallow: /

#禁止所有爬虫收录本站
User - agent: *
Disallow: /
```

4.1.5 urllib 库

urllib 是 Python 自带的标准库,不需要安装便可直接使用。urllib 提供了网页请求、响应获取、代理和 Cookie 设置、异常处理、URL 解析等功能,urllib 库包含了 request、error、parse、robotparser 这几个模块,request 模块主要用于请求 URL,error 模块用于处理请求 URL 时发生的各种异常,parse 用于解析 URL,robotparser 用于解析 robots.txt 文件。

urllib.request.urlopen()方法用于发起一个请求,该方法的参数包含 URL 目标网址。data 请求参数,默认为 None。timeout 为可选参数,访问超时时间。cafile、capath、cadefault 用于实现可信任的 CA 证书的 HTTP 请求。context 用于实现 SSL 加密传输。

urlopen 返回一个类文件对象,它提供了 read()、readline()、readlines()、fileno()、close() 等操作方法用于对返回的数据进行操作。获取清华大学出版社首页的示例代码如下:

```
import urllib.request
response = urllib.request.urlopen('http://www.tup.tsinghua.edu.cn')
print(response.read().decode('utf - 8'))

#输出结果为
<!doctype html>
<html lang = "en">
<head><meta charset = "UTF - 8" /><title>
    清华大学出版社
</title><meta ...
```

相比 GET 请求,使用 POST 请求稍微复杂一些,需要模拟并构建浏览器的请求信息。

例如查询天气信息,打开 https://qq.ip138.com/weather/search.asp,然后打开开发者工具并清空当前开发者工具内的所有信息,再在浏览器内进行一次查询,例如查询北京的天气,在查询输入框中输入北京,单击"提交"按钮,此时页面会显示北京的天气预报,在开发者工具的网络页面会看到第 1 条链接,search.asp 就是用户所提交查询数据的目标链接。单击 search.asp 链接,进入详情页,如图 4-9 所示。

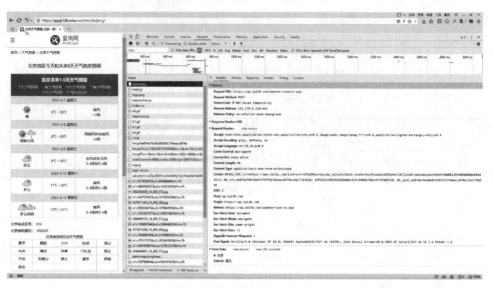

图 4-9　search.asp 请求详情

在详情页内可以看到 General(通用请求)中的 Request Method 的值是 POST,即采用的 POST 的方式提交的请求,而 Request Header 项则是浏览器构造的请求头信息。Form Data 则是提交的参数信息。

urlopen()方法既可以使用 GET 的方式请求数据,也可以使用 POST 的方式请求数据,使用 POST 方式请求数据时,提交的数据类型必须是 Bytes 或者 iterable of Bytes,而不能是字符串类型,因此需要 encode()方法进行编码。

encode()方法为字符串类型提供的方法,用于将字符串类型转换成 Bytes 类型,这个转换过程称为编码。encode()有两个参数,分别为 encoding 与 errors,这两个参数都为可选参数,encoding 参数用于指定在编码时采用的字符编码类型,默认采用 utf-8 编码类型。error 参数为遇到错误时指定的处理方式。

decode()方法则完全与 encode()方法相反,用于将 Bytes 类型转换为字符串类型,这个转换过程称为解码。decode()方法的参数与 encode()参数一致,且使用方式一致。

使用 Python 根据以上信息构建相同的请求头信息,并向 search.asp 发送请求,则 search.asp 将会返回与浏览器一样的结果数据。urllib 中提供了构建头对象的类 urllib.request.Request,可以使用 urllib.request.Request 类来生成请求头对象。该类的构造函数包含 6 个参数,URL 为要请求的 URL。data 为请求的数据,必须是 Bytes 类型。headers 为请求头,其类型为字典类型。origin_req_host 用于指定请求方的 host 名称或者 IP 地址。unverifiable 用于设置网页是否需要验证,默认为 False。method 用来指定请求使用的方法,例如 GET、POST 和 PUT 等。请求天气的代码如下:

```python
#第4章//weather.py
import urllib.request
URL = r'https://qq.ip138.com/weather/search.asp'

#构建请求头信息,该信息直接从请求详情页复制出来
headers = {
    'User-Agent': r'Mozilla/5.0 (Windows NT 10.0; WOW64) AppleWebKit/537.36 (KHTML, like Gecko) Chrome/80.0.3987.87 Safari/537.36 SE 2.X MetaSr 1.0',
    'Referer': r'https://qq.ip138.com/weather/search.asp',
    'Connection': 'keep-alive'
}

#将要提交的数据进行编码
data = urllib.parse.urlencode({'k': '北京','Submit': '提交'}).encode('utf-8')

#生成请求头对象
request = urllib.request.Request(URL, headers = headers, data = data)
response = urllib.request.urlopen(request)
print(response.read().decode('utf8'))


#输出结果为
...
<td colspan = "3" id = "t9"><h2>北京未来1-5天天气预报</h2><div class = "tq-btns"><a href = "7tian.htm" class = "tq-btn">7天天气预报</a>
<a href = "1zhou.htm" class = "tq-btn">一周天气预报</a>
<a href = "10tian.htm" class = "tq-btn">10天天气预报</a>
<a href = "2zhou.htm" class = "tq-btn">二周天气预报</a>
<a href = "15tian.htm" class = "tq-btn">15天天气预报</a>
<a href = "lishi.htm" class = "tq-btn">天气历史记录</a></div></td></tr>
<tr class = "bg5">
    <td colspan = "3">2021-4-7 星期三</td>
</tr>
<tr>
    <td><img src = "/image/b0.gif" alt = "晴" /><br/>晴</td>
    <td>5℃~20℃</td>
...
```

4.1.6　requests 库

requests 库同样能够实现对网页的抓取,相较于 urllib 而言,requests 库使用更加简单,且 requests 的通用性更好。requests 库的中文文档网址为 https://docs.python-requests.org/zh_CN/latest/,在这里有对 requests 库的详细介绍。

在使用 requests 库前先要安装 requests 库,使用 pip 可以非常容易地进行安装,打开 PyCharm→终端窗口,在终端窗口输入的命令如下:

```
pip install requests
```

使用 requests 获取清华大学出版社首页的内容,示例代码如下:

```
import requests
response = requests.request("get", URL = "http://www.tup.tsinghua.edu.cn/index.html")
# 亦可使用如下方法请求网页
# response = requests.get("http://www.tup.tsinghua.edu.cn/index.html")
print(response.text)                                    # 获取网页源码
```

上面代码使用了 GET 的方式获取清华大学出版社的首页内容,使用的是 request() 方法或者 get() 方法,这两种方法的功能是一样的。

requests 所有的功能都可以通过以下 7 种方法访问。它们都会返回一个 Response 对象的实例。这 7 种方法分别为 request()、head()、get()、post()、put()、patch()、delete()。其中 request() 方法通过参数的设置,可以实现其他 6 种方法的功能。request() 方法中的 method 参数可设置为 get、post、head、put、patch、delete。request() 方法为 Requests 库最主要的请求方法。

request(method, URL, ** kwargs) 除了 method 与 URL 之外,方法包含的可选参数有 method、url、params、data、json、headers、cookies、files、auth、timeout、allow_redirects、proxies、verify、stream、cert。

method 为请求对象的方法。url 为要请求的 URL。params 为请求所提交的参数,增加到 URL 中,其类型为字典或字节序列。示例代码如下:

```
import requests
paramsValue = {'key1':'value1','key2':'value2'}
response = requests.request("get", URL = "http://www.tup.tsinghua.edu.cn/index.html", params = paramsValue)
```

data 为 request 对象的 body 内容,其类型为字典、字节序列,示例代码如下:

```
# 第 4 章//req.py
import requests
# 字典
datadic = {'key1':'value1','key2':'value2'}
response = requests.request("get", URL = "http://www.tup.tsinghua.edu.cn/index.html", data = datadic)
# 字节序列
datastr = 'datas'
response = requests.request("get", URL = "http://www.tup.tsinghua.edu.cn/index.html", data = datastr)
# 文件
datafile = {'file':open('file.csv','rb')}
response = requests.request("post", URL = "http://www.tup.tsinghua.edu.cn/index.html", data = datafile)
```

json 为 request 对象的 body 内容,JSON 格式的数据,示例代码如下:

```
import requests
datasjson = {'key1':'value1','key2':'value2'}
response = requests.request("post",URL = "http://www.tup.tsinghua.edu.cn/index.html",json = datasjson)
```

headers 为请求头,作为 request 对象的 header 的内容,其类型为字典格式。示例代码如下:

```
#第4章//req.py
import requests
dataheader = {'User-Agent':'Mozilla/5.0 (Windows NT 10.0; WOW64) AppleWebKit/537.36 (KHTML, like Gecko) Chrome/80.0.3987.87 Safari/537.36 SE 2.X MetaSr 1.0'}
response = requests.request("post",URL = "http://www.tup.tsinghua.edu.cn/index.html",headers = dataheader)
print(response.headers)

#输出结果为
{'Cache-Control': 'private', 'Content-Type': 'text/html; charset = utf-8', 'Content-Encoding': 'gzip', 'Vary': 'Accept-Encoding', 'Server': 'Microsoft-IIS/7.5', 'Set-Cookie': 'ASP.NET_SessionId = osuakvihpftqv33avc32qz2r; path =/; HttpOnly, .FormsAuthCookie = ; expires = Mon, 11-Oct-1999 16:00:00 GMT; path =/; HttpOnly', 'X-Frame-Options': 'SAMEORIGIN', 'Date': 'Thu, 08 Apr 2021 06:25:33 GMT', 'Content-Length': '13660'}
```

cookies 为 Cookies、字典或 CookieJar 类型。示例代码如下:

```
import requests
dataCookie = {'key1':'value1','key2':'value2'}
response = requests.request("post",URL = "http://www.tup.tsinghua.edu.cn/index.html",Cookies = dataCookie)
print(response.Cookies)

#输出结果为
<RequestsCookieJar[<Cookie ASP.NET_SessionId = phqqci52btg2wssycdnqsdrt for www.tup.tsinghua.edu.cn/>]>
```

files 为上传文件,字典类型,示例代码如下:

```
import requests
datafiles = {'file':open(r'c:\1.txt','rb')}
response = requests.request("post",URL = "http://www.tup.tsinghua.edu.cn/index.html",files = datafiles)
```

auth 为启用自定义身份验证的验证元组,示例代码如下:

```
import requests
dataauth = ('user','pass')
response = requests.request("post",URL = "http://www.tup.tsinghua.edu.cn/index.html",auth = dataauth)
```

timeout 为请求超时的时间，单位为秒，其类型为浮点数或者（connect timeout，read timeout）元组，示例代码如下：

```
import requests
datatime = 8                              # 超时时间为 8s
response = requests.request("post",URL = "http://www.tup.tsinghua.edu.cn/index.html",timeout = datatime)
```

allow_redirects 用于重定向的启用与禁用，其类型为布尔类型，示例代码如下：

```
import requests
response = requests.request("get",URL = "http://www.tup.tsinghua.edu.cn",allow_redirects = True)
```

proxies 将协议映射为代理的 URL，其类型为字典型，示例代码如下：

```
import requests
#代理服务器地址,根据不同的协议选择不同的代理
datapoxies = {'http':'192.168.1.1','https':'10.10.1.10:8080'}
response = requests.request("get",URL = "http://www.tup.tsinghua.edu.cn",proxies = datapoxies)
```

verify 为是否开启认证 SSL 的认证，其值为 False 时忽略 SSL 验证，示例代码如下：

```
import requests
response = requests.request("get",URL = "http://www.tup.tsinghua.edu.cn",verify = False)
```

stream 为下载文件的方式，默认值为 False，即会立即下载文件并存放到内存中，如果文件过大，则该参数需要设置为 True，否则会导致内存不足的情况，其类型为布尔型，示例代码如下：

```
import requests
response = requests.request("get",URL = "http://www.tup.tsinghua.edu.cn",stream = True)
```

cert 如果为字符串类型，则为 SSL 证书的路径，如果是元组，则为('cert','key')二元值对，示例代码如下：

```
import requests
#字符串
response = requests.request("get",URL = "http://www.tup.tsinghua.edu.cn",cert = '/path/ssl.pem')
#元组
datacert = ('/value/value.cert','/value/key')
requests.request('post','http://www.tup.tsinghua.edu.cn/index.html',cert = datacert)
```

head()、get()、post()、put()、patch()、delete()方法的功能与 request()方法通过设置 method 方法的功能一致，且参数一致。这些方法可以看作 request()方法的简写。这些方

法在请求了页面后会返回 Response 对象的实例,Response 对象有以下属性及方法,如表 4-5 所示。

表 4-5 Response 属性及方法

属性或方法	说　　明
apparent_encoding	从内容中分析出的响应内容的编码方式
close()	释放连接,一旦调用了该方法,就不能再访问底层原始对象了,一般不需要显示的调用
content	返回的内容,以字节为单位
cookies	返回 Cookies
elapsed	发送请求和响应到达之间经过的时间
encoding	获取编码方式,建议使用 apparent_encoding 更准确
headers	响应头内容
history	请求历史记录中的响应对象的列表
is_permanent_redirect	如果此响应为真,则为重定向的永久版本之一
is_redirect	如果此响应是可以自动处理的格式良好的 HTTP 重定向,则为真
iter_content(chunk_size=1, decode_unicode=False)	迭代响应数据,按区块大小进行迭代
iter_lines(chunk_size=512, decode_unicode=None, delimiter=None)	迭代响应数据,按行进行迭代
json(**kwargs)	返回 json 编码内容
links	返回解析的响应头部链接
next	返回重定向链中下一个请求的 PreparedRequest
ok	如果 status_code<400,则返回值为 True,否则返回值为 False
raise_for_status()	如果发生了 HTTPerror 异常,使用该方法抛出
raw	原始响应体,也就是 urllib 的 HTTPResponse 对象,使用 response.raw.read() 读取
reason	响应 HTTP 状态的文字表述
request	这个响应的原始 request 对象
status_code	响应的 HTTP 状态码
text	用 unicode 编码的响应内容
url	响应的最终的 URL

Response 示例代码如下:

```
#第4章//req.py
import requests
response = requests.request("get",URL = "http://www.tup.tsinghua.edu.cn/index.html")
#亦可使用如下方法请求网页
#response = requests.get("http://www.tup.tsinghua.edu.cn/index.html")
print(response.status_code)              #200 获取状态码
print(response.text)                     #获取网页源码
print(response.content)                  #获取网页源码
print(response.Cookies)                  #获取网页 Cookies
print(response.headers)                  #获取请求头
```

4.1.7　数据解析 beautiful Soup4

前文使用 urllib 库与 requests 库可以轻松地获取网页的内容，但是获取的内容是以源代码或者 json 的方式呈现的，需要将有用的信息与代码分离开来，以便进行进一步的处理。使用 beautiful Soup4 可以对这些内容进行解析，并且很方便地提炼出想要的内容。

beautiful Soup4 的官方网站为 https://www.crummy.com/software/BeautifulSoup/，其官网对 beautiful Soup4 的介绍为 beautiful Soup4 是一个可以从 HTML 或 XML 文件中提取数据的 Python 库。它能够通过惯用的转换器实现文档导航、查找、修改文档等功能。beautiful Soup4 使用方便，适应性强，不需要过多的代码即可实现非常强大的功能。

beautiful Soup4 可以自动将传入文档转换为 Unicode，将传出文档转换为 UTF-8。除非文档没有指定编码，并且 beautiful Soup4 无法检测到编码，否则开发者无须考虑编码的问题。

beautiful Soup4 位于流行的 Python 解析器（如 lxml 和 html5lib）之上，可以让开发者使用不同的解析策略或以速度换取灵活性。

beautiful Soup4 能够解析给它的任何东西，且无须自己再去做树遍历。它可以帮助你很容易地查找所有链接、查找类 externalLink 的所有链接、查找 URL 匹配的所有链接、找到包含粗体文本的表格标题等。

简单强大的 beautiful Soup4 能够帮助开发者从繁杂的解析工作中解脱出来，帮助开发者节省大量的时间。

使用 pip 安装 beautiful Soup4，命令如下：

```
pip install beautifulsoup4
```

出现 Successfully 就表示安装完成，测试一下 beautifulsoup4 模块是否工作正常，代码如下：

```
import bs4
print(bs4)

# 输出结果为< module 'bs4' from 'D:\pythonProject\venv\lib\site-packages\bs4\__init__.py'>
```

将一段文档传入 beautifulSoup 的构造方法，就可以得到一个文档的对象，可以传入一段字符串或一个文件句柄，获取了文档对象，就可以进一步对文档进行处理。beautifulSoup 的构造方法所包含的参数分别为 markup、features、builder、parse_only、from_encoding、exclude_encodings、element_classes、**kwargs。

其中，markup 表示要分析的字符串或文件的对象。features 为指定的解析器，例如 Python 内置标准库、lxml HTML 解析库、lxml XML 解析库、html5lib 解析库等，默认为 None。builder 为要实例化（或要使用的实例）的 TreeBuilder 子类。parse_only 为 SoupStrainer 对象，只解析与 SoupStrainer 匹配的部分，提高文档解析效率，默认为 None。from_encoding 表示要分析的文档编码，如果使用 beautifulSoup 分析错误文档的编码，则可以传递此参数强制指定编码，默认值为 None。element_classes 表示已知编码错误的字符串列表。如果不知道文档的编码,但知道 BeautifulSoup 的猜测是错误的,则可以传递该参数,默认为 None。element_classes 将 BeautifulSoup 类(如 Tag 和 NavigableString)映射到希望在构建解析树时实例化的其他类。kwargs 为了向后兼容,该参数一般会被忽略。

除此之外,传递到 BeautifulSoup 构造函数的任何关键字参数都会传播到 TreeBuilder 构造函数。这使通过传入参数来配置 TreeBuilder 成为可能。

beautifulSoup4 获取文档对象的代码如下:

```
from bs4 import BeautifulSoup

#使用文件的方式
soup = BeautifulSoup(open("index.html"))
#使用字符串的方式
soup = BeautifulSoup("<html>data</html>")
```

获取了文档对象,即可对文档的进程进一步地分析。下面的代码是由 beautiful Soup4 官方提供的案例,将一段 HTML 代码格式化后输出。示例代码如下:

```
#第4章//bss.py
import bs4
html_doc = """
<html><head><title>The Dormouse's story</title></head>
<body>
<p class="title"><b>The Dormouse's story</b></p>

<p class="story">Once upon a time there were three little sisters; and their names were
<a href="http://example.com/elsie" class="sister" id="link1">Elsie</a>,
<a href="http://example.com/lacie" class="sister" id="link2">Lacie</a> and
<a href="http://example.com/tillie" class="sister" id="link3">Tillie</a>;
and they lived at the bottom of a well.</p>

<p class="story">...</p>
"""

#使用 Python 默认解析器 html.parser 处理该文档
soup = bs4.BeautifulSoup(html_doc, 'html.parser')

#按照标准的缩进格式结构进行输出
print(soup.prettify())

#输出结果为
<html>
 <head>
  <title>
   The Dormouse's story
  </title>
 </head>
 <body>
```

```html
  <p class = "title">
   <b>
    The Dormouse's story
   </b>
  </p>
  <p class = "story">
   Once upon a time there were three little sisters; and their names were
   <a class = "sister" href = "http://example.com/elsie" id = "link1">
    Elsie
   </a>
   ,
   <a class = "sister" href = "http://example.com/lacie" id = "link2">
    Lacie
   </a>
   and
   <a class = "sister" href = "http://example.com/tillie" id = "link3">
    Tillie
   </a>
   ;
and they lived at the bottom of a well.
  </p>
  <p class = "story">
   ...
  </p>
 </body>
</html>
```

beautifulsoup 将复杂的 HTML 文档转换成一个复杂的树状结构,每个节点都是 Python 对象,所有对象可以归纳为 4 种,分别为 Tag、NavigableString、BeautifulSoup 和 Comment。

1. Tag

Tag 对象与 XML 或 HTML 原生文档中的 tag 相同,Tag 对象有两个非常重要的属性 name 和 attributes。示例代码如下:

```python
#第4章//bss.py
from bs4 import BeautifulSoup
soup = BeautifulSoup('<b class = "boldest"> Extremely bold </b>')
tag = soup.b

print(type(tag))
#输出结果为<class 'bs4.element.Tag'>

print(tag.name)
#输出结果为 b

print(tag['class'])
#输出结果为 boldest
```

```
print(tag.attrs)
#输出结果为{'class': 'boldest'}
```

Tag 的属性可以被添加、删除或修改,继续上面的代码,增加代码如下:

```
#第4章//bss.py
#tag 修改及增加属性
tag['class'] = 'verybold'
tag['id'] = 1
print(tag)
#输出结果为< b class = "verybold" id = 1 > Extremely bold </b>

#tag 删除属性
del tag['class']
del tag['id']
print(tag)
#输出结果为< b > Extremely bold </b>
```

字符串常被包含在 tag 内。Beautiful Soup 用 NavigableString 类来包装 tag 中的字符串,示例代码如下:

```
#第4章//bss.py
from bs4 import BeautifulSoup
soup = BeautifulSoup('< a class = "boldest"> Extremely bold </a>')
tag = soup.a

print(tag.string)
#输出结果为 Extremely bold

print(type(tag.string))
#输出结果为< class 'bs4.element.NavigableString'>
```

2. NavigableString

NavigableString 字符串与 Python 中的 Unicode 字符串相同,并且还支持包含在遍历文档树和搜索文档树中的一些特性。通过 unicode() 方法可以直接将 NavigableString 对象转换成 Unicode 字符串,示例代码如下:

```
unicode_string = unicode(tag.string)

print(unicode_string)
#输出结果为 Extremely bold

print(type(unicode_string))
#输出结果为< type 'unicode'>
```

tag 中包含的字符串不能编辑,但是可以被替换成其他的字符串,可以使用 replace_with() 方法,代码如下:

```
tag.string.replace_with("No longer bold")
print(tag)
#输出结果为<b class = "boldest">No longer bold</b>
```

3. BeautifulSoup

BeautifulSoup 对象表示的是一个文档的全部内容。大部分时候，可以把它当作 Tag 对象，它支持遍历文档树和搜索文档树中所描述的大部分方法。

因为 BeautifulSoup 对象并不是真正的 HTML 或 XML 的 tag，所以它没有 name 和 attribute 属性，但有时查看它的 .name 属性是很方便的，所以 BeautifulSoup 对象包含了一个值为[document]的特殊属性 .name。

4. Comment

Tag、NavigableString、BeautifulSoup 几乎覆盖了 HTML 和 XML 中的所有内容，但是还有一些特殊的对象，例如注释，注释是 Comment 类型，示例代码如下：

```
markup = "<b><!-- Hey, buddy. Want to buy a used parser? --></b>"
soup = BeautifulSoup(markup)
comment = soup.b.string
print(type(comment))
#输出结果为< class 'bs4.element.Comment'>
```

以 beautiful Soup4 官方提供的 HTML 代码段为例，列举几个常用的对文档处理的方法，示例代码如下：

```
#第 4 章//bss.py
import bs4
html_doc = """
<html><head><title>The Dormouse's story</title></head>
<body>
<p class = "title"><b>The Dormouse's story</b></p>

<p class = "story">Once upon a time there were three little sisters; and their names were
<a href = "http://example.com/elsie" class = "sister" id = "link1">Elsie</a>,
<a href = "http://example.com/lacie" class = "sister" id = "link2">Lacie</a> and
<a href = "http://example.com/tillie" class = "sister" id = "link3">Tillie</a>;
and they lived at the bottom of a well.</p>

<p class = "story">...</p>
"""

#使用 Python 默认解析器 html.parser 处理该文档
soup = bs4.BeautifulSoup(html_doc,'html.parser')

#获取 title 节点信息
print(soup.title)
#输出结果为<title>The Dormouse's story</title>

#获取 title 节点名称
print(soup.title.name)
#输出结果为 title
```

```python
#获取title节点文本
print(soup.title.string)
#输出结果为 The Dormouse's story

#获取title节点父节点名称
print(soup.title.parent.name)
#输出结果为 head

#获取节点p
print(soup.p)
#输出结果为<p class="title"><b>The Dormouse's story</b></p>

#获取节点p的class名称
print(soup.p['class'])
#输出结果为 title

#获取a节点
print(soup.a)
#输出结果为<a class="sister" href="http://example.com/elsie" id="link1">Elsie</a>

#获取所有a节点
print(soup.find_all('a'))
#输出结果为
#[<a class="sister" href="http://example.com/elsie" id="link1">Elsie</a>,
#<a class="sister" href="http://example.com/lacie" id="link2">Lacie</a>,
#<a class="sister" href="http://example.com/tillie" id="link3">Tillie</a>]

#查找id=link3的节点
print(soup.find(id="link3"))
#输出结果为<a class="sister" href="http://example.com/tillie" id="link3">Tillie</a>

#输出所有a节点的链接
for link in soup.find_all('a'):
    print(link.get('href'))
    #http://example.com/elsie
    #http://example.com/lacie
    #http://example.com/tillie

#从文档中获取所有文字内容
print(soup.get_text())
# The Dormouse's story
#
# The Dormouse's story
#
# Once upon a time there were three little sisters; and their names were
# Elsie,
# Lacie and
# Tillie;
# and they lived at the bottom of a well.
#
#...
```

4.2 爬取 App 数据

当下早已进入了移动互联网时代，传统互联网用户大多已转移到移动互联网上。移动互联网比传统互联网在使用上更加方便，特别在智能手机产业非常成熟的今天，人人都可以使用智能手机随时随地地接入网络，而以前则需要使用计算机才能做的事情，如今只靠小小的手机就可以很轻松地完成。

移动支付、移动出行、移动办公等早已改变了人们的生活方式。移动互联网的蓬勃发展，使其内容越来越丰富，内容质量越来越高。相比传统互联网上的信息，其时效性更强。抓取移动互联网上的内容进行分析，是非常有必要的。

移动互联网的技术栈与传统互联网的技术栈有比较大的区别，以前获取信息大多数使用浏览器即可完成，而在移动互联网中浏览器扮演的角色则没有传统互联网中那么重要，在移动互联网中大多数的信息操作及获取可以通过专用的 App 来完成，例如支付可以通过支付 App 来完成、订餐可以通过订餐 App 来完成、看视频可以通过视频 App 来完成。在手机上安装一个 App 比原来在计算机上安装软件要简单得多，通常只需简单的几步便可完成，无须进行复杂的配置，且专用 App 的内容在丰富度、使用体验上要比使用浏览器好得多，所以在移动互联网上 App 所占的比重要比浏览器所占的比重要高，且很多有价值的数据已经不在浏览器上展示了，只在专用 App 上进行展示，所以对 App 的数据爬取是非常有必要的。

传统互联网中可以非常轻松地获取的数据，如今在移动互联网下则需要发生一些变化，移动互联网目前流程的操作系统有 iOS 与 Android 两种，相较于 iOS 来讲 Android 操作系统更加开放，而通常情况下在两个不同操作系统上的 App 都会展示相同的内容，所以在分析 App 的时候，一般使用 Android 平台上的 App 进行分析。

不同类型的 App 与后端交互有不同的方式，常见的 App 与后端交互的方式包括通过 HTTP 协议使用 JSON 或 XML 格式进行数据交换、通过 socket 协议使用二进制数据格式进行数据交换等。大多数以提供文本信息或者富文本信息内容的数据发布类 App 会选择使用 HTTP 协议用 JSON 格式进行数据交互，例如大多数新闻类 App。对于即时通信类 App 则会使用基于 socket 上的自定义协议进行数据交互。

对于大多数即时通信类 App 来讲，想要获取其有效的信息会比较困难，因为即时通信大多是点对点或者单点对多点及多点对多点进行消息的传递，其消息传递有排他性，如果不在同一个圈子内就无法收到有效信息。另外即时通信类 App 的消息传递有瞬时性，如果该消息在一定时间内没有接收并存储，则该消息将无法再次获取。此外即时通信类 App 大多使用基于 socket 协议之上定制的协议，协议格式及数据的加密方式都属于其公司内部机密，外部人员很难分析并掌握。

而数据发布类 App 则由于其数据价值高，且获取相对比较容易，使用的传输协议大多为 HTTP，能够使用前面所学习过的爬虫技术，所以本书将会以数据发布类 App 作为主要案例进行 App 数据爬取的讲解。

4.2.1 分析 App 数据

以中国证监会 App 为案例进行数据爬取。首先准备一台 WiFi 正常的安卓手机，并保持手机的 WiFi 与计算机在同一局域网内。虽然也可以不在同一局域网内，但是不在同一局域网内会带来很多额外的麻烦。如果没有安卓手机也没关系，可以在计算机上使用安卓模拟器，安卓模拟器允许在计算机上运行安卓操作系统，并在系统内安装 App。安卓模拟器除了不能打电话以外，其余的功能皆与真实手机一致。笔者使用的是夜神安卓模拟器，其官网为 https://www.yeshen.com/。

首先需要在手机上安装中国证监会 App，可以在各大应用市场搜索中国证监会，然后进行安装。如果所使用的安卓模拟器没有应用市场，则可以在计算机上下载一个应用市场 APK，例如应用宝，然后拖动到安卓模拟器内进行安装，再在该应用市场下载并安装证监会的 App。

打开证监会 App，如图 4-10 所示。该 App 包含 4 个主栏目，分别为新闻、政务、服务及订阅。其新闻栏目又分为证监会要闻、新闻发布会及时政要闻。对于新闻栏目，向上滑动即可加载更多的新闻。

该 App 的数据是由后台提供的，它是典型的数据发布类 App，大胆猜测该 App 使用的是 HTTP 协议 JSON 数据格式来完成数据交换的。要证实该猜测，可以通过对该 App 数据进行追踪来完成。

图 4-10　证监会 App

对于大多数数据发布类 App 来讲，其本身是不存储任何数据的。当把网络断掉以后，再去发起新的请求时，App 不会再显示数据，也就是说 App 的数据来源大多是从远程服务器上获取的。其业务逻辑为用户向 App 请求新的数据，App 会立即向远程服务器请求新的数据，如果使用的是 HTTP 协议，则会发起 HTTP 请求，并以 JSON 的数据格式将必要的信息传递给远程服务器，例如会话信息。远程服务器收到 App 发送过来的请求信息后会立即响应，将 App 请求的信息组装起来同样以 JSON 的方式传回 App，这样就完成了一个数据传输的流程。

想要追踪 App 的数据，最好的方式就是在 App 与服务器通信的信道之间架设一个观察点，让所有的数据从观察点通过，这样就可以在不破坏任何数据或程序的情况下完成对数据的追踪和分析。

Fiddler 就是这么一款数据追踪软件，该软件可以对 HTTP 及 HTTPS 协议的数据进行跟踪，Fiddler 的官方网站为 https://www.telerik.com/fiddler，如图 4-11 所示。

Fiddler 系列产品有很多种，这里选择 Fiddler Everywhere，Fiddler Everywhere 一款跨

平台的免费的网络调试工具，与 Fiddler Classic 相比 Fiddler Everywhere 除了可以运行在 Windows 操作系统上，还可以运行在 macOS 及 Linux 操作系统上，且 Fiddler Everywhere 除了可以获取传输的信息以外，还可以直接在 Fiddler Everywhere 构造信息并提交信息以此进行请求测试。

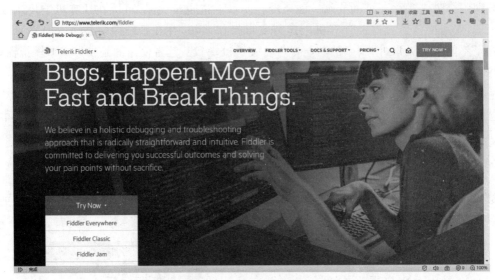

图 4-11　Fiddler 官网

单击 Try Now 按钮，在展开项单击 Fiddler Everywhere 进入 Fiddler Everywhere 下载页面，如图 4-12 所示。填写好邮箱、选择国家、勾选 I accept the Fiddler End User License Agreement 后单击 Download for Windows 按钮即可下载 Fiddler Everywhere。

图 4-12　下载 Fiddler Everywhere

下载好 Fiddler Everywhere 后进行安装，安装过程比较简单，这里就不再赘述了。安装好后打开 Fiddler Everywhere，第一次使用时需要注册，单击 Create Account 按钮进行注册,注册好并登录以后,可以看到 Fiddler Everywhere 的界面,如图 4-13 所示。单击 Live Traffic 右侧的开关,打开监测,此时 Fiddler Everywhere 会将当前计算机上所有通过 HTTP 及 HTTPS 协议请求的软件罗列出来。

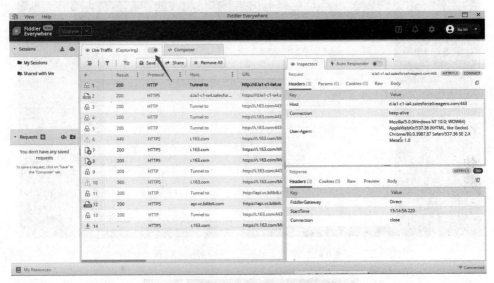

图 4-13 Fiddler Everywhere 界面

单击列表中的请求链接,在右侧就会显示当前链接的详细信息,包括请求的头信息、返回的信息等。有很多软件会在后台运行,普通用户是看不见界面的。使用 Fiddler Everywhere 就可以列出所有前台或者后台请求的 HTTP 及 HTTP 协议。

此时需要分析的是证监会的 App 信息,将安卓模拟器打开,先不要打开证监会的 App,如果此时打开 App,则 App 会直接向证监会的服务器请求数据,这样我们就无法进行有效跟踪了,也无法抓取其有效数据了。这时需要让手机的网络通过计算机访问互联网,将计算机设置成代理服务器,也就是说 App 请求的数据将会先到达我们的计算机,然后由计算机再转发到远程服务器,通过计算机访问互联网后就可以在计算机端进行跟踪了。

在 Fiddler Everywhere 界面右侧有个齿轮图标,该图标为设置,单击"设置图标"打开 Fiddler Everywhere 的设置界面,单击 Connections 链接,进入 Connections 界面,在右侧会显示 Fiddler Everywhere 作为代理服务器的端口号,默认为 8866,勾选 Allow remote computers to connect,也就是允许远程计算机连接,如图 4-14 所示。设置完毕后单击 SAVE 按钮,此时 Fiddler Everywhere 就设置成代理模式并等待手机的连接。

在进行下一步前,需要查看一下当前计算机的 IP 地址,同时按快捷键 WIN(键盘上 Windows 图标)+R 呼出运行窗口,输入 cmd 命令并按回车键即可打开命令终端。在命令终端内输入 ipconfig 命令即可看到当前计算机的 IP 地址,例如 192.168.3.39。记住这个 IP 地址,在安卓模拟器上设置代理时会用到。

打开安卓模拟器,将安卓模拟器的网络设置为通过代理服务器访问。在安卓模拟器上单击"设置"→WLAN 在 WiredSSID 上长按会弹出菜单,单击"修改网络"→"高级选项",将代理服务器主机名与代理服务器端口填写好。Fiddler Everywhere 的默认端口为 8866,代理服务器的 IP 地址就是 Fiddler Everywhere 所在的计算机的 IP 地址,如图 4-15 所示。需要注意,如果使用手机进行操作,则不要使用移动流量数据,使用 WiFi 需保持手机与计算机在同一局域网内,这样方便连接。

图 4-14　设置 Fiddler Everywhere 代理

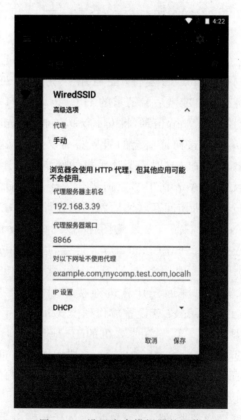

图 4-15　设置安卓模拟器的网络

设置完网络后,保持 Fiddler Everywhere 处于监听状态,即 Live Traffic 右侧的按钮处于开启状态,此时打开证监会 App 就可以看到 App 所请求的数据在 Fiddler Everywhere 上被捕获到了，如图 4-16 所示。正如之前猜测的那样，证监会的 App 使用的是 HTTP 协议，单击请求链接，会发现其数据交换的格式是 JSON，与之前我们的猜测一致。

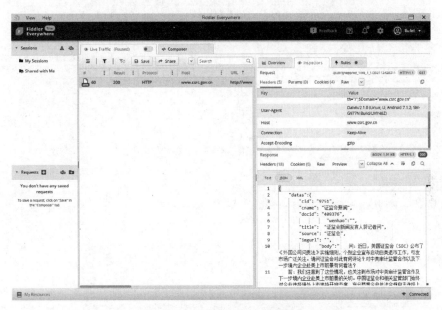

图 4-16　证监会 App 请求的数据

在分析数据时，Fiddler Everywhere 会将所有的 HTTP 及 HTTPS 协议列举出来，会对我们分析 App 的数据造成干扰，Fiddler Everywhere 提供了筛选功能，可以将不需要的请求隐藏起来，只显示需要的请求数据。

例如证监会 App 请求的 URL 为 http://www.csrc.gov.cn，单击 Fiddler Everywhere 列表页的漏斗图标，即 Advanced Filters 按钮，在弹出的窗口的 Request Headers 项将 Host 填写为 www.csrc.gov.cn，也就是匹配请求头中 Host 等于 www.csrc.gov.cn 的请求列表。这样 Fiddler Everywhere 会将请求头中 Host 不为 www.csrc.gov.cn 的请求隐藏起来，以便于分析，如图 4-17 所示。

图 4-17　过滤请求数据

能够被 Fiddler Everywhere 捕获的请求，要么使用的是 HTTP 协议，要么使用的是 HTTPS 协议，这两种协议都可以通过浏览器进行请求。例如打开证监会 App 后，第 1 个请求的 URL 是 http://www.csrc.gov.cn/pub/zjhapp/wz_4/wz_4_1/channels.json，将该请求通过浏览器打开，则会返回 App 的栏目链接数据，如图 4-18 所示。

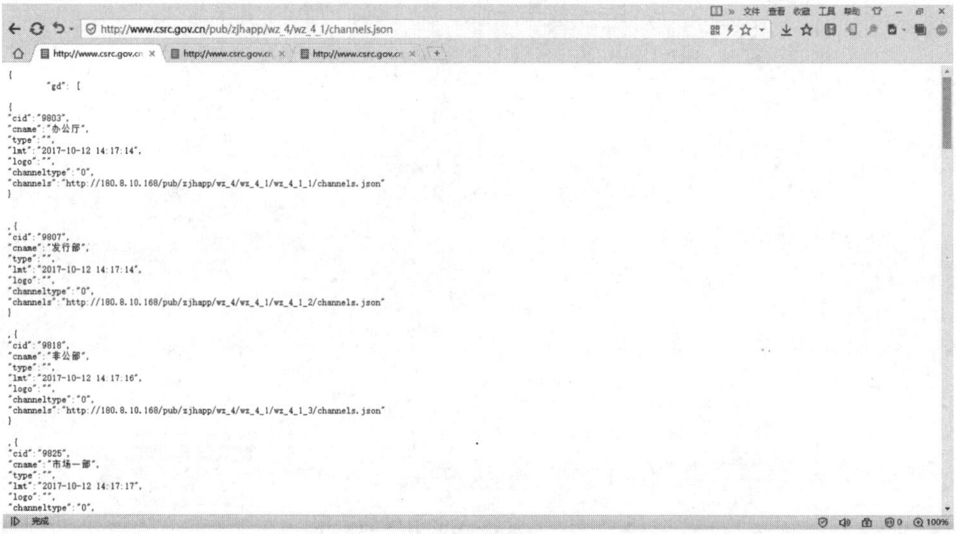

图 4-18 证监会 App 请求的数据

该链接作为 App 的根链接，是所有栏目、新闻的入口，可以通过遍历的方式将该链接的信息从头到尾遍历一遍，这样整个 App 的数据就都被爬取下来了。如果想要精准地获取新闻的数据，则可返回证监会 App，保持 App 在新闻页面，将新闻向上多滑动几次，此时 App 会请求新的新闻列表，在 Fiddler Everywhere 中会被捕获，其多次请求的新闻列表地址如下：

```
http://www.csrc.gov.cn/pub/zjhapp/wz_1/wz_1_1/next_7797_1.json
http://www.csrc.gov.cn/pub/zjhapp/wz_1/wz_1_1/next_7797_2.json
http://www.csrc.gov.cn/pub/zjhapp/wz_1/wz_1_1/next_7797_3.json
...
```

其规律表现为只有 next_7797_x 最后一位 x 会发生变化，且每次加 1。这样就可以通过该规律获取其他新闻列表了。测试结果是该 App 的证监会要闻栏目新闻最多，支持 10 次列表的请求，每条列表中包含了 20 条新闻信息，总共 200 条新闻信息。

根据以上的分析原理，就可以很方便地使用 Python 对想要的 App 数据进行爬取了。这样就完成了对 App 数据请求的分析。在很多热门的 App 中，大多数请求的协议是 HTTPS，而 Fiddler Everywhere 也支持 HTTPS 的请求追踪，对于 HTTPS 这部分的请求原理与 HTTP 一样，感兴趣的读者可以尝试抓取腾讯新闻 App 的新闻数据，这里就不再赘述了。

4.2.2 请求 App 数据

前文通过 Fiddler Everywhere 分析出证监会 App 的证监会要闻栏目新闻列表的网址

为 http://www.csrc.gov.cn/pub/zjhapp/wz_1/wz_1_1/next_7797_1.json，接下来使用 requests 库爬取证监会 App 新闻列表数据。示例代码如下：

```
#第4章//zjh.py
import requests
URL = "http://www.csrc.gov.cn/pub/zjhapp/wz_1/wz_1_1/next_7797_1.json"
headers = {
    "User-Agent":"Dalvik/2.1.0 (Linux; U; Android 7.1.2; SM-G977N Build/LMY48Z)"
}
s = requests.request("get",URL = URL,headers = headers)
print(s.text)

#输出结果为
{
  "list_datas": [
    {
      "docid": "393694",
      "title": "证监会印发2021年度立法工作计划",
      "cid": "5672",
...
```

代码中 User-Agent 的值可以从 Fiddler Everywhere 中查询。这里就获取了 http://www.csrc.gov.cn/pub/zjhapp/wz_1/wz_1_1/next_7797_1.json 链接的内容，但是此内容是以 JSON 格式返回的。这里就无法使用 BeautifulSoup 模块进行解析了。

对于 JSON 格式，可以使用 Python 的内置模块 json 进行解析。例如获取 JSON 中所有的 URL，示例代码如下：

```
#第4章//zjh.py
import requests
import json

URL = "http://www.csrc.gov.cn/pub/zjhapp/wz_1/wz_1_1/next_7797_1.json"
headers = {
    "User-Agent":"Dalvik/2.1.0 (Linux; U; Android 7.1.2; SM-G977N Build/LMY48Z)"
}
s = requests.request("get",URL = URL,headers = headers)
dic = json.loads(s.text)
list = dic["list_datas"]
for lis in list:
    print(lis["URL"])

#输出结果为

http://180.8.10.168/pub/zjhapp/wz_1/wz_1_1/202103/t20210305_393694.json
http://180.8.10.168/pub/zjhapp/wz_1/wz_1_1/202103/t20210305_393691.json
http://180.8.10.168/pub/zjhapp/wz_1/wz_1_1/202102/t20210226_393270.json
...
```

在上面的代码中使用了 json 模块对 JSON 数据进行了解析,json 模块主要使用的方法为 dumps()与 loads(),其中 dumps()方法为将 Python 对象编码成 JSON 字符串,而 loads()方法则将 JSON 数据格式化输出。示例代码如下:

```
#第4章//zjh.py
import json
dic = {"user":"jack","pass":"12345","age":24}

#将字典类型转化为 JSON 格式字符串类型
js = json.dumps(dic)
print(type(js))

#将 JSON 格式字符串类型转化为字典类型
dc = json.loads(js)
print(type(dc))
print(dc["user"])
print(dc["pass"])
print(dc["age"])

#输出结果为
<class 'str'>
<class 'dict'>
jack
12345
24
```

当爬取了大量的数据后,需要将数据存储下来以便随时调取,可以存储到 MySQL 或者 MongoDB 当中,也可以存储在 Excel 表格中,这里将抓取的标题与链接存储在 Excel 表格中。Python 要对 Excel 表格进行操作,需要使用 Excel 的模块。Excel 模块有很多,这里选择的是 xlrd 模块、xlwt 模块及 xlutils 模块,其中 xlrd 模块用于从 Excel 表格中读取数据,xlwt 模块用于将数据写入 Excel 表格,xlutils 模块用于将数据追加至 Excel 表格。

使用 pip 安装这 3 个模块,其安装命令如下:

```
pip install xlrd xlwt xlutils
```

xlwt 模块的使用方法非常简单。首先使用 xlwt 创建一个 Excel 文档并命名为 info.xlsx,示例代码如下:

```
import xlwt
workbook = xlwt.Workbook()                              #实例化 Workbook 对象
worksheet = workbook.add_sheet('onesheet')              #增加一个 sheet 并命名为 onesheet
worksheet.write(0,0,'往 A1 中写入的数据')                #向行与列都为 0 的单元格内添加数据
workbook.save('info.xlsx')                              #保存至 info.xlsx
```

上面的代码执行的结果为在当前代码目录下创建了一个新的 Excel 文档,命名为 info.xlsx,如图 4-19 所示。

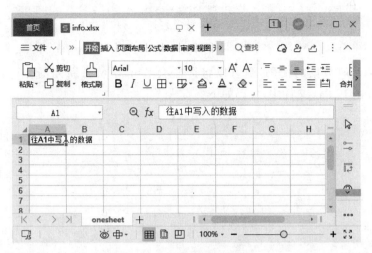

图 4-19 创建的 Excel 表格

在该 Excel 表格中包含了一个名为 onesheet 的 sheet，在其第 1 行第 A 列有一条记录，内容为"往 A1 中写入的数据"。xlwt 对 Excel 的操作与平时对 Excel 的操作流程十分相似，非常容易上手。

使用 xlrd 模块将刚才创建的 Excel 表格中的内容读取出来，代码要与 Excel 文件放在同一目录下，否则需要指定 Excel 的位置。示例代码如下：

```
#第 4 章//xld.py
import xlrd
xlsx = xlrd.open_workbook('info.xlsx')              #打开 Excel 文档
onesheet = xlsx.sheets()[0]                         #获取第 1 个 sheet
nrows = onesheet.nrows
print('表格总行数',nrows)
ncols = onesheet.ncols
print('表格总列数',ncols)
try:
    row_values = onesheet.row_values(0)
    print('第 1 行值',row_values)
    col_values = onesheet.col_values(0)
    print('第 1 列值',col_values)
    cell = onesheet.cell(0,0).value
    print('第 1 行第 1 列的单元格的值：',cell)
    cell = onesheet.cell(1, 0).value
    print('此处无数据,越界引发异常')
except Exception as e:
    print(e.args)


#输出结果为
表格总行数 1
表格总列数 1
第 1 行值 ['往 A1 中写入的数据']
第 1 列值 ['往 A1 中写入的数据']
```

> 第 1 行第 1 列的单元格的值：往 A1 中写入的数据
> ('list index out of range',)

结合爬取 App 数据的代码，则可以将证监会 App 中所有新闻的标题及标题对应的 URL 存储在 info1.xlsx 文件中，代码如下：

```python
#第 4 章//xld.py
import requests
import json
import xlwt

URL = "http://www.csrc.gov.cn/pub/zjhapp/wz_1/wz_1_1/next_7797_1.json"
headers = {
    "User-Agent":"Dalvik/2.1.0 (Linux; U; Android 7.1.2; SM-G977N Build/LMY48Z)"
}
s = requests.request("get",URL = URL,headers = headers)
dic = json.loads(s.text)
list = dic["list_datas"]
i = 0
workbook = xlwt.Workbook()
worksheet = workbook.add_sheet('onesheet')
for lis in list:
    worksheet.write(i, 0, lis["title"])    #向第 0 列第 i 行添加数据
    worksheet.write(i, 1, lis["URL"])      #向第 1 列第 i 行添加数据
    i = i + 1
workbook.save('info1.xlsx')
```

上面的代码会在当前目录下创建一个新的 Excel 表格，并将从证监会 App 上抓取的新闻及新闻对应的链接存储在 Excel 表格中，如图 4-20 所示。

图 4-20　将从 App 爬取的数据写入 Excel 表格

对于已经创建过的 Excel 表格,如果需要追加内容,则可以使用 xlutils 模块进行操作。例如对 info1.xlsx 下的第 1 行第 3 列追加一条字符串 helloworld,将第 2 行第 1 列修改为 helloworld,示例代码如下:

```python
#第4章//xld.py
import xlrd
from xlutils import copy
write_excel = 'info1.xlsx'                          #要写入的 Excel 文件
book = xlrd.open_workbook(write_excel)              #打开 Excel
file = copy.copy(book)                              #在内存中复制
sheet = file.get_sheet('onesheet')                  #读取工作簿名为 onesheet 的那一页
sheet.write(0, 3, "hello world" )                   #修改第 0 行第 3 列单元格数据
file.save(write_excel)
```

在对已存在的 Excel 表格进行修改和追加时,务必保持该 Excel 处于关闭状态,不可在打开状态对 Excel 进行操作,此时会报拒绝访问的错误。以上代码的执行结果如图 4-21 所示。

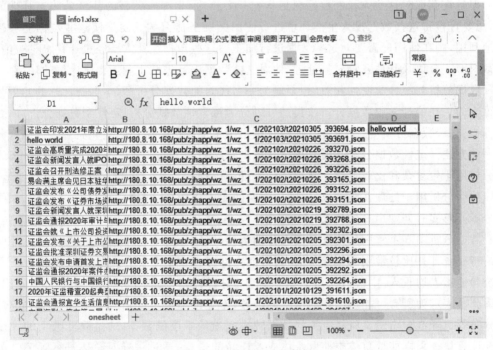

图 4-21　修改与追加数据

使用 Python 对 Excel 的操作流程可以分为三步,第 1 步获取 work book,第 2 步获取 work sheet,第 3 步就可以对单元格进行操作了。最后保存文件。与直接对 Excel 操作的流程一致,直接操作 Excel 也是先打开 Excel,然后选择要操作的 sheet,最后对单元格进行修改。

第 5 章 Python 数据分析与可视化

大数据、数据挖掘、机器学习等前沿技术早已应用在我们生活中的各个领域,例如智慧出行,通过大数据获取最佳的出行线路。量化交易,通过数据挖掘及数据分析来获得投资的建议。无人驾驶,通过机器学习实现自动避障、最优线路的选择等。这些前沿领域的应用能够正常地运行都离不开大量的数据支持,通过对大量的数据进行分析,可以让我们更加精准、轻松地把握趋势及预测未来。

但是在获取时这些大量的数据都是非统一格式的、非统一类型的甚至是非连续性的数据,想要直接将这些数据投入生产环境进行使用无疑是徒劳的。要想使这些数据能够被有效地利用,则在使用前需要对这些数据进行加工。这些数据往往需要经过迁移、压缩、清洗、打散、分片、分块及其他各种转换处理,使对这些数据进行进一步利用提供良好的环境。

数据分析与统计学密切相关,想要成为一名优秀的数据分析师,掌握统计学的知识是必不可少的。在统计学中数据分析按类型可以分为探索性数据分析、定性型数据分析、离线数据分析、在线数据分析等,探索性数据分析是指为了形成值得假设的检验而对数据进行分析的一种方法。定性数据分析是指对目标对象观察结果之类的非数值型数据的分析。离线数据分析用于较复杂和比较耗时的数据分析及处理。通过云平台可以实现大量的数据运算。在线数据分析用于处理在线请求,对响应的时间要求比较高。与离线数据分析相比,在线数据分析能够实时处理用户的请求。

数据分析中 5 个常用的统计学概念分别为特征统计、概率分布、降维、采样及贝叶斯统计。特征统计是比较常用的统计学概念,可能大部分人在生活中会经常碰到,其应用场景例如统计地区人均收入、中位收入等。特征统计包括偏差、方差、平均值、中位数、百分比等。概率分布表示为所有可能值出现的概率的函数,常见的概率分布有均匀分布、正态分布、泊松分布等。降维顾名思义将高维度的数据转换成为低维度的数据,通过降低数据的维度以提高计算量。采样即从总体中抽取个体或者样品的过程,通过采样对总体进行评测。贝叶斯的统计思想为一种归纳推理的理论,后被一些统计学发展成为一种系统的统计推断方法,用于描述两个条件概率之间的关系。

除了统计学以外,良好的数据分析工具也能为数据分析提高效率。数据分析工具的使用也没有统一的标准,在不同的数据量的情况下,使用的技术手段是不尽相同的,例如要对班级学生每个阶段的测试结果进行统计并预测,则仅仅使用 Excel 就可以实现,而想要实现无人驾驶,则需要对海量的数据进行分析,此时就不能使用 Excel 来完成了,所以对于数据分析所使用的技术栈,也取决于需要分析的数据量的大小。

将分析出的结果通过图表的方式展现出来可以减少人们对数据的理解时间。一个专业的图表，会让人更容易理解和发现数据中有价值的信息，这也是数据可视化的根本价值所在。Python 对数据可视化方面也有着非常成熟的模块，可以快速地构建出非常强大美观的可视化界面。

5.1 NumPy

5.1.1 NumPy 简介及安装

NumPy 是使用 Python 进行科学计算的基础软件包，它包括功能强大的 N 维数组对象、精密广播功能函数、集成 C/C++ 和 FORTRAN 代码的工具及强大的线性代数、傅里叶变换和随机数功能等。

NumPy 包的核心是 ndarray 对象。它封装了 Python 原生的、同数据类型的 n 维数组，为了保证其性能优良，其中很多操作是将代码在本地进行编译后执行的。

NumPy 数组在创建时有固定的大小，更改 ndarray 的大小将会创建一个新的数组并且删除原来的数组。NumPy 数组中的元素具有相同的数据类型。NumPy 数组有助于对大量数据进行高级数学和其他类型的操作。

NumPy 的官方网站的网址为 https://numpy.org/，如图 5-1 所示。

图 5-1　NumPy 官方网站

可以使用 pip 安装 NumPy 模块，打开 PyCharm→终端，在终端输入的命令如下：

```
pip install numpy
```

出现 Successfully 后即表示安装成功。使用如下代码测试是否工作正常，代码如下：

```
import numpy
help(numpy)
```

上面代码会打印出 NumPy 的文档,如果正确显示了文档,则表示安装正常,可以进一步使用。

5.1.2 NumPy 数组属性

NumPy 的核心是 ndarray 对象,它封装了 Python 原生的、同数据类型的 n 维数组,数组中的元素的类型通常情况下为数字类型。在 NumPy 数组中没有负索引,只有正索引。在 NumPy 维度中称为轴。例如对于一个空间坐标[1,2,3]具有一个轴,该轴有 3 个元素,所以我们说它的长度为 3,如图 5-2 所示。

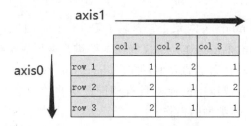

图 5-2 NumPy 轴的概念

ndarray 的常用属性为 ndarray.ndim、ndarray.shape、ndarray.size、ndarray.dtype、ndarray.itemsize、ndarray.data,其中 ndarray.ndim 为数组的轴(维度)的个数,在 Python 中,维度的数量被称为 rank。ndarray.shape 为数组的维度。返回值为整数类型的元组,表示每个维度中数组的大小。对于有 n 行和 m 列的矩阵,shape 返回值为(n,m),因此 shape 元组的长度就是 rank 或维度的个数 ndim。ndarray.size 用于返回数组元素的总数。ndarray.dtype 用于描述数组中元素的类型。ndarray.itemsize 用于返回数组中元素的大小。ndarray.data 表示该缓冲区包含数组的实际元素。通常情况下使用索引访问元素,而不是通过此属性。ndarray 示例代码如下:

```
#第 5 章//nmp.py
import numpy
#创建一个数组
arr = numpy.array([(1,2,1),(2,2,1),(2,1,1)])
#返回轴的个数
print(arr.ndim)
#返回组的维度
print(arr.shape)
#返回元素的总数
print(arr.size)
#返回数组中元素的类型
print(arr.dtype)
#返回数组中元素的大小
print(arr.itemsize)
#访问数组元素
```

```
print(arr[0][1])
#返回数组类型
print(type(arr))

#输出结果为
2
(3, 3)
9
int32
4
2
<class 'numpy.ndarray'>
```

5.1.3　NumPy 创建数组

创建数组有多种方法,例如可以通过 array 函数显式地创建指定的数组,示例代码如下:

```
import numpy
#创建一个数组
arr = numpy.array([(1,2,1),(2,2,1),(2,1,1)])
print(arr)

#输出结果为
[[1 2 1]
 [2 2 1]
 [2 1 1]]
```

上面创建了一个多维数组,如想要创建一个一维数组,其示例代码如下:

```
import numpy
#创建一个数组
arr = numpy.array([1,2,1])
print(arr)

#输出结果为[1 2 1]
```

如果想要在创建时指定数组的类型,则可以使用 dtype 参数进行指定,示例代码如下:

```
import numpy
#创建一个数组
arr = numpy.array([1,2,1],dtype = float)
print(arr)

#输出结果为[1. 2. 1.]
```

大多数情况下在创建数组时知道数组的大小,但是并不知道要放置在数组中的内容究竟是什么,因此 NumPy 提供了多种函数用于创建具有初始占位符的数组,这就减少了数组的资源开销。能够创建具有初始占位符的函数有 zeros()、ones()、empty()等。

zeros()函数用于创建指定大小的数组,数组元素以 0 来填充,该函数包含 3 个主要参数,分别为 shape、dtype、order,shape 代表要创建的数组的形状,也就是行与列。dtype 为可选参数,表示创建的数组的数据类型,默认为浮点数。order 为'C'用于 C 的行数组,或者'F'用于 FORTRAN 的列数组。其示例代码如下:

```
import numpy
# 创建一个 1 行 0 列的数组,元素长度为 5
arr = numpy.zeros(5)
print(arr)
# 创建一个 1 行 0 列的数组,元素长度为 5,类型为 int
arr1 = numpy.zeros((5,), dtype = int)
print(arr1)

# 输出结果为
[0. 0. 0. 0. 0.]
[0 0 0 0 0]
```

ones()函数用于创建指定大小的数组,数组元素以 1 来填充,该函数包含了 3 个主要参数,分别为 shape、dtype、order,shape 代表要创建的数组的形状,也就是行与列。dtype 为可选参数,表示创建的数组的数据类型,默认为浮点数。order 为'C'用于 C 的行数组,或者'F'用于 FORTRAN 的列数组。其示例代码如下:

```
import numpy
# 创建一个 1 行 0 列的数组,元素长度为 5
arr = numpy.ones(5)
print(arr)
# 创建一个 1 行 0 列的数组,元素长度为 5,类型为 int
arr1 = numpy.ones((5,), dtype = int)
print(arr1)

# 输出结果为
[1. 1. 1. 1. 1.]
[1 1 1 1 1]
```

empty()函数用于创建指定大小的数组,数组元素以随机值来填充,该函数包含了 3 个主要参数,分别为 shape、dtype、order,shape 代表要创建的数组的形状,也就是行与列。dtype 为可选参数,表示创建的数组的数据类型,默认为浮点数。order 为'C'用于 C 的行数组,或者'F'用于 FORTRAN 的列数组。其示例代码如下:

```
import numpy
# 创建一个 1 行 0 列的数组,元素长度为 5
arr = numpy.empty(5)
print(arr)
# 创建一个 1 行 0 列的数组,元素长度为 5,类型为 int
arr1 = numpy.empty((5,), dtype = int)
```

```
print(arr1)

#输出结果为
[5.e-324 4.e-323 4.e-323 4.e-323 0.e+000]
[1066 0 1 35 1]
```

arange()函数可以创建指定数值范围的数组,该函数包含 4 个主要参数,分别为 start、stop、step、dtype,start 为起始值,默认值为 0。stop 为终止值,终止的数值是不包含该值的。step 为步长,即每次的增量数,默认为 1。dtype 为数据类型,默认为 int。arange 创建数组的示例代码如下:

```
import numpy
#创建一个数组,起始为 2,终止为 10,步长为 2
arr = numpy.arange(2,11,2)
print(arr)

#输出结果为[ 2 4 6 8 10]
```

linspace()用于创建一个一维数组,数组为一个等差数列,该函数包含 6 个主要参数,分别为 start、stop、num、endpoint、retstep、dtype,start 为序列的起始值。stop 为序列的终止值,如果 endpoint 为 True,则该值包含于数列中。num 为要生成的等步长的样本数量,默认为 50。retstep 为 True 时生成的数组会显示间距,反之不显示。dtype 为数据类型。linspace()创建数组的示例代码如下:

```
import numpy
arr = numpy.linspace(2,12,11)
print(arr)

#输出结果为[ 2. 3. 4. 5. 6. 7. 8. 9. 10. 11. 12.]
```

logspace()用于创建一个等比数列数组,该函数包含 6 个主要参数,分别为 start、stop、num、endpoint、base、dtype,start 为序列的起始值。stop 为序列的终止值,如果 endpoint 为 True,则该值包含于数列中。num 为要生成的等步长的样本数量,默认为 50。base 为对数 log 的底数。dtype 为数据类型。logspace()创建数组的示例代码如下:

```
import numpy
arr = numpy.logspace(1,2,10)
print(arr)

#输出结果为
[ 10. 12.91549665 16.68100537 21.5443469 27.82559402
  35.93813664 46.41588834 59.94842503 77.42636827 100. ]
```

5.1.4　NumPy 切片索引及迭代

与 Python 的其他序列类型一样,NumPy 也可以进行切片或者通过索引进行访问。例如对一个一维数组进行切片的代码如下：

```
import numpy
arr = numpy.arange(2,11,1)
print("切片前:",arr)
# 从索引 1 开始切片,间隔为 2
print("切片后:",arr[1::2])

# 输出结果为
切片前: [ 2 3 4 5 6 7 8 9 10]
切片后: [3 5 7 9]
```

对于多维数组的切片同样也可以使用此类方式进行,示例代码如下：

```
import numpy
arr = numpy.array([[2,3,4,5],[1,2,3,4],[5,2,7,4],[9,5,1,6]])
print("切片前:",arr)
# 从索引 1 开始切片,间隔为 2
print("切片后:",arr[1::2])

# 输出结果为
切片前: [[2 3 4 5]
 [1 2 3 4]
 [5 2 7 4]
 [9 5 1 6]]
切片后: [[1 2 3 4]
 [9 5 1 6]]
```

除了基本的索引方式外,NumPy 还提供了更多的索引方式,包括整数数组索引、运算符索引等。在方括号内传入多个索引值,可以同时选择多个元素,示例代码如下：

```
import numpy
arr = numpy.array([1,2,3,4,5,6,7,8])
indexs = [1,3,5]
print(arr[indexs])

# 输出结果为[2 4 6]
```

多维数组同样可以使用此方式进行选择,示例代码如下：

```
import numpy
arr = numpy.array([[1,2,3],
                   [2,3,4],
                   [3,4,5],
                   [4,5,6],
                   [5,6,7]])
```

```
#表示行索引
r = [0,1,2]
#表示列索引
c = [1,2,2]
y = arr[r,c]
print(y)

#输出结果为[2 4 5]
```

NumPy还支持运算符索引,例如选择数组中所有大于2的元素,示例代码如下:

```
import numpy
arr = numpy.array([[1,2,3],[2,3,4],[3,4,5],[4,5,6],[5,6,7]])
print(arr[arr > 2])

#输出结果为[3 3 4 3 4 5 4 5 6 5 6 7]
```

对数组迭代的示例代码如下:

```
import numpy
arr = numpy.array([[1,2,3],[2,3,4],[3,4,5],[4,5,6],[5,6,7]])
for i in arr:
    print(i)

#输出结果为
[1 2 3]
[2 3 4]
[3 4 5]
[4 5 6]
[5 6 7]
```

由上面的代码可见,数组的迭代是基于轴的,如果要迭代数组中的每个元素,则需要使用flat属性,该属性是数组的所有元素的迭代器,示例代码如下:

```
import numpy
arr = numpy.array([[1,2,3],[2,3,4],[3,4,5],[4,5,6],[5,6,7]])
for i in arr.flat:
    print(i)

#输出结果为
1
2
3
2
3
4
3
4
```

```
5
4
5
6
5
6
7
```

5.1.5 操作数组

数组中的运算符操作可执行元素级别的操作,两个数组相乘的示例代码如下:

```
import numpy
arr = numpy.array([[1,2,3],[2,3,4]])
nrr = numpy.array([[3,4,5],[4,5,6]])
newarr = arr * nrr
print(newarr)

#输出结果为
[[ 3  8 15]
 [ 8 15 24]]
```

矩阵乘积可以使用@运算符或 dot()函数或方法执行,dot()函数仅支持 Python 3.5 以上的版本,示例代码如下:

```
import numpy
arr = numpy.array([[1,2],[2,3]])
nrr = numpy.array([[3,4],[4,5]])
newarr = arr@nrr
print(newarr)

#输出结果为
[[11 14]
 [18 23]]
```

当使用不同类型的数组进行操作时,数组的类型会向上转换,即其类型属于更加精确的一方,示例代码如下:

```
import numpy
arr = numpy.array([[1,2],[2,3]])
nrr = numpy.array([[3.,4],[4.,5]])
newarr = arr + nrr
print(newarr)

#输出结果为
[[4. 6.]
 [6. 8.]]
```

NumPy 提供了大量的数学计算函数,例如 sin()、cos()、tan()等,三角函数运算的示例代码如下:

```python
import numpy
arr = numpy.array([30,90])
# 获取 30°及 90°正弦值
print(numpy.sin(arr * numpy.pi/180))
# 获取 30°及 90°余弦值
print(numpy.cos(arr * numpy.pi/180))
# 获取 30°及 90°正切值
print(numpy.tan(arr * numpy.pi/180))

# 输出结果为
[0.5 1. ]
[8.66025404e-01 6.12323400e-17]
[5.77350269e-01 1.63312394e+16]
```

舍入函数包括 around()、floor()、ceil()等,around()函数的示例代码如下:

```python
# 第5章//nmp2.py
import numpy
newarr = numpy.array([12.223,402.255,31.164])
# 不保留小数
print(numpy.around(newarr))
# 保留1位小数
print(numpy.around(newarr,decimals = 1))
# decimals 为负,将四舍五入到小数点左侧
print(numpy.around(newarr,decimals = -1))
# decimals 为负,将四舍五入到小数点左侧
print(numpy.around(newarr,decimals = -2))

# 输出结果为
[ 12. 402. 31.]
[ 12.2 402.3 31.2]
[ 10. 400. 30.]
[ 0. 400. 0.]
```

floor()函数,向下取整,即返回指定表达式的最大整数,示例代码如下:

```python
import numpy
newarr = numpy.array([12.4,1.6,3.5])
print(numpy.floor(newarr))

# 输出结果为
[12. 1. 3.]
```

ceil()函数向上取整,返回指定表达式的最小整数,示例代码如下:

```python
import numpy
newarr = numpy.array([12.4,1.6,3.5])
print(numpy.ceil(newarr))

#输出结果为
[13. 2. 4.]
```

算数函数包括 add()、subtract()、multiply()、divide()等,示例代码如下:

```python
import numpy
arr1 = numpy.array([12.4,1.6,3.5])
arr2 = numpy.array([4,2,3])
#相加
print(numpy.add(arr1,arr2))
#相减
print(numpy.subtract(arr1,arr2))
#相乘
print(numpy.multiply(arr1,arr2))
#相除
print(numpy.divide(arr1,arr2))

#输出结果为
[16.4  3.6  6.5]
[ 8.4 -0.4  0.5]
[49.6  3.2 10.5]
[3.1   0.8  1.16666667]
```

统计函数 amin()用于计算指定轴的最小值、amax()用于计算指定轴的最大值、ptp()用于计算元素最大值与最小值的差、percentile()表示小于指定值的占比、median()用于计算中位数、mean()用于计算算数平均值、average()用于计算加权平均值等,示例代码如下:

```python
#第 5 章//nmp3.py
import numpy
arr = numpy.array([[9,2,3],[2,3,4],[3,4,5],[4,5,6]])
#所有数组中最小的值
print(numpy.amin(arr))
#沿纵轴判断最小的值
print(numpy.amin(arr,1))
#沿横轴判断最小的值
print(numpy.amin(arr,0))
#所有数组中最大的值
print(numpy.amax(arr))
#沿横轴判断最大的值
print(numpy.amax(arr,0))
#所有数组中最大与最小的差值
print(numpy.ptp(arr))
#沿纵轴判断差值
```

```
print(numpy.ptp(arr,1))
#50% 的分位数,也就是 a 中排序后的中位数
print(numpy.percentile(arr,50))
#沿横轴
print(numpy.percentile(arr,50,0))
#取中位数
print(numpy.median(arr))
#沿横轴取中位数
print(numpy.median(arr,0))
#返回算数平均值
print(numpy.mean(arr))
#返回加权平均值
print(numpy.average(arr))

#输出结果为
2
[2 2 3 4]
[2 2 3]
9
[9 5 6]
7
[7 2 2 2]
4.0
[3.5 3.5 4.5]
4.0
[3.5 3.5 4.5]
4.166666666666667
4.166666666666667
```

5.1.6 NumPyIO

NumPy 可以将文件存储在磁盘上,与 Python 文件类似,NumPy 的文件格式为 npy,npy 文件用于存储 NumPy 所需的数据、图形、dtype 和其他信息。存储的数据可以使用 load()与 save()函数对文件进行读取和存储,数组是以二进制格式保存在扩展名为.npy 的文件中。savez()函数用于将多个数组写入文件,以二进制格式保存在扩展名为.npz 的文件中。loadtxt()与 savetxt()函数用于处理正常的文本文件。

save()函数将数组保存至扩展名为.npy 的文件中,save()函数包含 4 个主要参数,分别为 file 要保存的文件名,如果没有加扩展名,则自动加上.npy;arr 为要保存的数组;allow_pickle 为可选参数,表示是否允许使用 Python pickles 保存数组;fix_imports 为可选参数,为了向下兼容。save()函数的示例代码如下:

```
import numpy
arr = numpy.array([[9,2,3],[2,3,4],[3,4,5],[4,5,6]])
numpy.save('newfile',arr)
```

上面的代码执行后,会在当前目录下生成一个新的文件,名为 newfile.npy,由于是以二

进制方式存储的，所以直接打开此文件会显示乱码，如图 5-3 所示。

图 5-3 NumPy 保存后生成的扩展名为 .npy 的文件

load() 函数将从 .npy 文件中读取数组。load() 函数包含 5 个主要的参数，参数 file 表示要读取的文件名。参数 mmap_mode 为读取的模式，例如 r+、r、w+、c 等，一般无须指定。参数 allow_pickle 表示允许使用 pickle 反序列化。参数 fix_imports 表示向下兼容。参数 encoding 表示编码，默认为 ASCLL。load() 函数的示例代码如下：

```
import numpy
arr = numpy.array([[9,2,3],[2,3,4],[3,4,5],[4,5,6]])
newarr = numpy.load('newfile.npy')
print(newarr)

#输出结果为
[[9 2 3]
 [2 3 4]
 [3 4 5]
 [4 5 6]]
```

savez() 函数包含 3 个主要参数，参数 file 表示要保存的文件。参数 args 为要保存的数组。参数 kwds 为要保存的数组所使用的关键字名称。示例代码如下：

```
#第 5 章//nmp4.py
import numpy
arr = numpy.array([[9,2,3],[2,3,4],[3,4,5],[4,5,6]])
arr1 = numpy.array([[1.,2.,3.],[2.,3.,4.],[2.,1.,6.]])
arr2 = numpy.array([1,2,3])
numpy.savez("arrs.npz",arr,arr1,key1 = arr2)

reads = numpy.load("arrs.npz")
print(reads.files)
print(reads["arr_0"])
print(reads["arr_1"])
print(reads["key1"])

#输出结果为
['key1', 'arr_0', 'arr_1']
[[9 2 3]
 [2 3 4]
 [3 4 5]
```

```
 [4 5 6]]

[[1. 2. 3.]
 [2. 3. 4.]
 [2. 1. 6.]]

[1 2 3]
```

savetxt()将数组以字符串的形式保存在文本内。savetxt()包含了9个主要的参数,参数 fname 为要保存的文件名。参数 X 为要存储的数组。参数 fmt 为存储的数据格式。参数 delimiter 为数据列之间的分隔符。参数 newline 为数据行之间的分隔符。参数 header 为文件头部写入的字符串。参数 footer 为文件底部写入的字符串。参数 comments 为文件头部或者尾部字符串的开头字符,默认为#。参数 encoding 为编码。savetxt()函数的示例代码如下:

```
import numpy
arr = numpy.array([[9,2,3],[2,3,4],[3,4,5],[4,5,6]])
numpy.savetxt("arrs.npz",arr)

reads = numpy.loadtxt("arrs.npz")
print(reads)
```

5.2　Pandas

5.2.1　Pandas 简介及安装

Pandas 是开放源代码的数据处理及分析利器,它提供了快速、灵活、明确的数据结构,旨在简单、直观地处理关系型、标记型数据。Pandas 适用于处理含异构列的表格数据、有序和无序(非固定频率)的时间序列数据、带行列标签的矩阵数据、包括同构或异构型数据及任意其他形式的观测统计数据集。

Pandas 的主要数据结构有 Series(一维数据)与 DataFrame(二维数据),这两种数据结构满足了大多数应用场景的需求。Pandas 是基于 NumPy 开发的,与 Pandas 的主要区别为 NumPy 的重点是在数值计算方面,NumPy 包含了大量的数值计算工具,可以很方便地对数值进行运算,而 Pandas 则主要用于数据处理,以及对数据进行分析。Pandas 提供了大量的库和一些标准的数据模型,极大地提高了操作大型数据的效率,并且 Pandas 提供了大量便捷地处理数据的函数和方法,使 Pandas 在数据处理方面极其强大。NumPy 与 Pandas 两者在数据领域的主要应用方向不同。

Pandas 的主要特点是拥有快速高效的 DataFrame 对象,并具有默认和自定义的索引。能够轻松处理浮点数据中的丢失数据(以 NaN 表示)及非浮点数据。强大灵活的分组功能可方便地对数据进行拆分、组合及转换。可以轻松地将其他 Python 和 NumPy 数据结构中的不同索引的数据转换为 DataFrame 对象等。

Pandas 已广泛地应用在金融、统计、社会科学及工程领域。

Pandas 的官方网站网址为 https://pandas.pydata.org/，如图 5-4 所示。

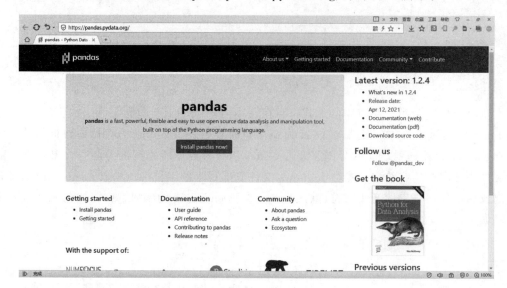

图 5-4　Pandas 官方网站

可以使用 pip 安装 Pandas 模块，打开 PyCharm→终端，在终端输入的命令如下：

```
pip install Pandas
```

出现 Successfully 后表示安装成功。使用如下代码测试是否可工作正常，代码如下：

```
import pandas
help(pandas)
```

上面的代码会打印出 Pandas 的文档，如果正确显示了文档，则表示安装正常，可以进一步使用。

5.2.2　Series

Series 是带标签的一维数组，它可以存储整数型、字符串等各种 NumPy 可存储的数据，其轴标签称为索引。使用 Series() 函数即可创建 Series，示例代码如下：

```
import pandas
pd = pandas.Series([1,2,3,4,5,6])
print(pd)

#输出结果为
0    1
1    2
2    3
3    4
```

```
4    5
5    6
dtype: int64
```

Series 的表现形式为左边列为索引,右边列为值。由于在上文的代码中没有为数据指定索引,所以系统会自动地创建一个从 0 开始的索引。可以通过 values 属性与 index 属性获取其值与索引,示例代码如下:

```
import pandas
pd = pandas.Series([1,2,3,4,5,6])
print(pd.values)
print(pd.index)

#输出结果为
[1 2 3 4 5 6]
RangeIndex(start = 0, stop = 6, step = 1)
```

创建一个带索引标签的 Series,示例代码如下:

```
import pandas
pd = pandas.Series([1,2,3,4,5,6],index = ["a","b","c","d","e","f"])
print(pd)

a    1
b    2
c    3
d    4
e    5
f    6
dtype: int64
```

Series 可通过索引进行访问,支持切片,示例代码如下:

```
import pandas
pd = pandas.Series([1,2,3,4,5,6],index = ["a","b","c","d","e","f"])
#通过索引访问单个元素
print(pd["c"])
#通过索引访问多个元素
print(pd[["c","b","f"]])
#访问
print(pd[4:])

#输出结果为
3
c    3
b    2
f    6
```

```
dtype: int64
e    5
f    6
dtype: int64
```

Series 支持 NumPy 的大多数函数，示例代码如下：

```
import pandas
pd = pandas.Series([1,2,3,4,5,6],index = ["a","b","c","d","e","f"])
#取大于中位数的值
print(pd[pd > pd.median()])
#取大于平均数的值
print(pd[pd > pd.mean()])

#输出结果为
d    4
e    5
f    6
dtype: int64
d    4
e    5
f    6
dtype: int64
```

由于 Series 带标签索引的特点，所以它与字典类型十分相似，可以将其看作一个定长的字典，用于许多原本需要字典参与的函数中，示例代码如下：

```
import pandas
pd = pandas.Series([1,2,3,4,5,6],index = ["a","b","c","d","e","f"])
bol = "f" in pd
print(bol)

#输出结果为 True
```

使用字典来创建 Series，示例代码如下：

```
import pandas
dic = {"a":1,"b":2,"c":3,"d":4}
pd = pandas.Series(dic)
print(pd)

#输出结果为
a    1
b    2
c    3
d    4
dtype: int64
```

通过传入不同顺序的索引来为 Series 进行排序,示例代码如下:

```
import pandas
dic = {"a":1,"b":2,"c":3,"d":4}
indexs = ["c","b","d","f"]
pd = pandas.Series(dic,index = indexs)
print(pd)

#输出结果为
c    3.0
b    2.0
d    4.0
f    NaN
dtype: float64
```

在上文的代码中,由于索引 f 没有对应的值,所以会使用 NaN 来表示缺失的数据,而索引 a 不在 indexs 中,所以 a 被从结果中除去。这是 Series 的一个重要的特性,该特性可以用作数据。使其与其他应用更好地结合,例如数据库的多表查询。

可以使用 isnull() 函数来检测当前 Series 中是否含缺失数据,示例代码如下:

```
import pandas
dic = {"a":1,"b":2,"c":3,"d":4}
indexs = ["c","b","d","f"]
pd = pandas.Series(dic,index = indexs)
print(pd.isnull())
print(pandas.isnull(pd))

#输出结果为
c    False
b    False
d    False
f    True
dtype: bool
c    False
b    False
d    False
f    True
dtype: bool
```

Series 与索引支持 name 属性,通常情况下 Series 自动分配 name,示例代码如下:

```
import pandas
dic = {"a":1,"b":2,"c":3,"d":4}
indexs = ["c","b","d","f"]
pd = pandas.Series(dic,index = indexs)
pd.name = "newseries"
pd.index.name = "newindexseries"
print(pd)

#输出结果为
```

```
newindexseries
c    3.0
b    2.0
d    4.0
f    NaN
Name: newseries, dtype: float64
```

5.2.3　DataFrame

DataFrame是一个由多种类型的列构成的二维标签数据结构,其数据结构类似于Excel表格。DataFrame是最常用的Pandas对象,与Series一样,DataFrame支持多种类型的数据。

使用DataFrame()函数创建DataFrame,示例代码如下:

```
import pandas
dic = {
    "user":["jack","marry","tom"],
    "pass":["1234","4567","7890"],
    "age":[23,24,25]
}
df = pandas.DataFrame(dic)
print(df)

#输出结果为
   user  pass age
0  jack  1234  23
1  marry 4567  24
2  tom   7890  25
```

在上面的代码中,创建了一个DataFrame,可以看到其输出结果类似一张SQL表格,此表格的字段名分别为user、pass、age,index为自增索引,如图5-5所示。

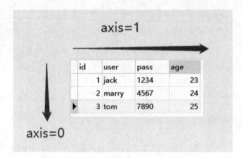

图5-5　DataFrame表格

DataFrame()函数是DataFrame类的构造函数,其包含data、index、columns、dtype、copy等参数,参数data为要创建的DataFrame数据。参数index为DataFrame的行标签。参数columns为DataFrame的列标签。参数dtype为每列的类型。参数copy为从input中复制数据,默认值为False。index、columns用于指定行列标签的示例代码如下:

```
import pandas
dic = {
    "user":["jack","marry","tom"],
    "pass":["1234","4567","7890"],
    "age":[23,24,25]
}
df = pandas.DataFrame(dic)
print(df.index)
print(df.columns)

#输出结果为
RangeIndex(start = 0, stop = 3, step = 1)
Index(['user', 'pass', 'age'], dtype = 'object')
```

DataFrame()函数的columns参数可用于对标签进行排序,示例代码如下:

```
#第5章//pds.py
import pandas
dic = {
    "user":["jack","marry","tom"],
    "pass":["1234","4567","7890"],
    "age":[23,24,25]
}
df = pandas.DataFrame(dic)
print(df)
newdf = pandas.DataFrame(df,columns = ["age","user","pass"])
print(newdf)

#输出结果为
   user  pass age
0  jack  1234  23
1  marry 4567  24
2  tom   7890  25

   age  user  pass
0  23   jack  1234
1  24   marry 4567
2  25   tom   7890
```

如果传入的columns参数在列中找不到,则会使用缺失数据补全,示例代码如下:

```
import pandas
dic = {
    "user":["jack","marry","tom"],
    "pass":["1234","4567","7890"],
    "age":[23,24,25]
}
df = pandas.DataFrame(dic,columns = ["user","pass","age","sex"])
print(df)
```

```
#输出结果为
    user  pass  age  sex
0   jack  1234  23   NaN
1   marry 4567  24   NaN
2   tom   7890  25   NaN
```

head(n)方法用于获取 DataFrame 前 n 行数据，n 的默认值为 5，示例代码如下：

```
import pandas
dic = {
    "user":["jack","marry","tom","user1","user2","user3","user4"],
    "pass":["1234","4567","7890","1234","1234","1234","1234"],
    "age":[23,24,25,26,22,21,27]
}
df = pandas.DataFrame(dic)
print(df.head(3))                    #输出前 3 行数据

#输出结果为
    user  pass  age
0   jack  1234  23
1   marry 4567  24
2   tom   7890  25
```

通过列标记可以很容易地获取一个列 Series，示例代码如下：

```
import pandas
dic = {
    "user":["jack","marry","tom"],
    "pass":["1234","4567","7890"],
    "age":[23,24,25]
}
df = pandas.DataFrame(dic)
print(df.user)
print(df["user"])

#输出结果为
0    jack
1    marry
2    tom
Name: user, dtype: object
0    jack
1    marry
2    tom
Name: user, dtype: object
```

使用 loc 与 iloc 属性获取一个行 Series，loc 与 iloc 支持多列访问，且支持切片及对象降维，loc 与 iloc 的区别为 iloc 通过下标进行查找，而 loc 通过 index 标识进行查找。示例代码如下：

```
#第5章//pds.py
import pandas
dic = {
    "user":["jack","marry","tom"],
    "pass":["1234","4567","7890"],
    "age":[23,24,25]
}
df = pandas.DataFrame(dic,index = ["one","two","three"])
print(df.iloc[2])
print(df.iloc[1:2,0:2])
print(df.loc["three"])
print(df.loc["one":"two",["user","pass"]])

#输出结果为
user     tom
pass     7890
age      25
Name: three, dtype: object
       user  pass
two    marry 4567
user     tom
pass     7890
age      25
Name: three, dtype: object
       user  pass
one    jack  1234
two    marry 4567
```

可以通过赋值的方式对列进行修改,示例代码如下:

```
#第5章//pds.py
import pandas
dic = {
    "user":["jack","marry","tom"],
    "pass":["1234","4567","7890"],
    "age":[23,24,25]
}
df = pandas.DataFrame(dic,index = ["one","two","three"],columns = ["user","pass","age","other"])
print(df)
df["other"] = "data"                    #赋值给 other 列
print(df)

#输出结果为
       user  pass  age  other
one    jack  1234  23   NaN
two    marry 4567  24   NaN
three  tom   7890  25   NaN
```

```
        user  pass  age  other
one     jack  1234  23   data
two     marry 4567  24   data
three   tom   7890  25   data
```

也可以使用列表为 DataFrame 列赋值，如果使用列表进行赋值，则要保证列表的长度与 DataFrame 列的长度一致。除列表外，也可以使用 Series 进行赋值，使用 Series 赋值，则 Series 索引与 DataFrame 索引会进行精准匹配。在使用 Series 精准匹配时，缺失的索引对应的数据将会用 NaN 代替，示例代码如下：

```
# 第 5 章//pds.py
import pandas
dic = {
    "user":["jack","marry","tom"],
    "pass":["1234","4567","7890"],
    "age":[23,24,25]
}
df = pandas.DataFrame(dic, index = ["one","two","three"], columns = ["user","pass","age",
"other"])
print(df)
list = [1,2,3]
df["other"] = list                    # 使用列表赋值
print(df)
s = pandas.Series(["one","three"], index = ["one","three"])
df["other"] = s                       # 使用 Series 赋值
print(df)

# 输出结果为
        user  pass  age  other
one     jack  1234  23   NaN
two     marry 4567  24   NaN
three   tom   7890  25   NaN

        user  pass  age  other
one     jack  1234  23     1
two     marry 4567  24     2
three   tom   7890  25     3

        user  pass  age  other
one     jack  1234  23   one
two     marry 4567  24   NaN
three   tom   7890  25   three
```

del 方法用于删除一列，示例代码如下：

```
import pandas
dic = {
    "user":["jack","marry","tom"],
```

```
    "pass":["1234","4567","7890"],
    "age":[23,24,25]
}
df = pandas.DataFrame(dic, index = ["one","two","three"], columns = ["user","pass","age","other"])
del df["user"]                          #删除 user 列
print(df)

#输出结果为
       pass  age  other
one    1234   23    NaN
two    4567   24    NaN
three  7890   25    NaN
```

与 Series 一样,DataFrame 中可以使用 values 属性返回所有的数据,示例代码如下:

```
import pandas
dic = {
    "user":["jack","marry","tom"],
    "pass":["1234","4567","7890"],
    "age":[23,24,25]
}
df = pandas.DataFrame(dic, index = ["one","two","three"], columns = ["user","pass","age","other"])
print(df.values)

#输出结果为
[['jack' '1234' 23 nan]
 ['marry' '4567' 24 nan]
 ['tom' '7890' 25 nan]]
```

DataFrame 也可以使用切片的方式进行访问,示例代码如下:

```
import pandas
dic = {
    "user":["jack","marry","tom"],
    "pass":["1234","4567","7890"],
    "age":[23,24,25]
}
df = pandas.DataFrame(dic, index = ["one","two","three"], columns = ["user","pass","age","other"])
print(df[0:2])

#输出结果为
     user   pass  age  other
one  jack   1234   23    NaN
two  marry  4567   24    NaN
```

5.2.4 常用操作

to_numpy()方法可用于将 DataFrame 数据类型转换为 NumPy 数据类型,需要注意的是,当 DataFrame 由多种数据类型的列组成时,该操作所消耗的资源比较大。示例代码如下:

```python
import pandas
dic = {
    "user":["jack","marry","tom"],
    "pass":["1234","4567","7890"],
    "age":[23,24,25]
}
df = pandas.DataFrame(dic, index = ["one","two","three"], columns = ["user","pass","age","other"])
print(df.to_numpy())

#输出结果为
[['jack' '1234' 23 nan]
 ['marry' '4567' 24 nan]
 ['tom' '7890' 25 nan]]
```

describe()方法可以快速地查看数据的统计摘要,示例代码如下:

```python
import pandas
dic = {
    "user":["jack","marry","tom"],
    "pass":["1234","4567","7890"],
    "age":[23,24,25]
}
df = pandas.DataFrame(dic, index = ["one","two","three"], columns = ["user","pass","age","other"])
print(df.describe())

#输出结果为
        age
count   3.0
mean    24.0
std     1.0
min     23.0
25%     23.5
50%     24.0
75%     24.5
max     25.0
```

行与列转换,可以使用装饰器 T 来完成,实际执行的是 transpose()方法,示例代码如下:

```
import pandas
dic = {
    "user":["jack","marry","tom"],
    "pass":["1234","4567","7890"],
    "age":[23,24,25]
}
df = pandas.DataFrame(dic, index = ["one","two","three"], columns = ["user","pass","age","other"])
print(df.T)

# 输出结果为
        one     two     three
user    jack    marry   tom
pass    1234    4567    7890
age     23      24      25
other   NaN     NaN     NaN
```

sort_values()函数可以按值进行排序,sort_index()函数可以按轴进行排序,示例代码如下:

```
import pandas
dic = {
    "user":["jack","marry","tom"],
    "pass":["1234","4567","7890"],
    "age":[23,24,25]
}
df = pandas.DataFrame(dic, index = ["one","two","three"], columns = ["user","pass","age","other"])
print(df.sort_index(axis = 1))                    # 按纵轴排序,0为横轴
print(df.sort_values(by = "pass"))                # 按值进行排序

# 输出结果为
        age     other   pass    user
one     23      NaN     1234    jack
two     24      NaN     4567    marry
three   25      NaN     7890    tom
        user    pass    age     other
one     jack    1234    23      NaN
two     marry   4567    24      NaN
three   tom     7890    25      NaN
```

选择满足条件的值,需要注意的是,使用条件筛选整个DataFrame数据,需要满足数据类型与判断目标数据类型一致,否则会报错。示例代码如下:

```
import pandas
dic = {
    "pass":[1234,4567,7890],
    "age":[23,24,25]
```

```
}
df = pandas.DataFrame(dic,index = ["one","two","three"])
print(df[df.age > 24])                    #使用 age 单例进行匹配
print(df[df > 24])                        #使用全部数据进行匹配

#输出结果为
       pass   age
three  7890   25
       pass   age
one    1234   NaN
two    4567   NaN
three  7890   25.0
```

apply()方法作用于 DataFrame 中的每个行或者列。apply() 方法允许用户传入函数，传入的函数可以是 Python 内置的函数，也可以是用户自定义的函数。例如沿着纵轴进行求和，示例代码如下：

```
import pandas
dic = {
    "pass":[11,22,33],
    "age":[23,24,25]
}
#定义要传入的函数
def func(x,n):
    return x + n
df = pandas.DataFrame(dic,index = ["one","two","three"],columns = ["pass","age"])
#DataFrame 中 pass 列每个值减 3 并返回 totle 列
df["totle"] = df["pass"].apply(func,args = ( - 3,))    #参数使用元组进行传入
print(df)

#输出结果为
       pass   age   totle
one    11     23    8
two    22     24    19
three  33     25    30
```

applymap()用于对 DataFrame 中每个单元格执行指定的函数操作，示例代码如下：

```
import pandas
dic = {
    "pass":[11,22,33],
    "age":[23,24,25]
}
#定义要传入的函数
def func(x):
    return " * " + str(x) + " * "
df = pandas.DataFrame(dic,index = ["one","two","three"],columns = ["pass","age"])
df2 = df.applymap(func)
```

```
print(df2)
#输出结果为
       pass  age
one     11   23
two     22   24
three   33   25
```

map()用于对 Series 的每个数据进行操作,示例代码如下:

```
import pandas
s1 = pandas.Series([1,2,3,4,5,6])
def func(x):
    return x * 2
s2 = s1.map(func)
print(s2)

#输出结果为
0     2
1     4
2     6
3     8
4    10
5    12
dtype: int64
```

5.2.5 读写 Excel

Pandas 对 xlrd 等模块进行了封装,可以很方便地处理 Excel 文件,支持 xls 和 xlsx 等格式,需要提前安装模块,其命令为 pip install xlrd,安装 xlrd 模块可参考 4.2.3 节。

read_excel()函数用于读取 Excel 表,read_excel()函数包含 4 个常用的参数,分别为 filename、sep、header、encoding、sheet_name,参数 filename 为要打开的 Excel 表的路径。参数 sep 为分隔符。参数 header 为表头,即列名。参数 encodeing 为文档的编码格式。参数 sheet_name 为要打开的 sheet 索引,默认值为 0,即打开第 1 个 sheet。

使用 read_excel()函数前应先在当前项目目录下创建一个名为 test.xls 的 Excel 表格,包含 2 个 Sheet,表格内容可随意填写,如图 5-6 所示。

使用 read_excel()读取 test.xls 文件,默认读取 Sheet1。示例代码如下:

```
import pandas
result = pandas.read_excel("test.xls")
print(result)

#输出结果为
   name city  age sex    tel
0  jack  杭州   23  男   12222222
1  marry 武汉   22  女   13333333
2  tom   北京   23  男   14444444
```

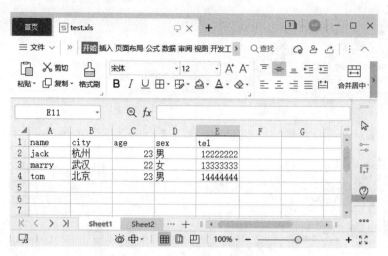

图 5-6 DataFrame 表格

读取 Sheet2 传入 sheet_name=1 参数即可,示例代码如下:

```
import pandas
result = pandas.read_excel("test.xls",sheet_name = 1)
print(result)

#输出结果为
    name  class  number
0   jack   语文    100
1   marry  数学    100
2   tom    英语    100
```

使用 to_excel()方法将 DataFrame 写入 Excel 表格中。如需存储为 xlsx 格式,则在使用 to_excel()方法前需安装 openpyxl 模块,命令如下:

```
pip install openpyxl
```

注意 使用 to_excel()方法将文件存储为 xls 格式时调用的是第三方模块 xlwt,由于模块 xlwt 不再维护,所以保存为 xls 文件时会有警告,如需保存为 xlsx 文件,则需要先安装 openpyxl 模块。

to_excel()方法的常用参数有 excel_writer、sheet_name、na_rep、encoding,参数 excel_writer 为要保存的 xlsx 文件。参数 sheet_name 为 sheet 名称。参数 na_rep 为缺失数据的表示方式。参数 encoding 为文档的编码格式。to_excel()方法的示例代码如下:

```
import pandas
dic = {
    "user":["jack","marry","tom"],
```

```
    "pass":["1234","4567","7890"],
    "age":[23,24,25]
}
df = pandas.DataFrame(dic,index = ["one","two","three"],columns = ["user","pass","age",
"other"])
df.to_excel("newtest.xlsx",sheet_name = "sheetone")
```

5.3 Matplotlib

  Matplotlib 是 Python 最著名的绘图库,它提供了一整套和 MATLAB 相似的命令 API,十分适合交互式地进行制图,而且也可以方便地将它作为绘图控件,嵌入 GUI 应用程序中。Matplotlib 官方网站为 https://matplotlib.org/,如图 5-7 所示。

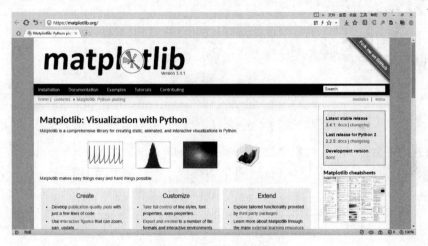

图 5-7　Matplotlib 官网

  通过 pip 安装 Matplotlib,命令如下:

```
pip install matplotlib
```

  出现 Successfully installed 则表示安装成功。
  在使用 Matplotlib 进行绘图前,先了解一下画图的基本知识。在现实生活中画图,首先需要一张纸,也就是画布,然后才在画布上进行作画。Matplotlib 也有画布的概念,在使用 Matplotlib 画画前,使用 figure()方法创建面板,figure()方法包含 6 个常用参数,分别为 num、figsize、dpi、facecolor、edgecolor、frameon,参数 num 为图像编号或名称,如果使用数字则为编号,如果使用字符串则为名称。参数 figsize 为指定画布的宽和高。参数 dpi 为指定绘图对象的分辨率。参数 facecolor 为画布的背景颜色。参数 edgecolor 为画布的边框颜色。参数 frameon 为是否显示边框,默认不显示。
  Matplotlib 中所有的图像都位于 figure 对象之中。1 张图像只能有 1 个 figure 对象。创建 figure 的示例代码如下:

```
import matplotlib.pyplot as plt
fig = plt.figure()
```

拥有了 figure 对象后，就可以在 figure 下创建一个或多个 subplot 对象（axes），用于绘制图像，使用 add_subplot() 添加一个子图，add_subplot() 方法包含 2 个常用参数，分别为 *args、projection。参数 *args 使用 3 个整数或者 3 个独立的整数来描述子图的位置信息。3 个整数分别代表行数、列数和索引值，子图将分布在索引位置上。索引从 1 开始，从右上角增加到右下角。参数 projection 为可选参数，可以选择子图的类型，例如选择 polar，就是一个极点图。默认为 none，就是一个线性图。使用 add_subplot() 方法绘制图像的示例代码如下：

```
#第5章//mbs.py
import matplotlib.pyplot as plt
fig = plt.figure("figure name")
ax = fig.add_subplot(221)
ax.set(xlim=[0.5, 4.5], ylim=[1, 10], title='Axis title', ylabel='Y-Axis', xlabel='X-Axis')
ax = fig.add_subplot(222)
ax.set(xlim=[0.5, 4.5], ylim=[1, 10], title='Axis title', ylabel='Y-Axis', xlabel='X-Axis')
plt.show()
```

上面的代码会在 figure 对象中绘制两幅子图，add_subplot(221)、add_subplot(222) 即将 figure 对象分割为 2 行 2 列，并在 figure 对象的位置 1 与位置 2 处添加两幅子图，如图 5-8 所示。

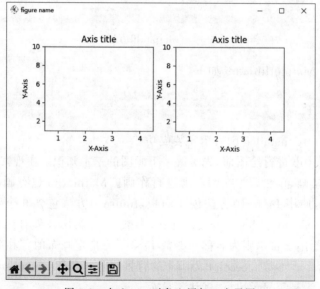

图 5-8　在 figure 对象上添加 2 个子图

了解了 Matplotlib 的绘图流程，接下来进一步了解 Matplotlib 中的常用的图形类型，包括折线图、散点图、条形图、直方图、饼图、泡泡图、等高线等。

5.3.1 折线图

折线图是数据分析中最常用的图形,折线图用于分析自变量和因变量之间的趋势关系,最适合用于显示随着时间而变化的连续数据,同时还可以看出数量的差异,以及增长情况。

Matplotlib 中使用 plot()方法绘制折线图,plot()方法常用的参数有 8 个,分别为 x、y、color、marker、linestyle、linewidth、alpha、label,其中参数 x 与参数 y 分别代表 x 轴与 y 轴对应的数据。参数 color 表示折线的颜色。参数 marker 表示这条线上数据点的类型。参数 linestyle 表示折线的类型。参数 linewidth 表示线条的粗细。参数 alpha 表示点的透明度。参数 label 表示数据图例的内容。plot()画折线图的示例代码如下:

```python
#第5章//zx.py
import matplotlib.pyplot as plt
import numpy as np
fig = plt.figure("figure name")          #设置画布名称
ax = fig.add_subplot(111)                #设置子图位置
x = np.linspace(0, np.pi)
y = np.sin(x)
y2 = np.cos(x) + 6
y3 = np.cos(x) + 3
ax.plot(x,y,color = "#1cba28",linestyle = '--',linewidth = 2,label = 'first', marker = 'o')
                                         #添加第一条线
ax.plot(x,y2,color = "#0598ff",linestyle = ':',linewidth = 2,label = 'second', marker = '+')
                                         #添加第二条线
ax.plot(x,y3,color = "#ffc105",linestyle = '-',linewidth = 2,label = 'three', marker = '*')
                                         #添加第三条线
plt.legend(loc = 2)                      #显示图例并设置图例位置,loc可取1、2、3、4
plt.show()
```

上面的代码画了 3 条折线,分别使用不同的颜色及样式进行作画,并添加了一张图例,显示在左上角,画出的图形如图 5-9 所示。

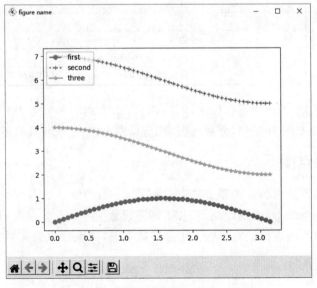

图 5-9　画三条折线并在左上角显示图例

参数 linestyle 用于控制线条的样式，参数 marker 用于控制点的样式，参数 color 用户控制线条的颜色，这 3 个参数的取值范围如表 5-1 所示。

表 5-1 参数的取值范围

linestyle 取值	说　明
—	实线（默认）
— —	双画线
:	虚线
:.	点画线
marker 取值	说　明
+	加号
○	空心圆
*	星号
.	实心圆
×	叉符号
s	正方形
d	菱形
^	上三角
v	下三角
>	右三角
<	左三角
p	五角星
h	六边形
color 取值	说　明
r	红色
g	绿色
b	蓝色
c	青绿色
m	洋红色
y	黄色
k	黑色
w	白色
#000000～#FFFFFF	可取颜色范围为 #000000～#FFFFFF

legend() 方法用于为图表进行标注，legend() 方法常用的参数为 loc，参数 loc 用于设置图例的位置，其取值范围为 1～4，分别代表右上角、左上角、左下角及右下角。

5.3.2 散点图

使用 scatter() 方法可以绘制散点图，其参数与 plot() 方法的参数类似，散点图不需要 linestyle 与 linewidth 参数，如需绘制泡泡图，则需设置 s 参数及 c 参数，其中 s 参数为散点标记的大小，c 参数为散点标记的颜色。如绘制散点图，则无须设置 s 参数与 c 参数。示例代码如下：

```
#第5章//sd.py
import matplotlib.pyplot as plt
import numpy as np
fig = plt.figure("figure name")
ax = fig.add_subplot(111)
x = np.arange(10)
y = np.random.randn(10)
ax.scatter(x,y,color = "red", marker = 'o')
plt.show()
```

代码绘制的散点图，如图 5-10 所示。

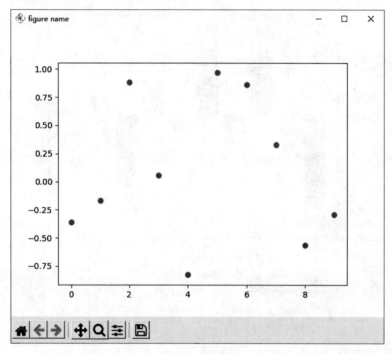

图 5-10　散点图

5.3.3　柱状图

使用 bar() 方法可绘制柱状图，bar() 方法包含 8 个常用参数，分别为 left、height、alpha、width、color、edgecolor、label、linewidth，其中参数 left 为 x 轴。参数 height 为柱形图的高度。参数 alpha 为柱形图颜色的透明度。参数 width 为柱形图的宽度。参数 color 为柱形图填充的颜色。参数 edgecolor 为图形边缘的颜色。参数 label 为数据图例的内容。参数 linewidth 为边缘或者线的宽度。使用 bar() 方法绘制柱状图的示例代码如下：

```
#第5章//zz.py
import matplotlib.pyplot as plt
import numpy as np
fig = plt.figure("figure name")
```

```
ax = fig.add_subplot(111)
x = np.arange(10)
y = np.random.randn(10)
ax.bar(x,y,color = "#c248be",label = "bar",)
ax.legend(loc = 2)
plt.show()
```

代码绘制的柱状图，如图 5-11 所示。

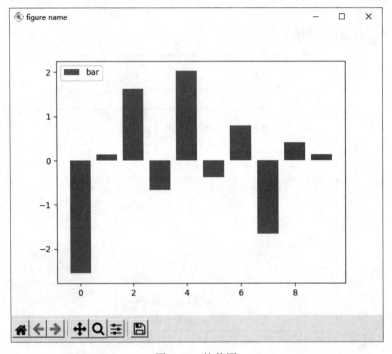

图 5-11　柱状图

5.3.4　饼图

使用 pie() 方法可绘制饼图，pie() 方法包含 15 个常用参数，分别为 x、labels、explode、startangle、shadow、labeldistance、autopct、pctdistance、radius、counterclock、wedgeprops、textprops、center、frame、rotatelabels。其中参数 x 为每一块的百分比。参数 labels 为每一块外侧显示的说明文字。参数 explode 为每一块离开中心的距离。参数 startangle 为起始绘制的角度，默认为从 x 轴正方向逆时针画起。参数 shadow 为阴影，默认值为 False，即不画阴影。参数 labeldistance 为 label 标记的绘制位置。参数 autopct 为控制饼图内百分比设置。参数 pctdistance 指定 autopct 的位置刻度，默认值为 0.6。参数 radius 为控制饼图半径，默认值为 1。参数 counterclock 为指定指针方向，默认为逆时针。参数 wedgeprops 将字典传递给 wedge 对象，用来画一个饼图。参数 textprops 用于设置标签和比例文字的格式。参数 center 为图标中心位置。参数 frame 为绘制带有表的轴框架，默认不绘制。参数 rotatelabels 将每个 label 旋转到指定的角度，默认不旋转。

使用 pie() 绘制饼图，示例代码如下：

```
#第5章//bt.py
import matplotlib.pyplot as plt
fig = plt.figure("figure name")
ax = fig.add_subplot(111)
labels = 'A','B','C','D'
sizes = [10,10,20,60]
explode = (0,0,0.1,0)
colors = ['r','g','y','b']
ax.pie(sizes,explode = explode, labels = labels, colors = colors, autopct = '%1.2f%%',
pctdistance = 0.4, shadow = True, labeldistance = 0.8, startangle = 30, radius = 1.3, counterclock
= False, textprops = {'fontsize':20,'color':'black'})
plt.show()
```

代码绘制的饼图,如图 5-12 所示。

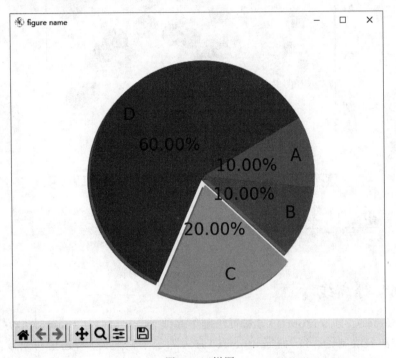

图 5-12　饼图

5.3.5　泡泡图

使用 scatter() 方法可绘制散点图,通过设置 s 参数与 c 参数可将散点图变化为泡泡图,s 参数为散点标记的大小,c 参数为散点标记的颜色。散点图的示例代码如下:

```
#第5章//pp.py
import matplotlib.pyplot as plt
import numpy as np
fig = plt.figure("figure name")
ax = fig.add_subplot(111)
```

```
x = np.random.rand(50)
y = np.random.rand(50)
area = (20 * x + 20 * y) ** 2
ax.scatter(x,y,s = area,c = np.random.rand(50), marker = "o",alpha = 0.6)
plt.show()
```

代码绘制的泡泡图,如图 5-13 所示。

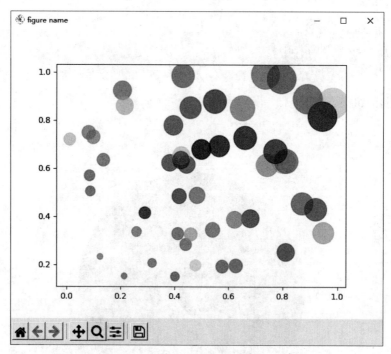

图 5-13　泡泡图

5.3.6　等高线

使用 contour() 与 contourf() 方法可绘制等高线,contour() 与 contourf() 方法的区别为 contour() 方法只绘制轮廓线,而 contourf() 方法除了绘制轮廓线,还会对绘制的轮廓线进行颜色填充。两种方法的参数是相同的,都包含了 8 个常用的参数,分别为 x、y、z、colors、alpha、cmap、linewidths、linestyles,其中参数 x 为 x 轴数据。参数 y 为 y 轴的数据。参数 z 为高度数据。参数 colors 为指定不同高度的等高线颜色。参数 alpha 为透明度。参数 cmap 为用不同颜色区分不同高度区域。参数 linewidths 为指定等高线的宽度。参数 linestyles 为指定等高线的样式。

绘制等高线的示例代码如下:

```
#第 5 章//dgx.py
import matplotlib.pyplot as plt
import numpy as np
fig = plt.figure("figure name")
ax = fig.add_subplot(211)
```

```
ax2 = fig.add_subplot(212)
n = 128
x = np.linspace( -2,2,n)
y = np.linspace( -2,5,n)
x,y = np.meshgrid(x,y)
def func(x,y):
    return (1 - x/2 + x ** 2 + y ** 3) * np.exp( - x ** 2 - y ** 4)
ax.contourf(x,y,func(x,y))
ax2.contour(x,y,func(x,y))
plt.show()
```

代码绘制的等高线如图 5-14 所示,其中上半部分使用了 contourf( )方法进行绘制,下半部分使用了 contour( )方法进行绘制。

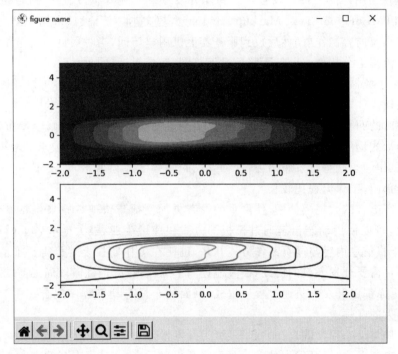

图 5-14　等高线

第 6 章 Python 与前端交互

前端又称为前端开发,是指通过 HTML、CSS 及 JavaScript 等技术手段将 Web 或者 App 页面呈现给用户的一种开发技术。前端开发由网页制作演变而来,在互联网的早期,网站通过 HTML(Hyper Text Markup Language,超文本标记语言)来构建静态页面,也就是事先将网页及内容制作好,然后放到服务器上供用户访问,当时网页的制作和发布流程与报纸的出版流程十分相似。前一天将信息汇总,制作成报纸(网页),然后第二天将报纸派发出去(上传至服务器)。此时网页相对于报纸来讲其优势为发布的内容可以随时修改,获取信息将更便捷。

虽然此时的网页相对报纸来讲已经拥有了少量的优势(可以随时修改发布过的信息),但是其表现形式仍然比较单一,随着信息量的增加及对信息实时性的要求的增高,通过汇聚信息,然后制作静态网页再发布出去,这种方式的效率已经很低了,且发布一个网页往往需要涉及多个部门,工作流程比较长。

随着动态语言的大规模使用,使网页的发布更加便捷与快速。原来需要单个去创建并制作的网页,可以使用动态语言通过模板的方式快速地生成,极大地节省了网页制作的时间,并且由于将信息内容与网页制作分离开来,也使在工作职权上划分得更加清晰,信息编撰及录入不再需要开发人员的协助,极大地提高了工作效率,但此阶段尚无前端与后端的区分,所有的页面都由开发人员通过程序生成,页面的布局与动态程序混合在一起,给程序的维护带来极大的麻烦。

页面布局与动态程序混合在一起开发,为开发者带来了诸多麻烦,当需要修改页面的布局及页面的表现形式时,开发人员需要对程序进行大量修改,且发布新的程序时可能需要停止当前的服务,不仅开发效率低下,对用户的体验来讲也十分不友好。为了解决这个问题,提出了前后端分离的模式。将前端页面(表现层)与后端程序(控制层)剥离开来,通过接口的形式传递数据,这样前端页面的布局与表现形式与后端程序将完全没有关联,其任何修改都不会影响后端程序的运行,这样就保障了程序的强大性及稳定性,并且前端可以自由发挥,也满足了页面的丰富性。

现代前端开发,不仅可以满足 Web 前端的开发需要,也可以满足 App 前端的开发。通过各种强大的前端开发框架,可以非常容易地创建 App 页面,使前端的价值性进一步得到体现。

6.1 前端开发工具

工欲善其事，必先利其器。与 Python 开发一样，在开始学习前端开发知识前，需要一个强大的开发工具，虽然 PyCharm 专业版提供了对 HTML、CSS 及 JavaScript 的支持，但是专业版是收费软件，在市场上有很多非常强大的免费的前端开发工具。这里推荐使用国产的专业前端开发工具 HBuilder X。

HBuilder X 是目前非常流行的国产前端开发工具，其开发工具基于 C++架构，启动速度与大文档打开速度极快。拥有强大的语法提示，其语法提示精准、全面、细致。界面清爽简洁，拥有护眼模式。HBuilder X 是一款免费且强大的前端开发工具。

HBuilder X 的官方网站为 https://www.dcloud.io/hbuilderx.html，如图 6-1 所示。单击 DOWNLOAD 按钮即可下载 HBuilder X。安装 HBuilder X 比较简单，这里不再赘述。

图 6-1　HBuilder X 官方网站

安装好 HBuilder X 后，主界面如图 6-2 所示。HBuilder X 内置了 3 个主题，可以通过切换主题来选择偏好的界面。主题的设置可以通过菜单中的"工具"→"主题"进行选择。

HBuilder X 界面看上去比较简单，整个界面分为左、中、右 3 部分，左侧为项目列表界面，可以在此新创建项目，也可以将已有的项目导入。中间部分为代码编写部分，所有的代码都在此处进行编写。右边为快速定位部分，可以对当前页面进行快速定位，当页面代码比较长时，此工具非常实用。

右击左侧项目列表处可以创建新的项目，右击鼠标在弹出菜单中单击"新建"→"项目"即可进入项目创建窗口，在项目创建窗口中设置对应的参数即可完成项目的创建，如图 6-3 所示。因为 HBuilder X 不仅可以用来开发 Web 页面，还可以开发 App 页面及适配手机的 HTML5 页面，如果对 App 或者手机端 HTML5 页面感兴趣，则可以尝试创建 uni-app、Wap2App 及 5+App，它们都是基于前端技术的，但如需创建的页面能够正常运行，还需要学习其对应的开发框架才可以。这里选择普通项目,勾选基本 HTML 项目,填写好项目名称及目录,然后单击"创建"按钮即可完成 HTML 项目的创建。

图 6-2　HBuilder X 主界面

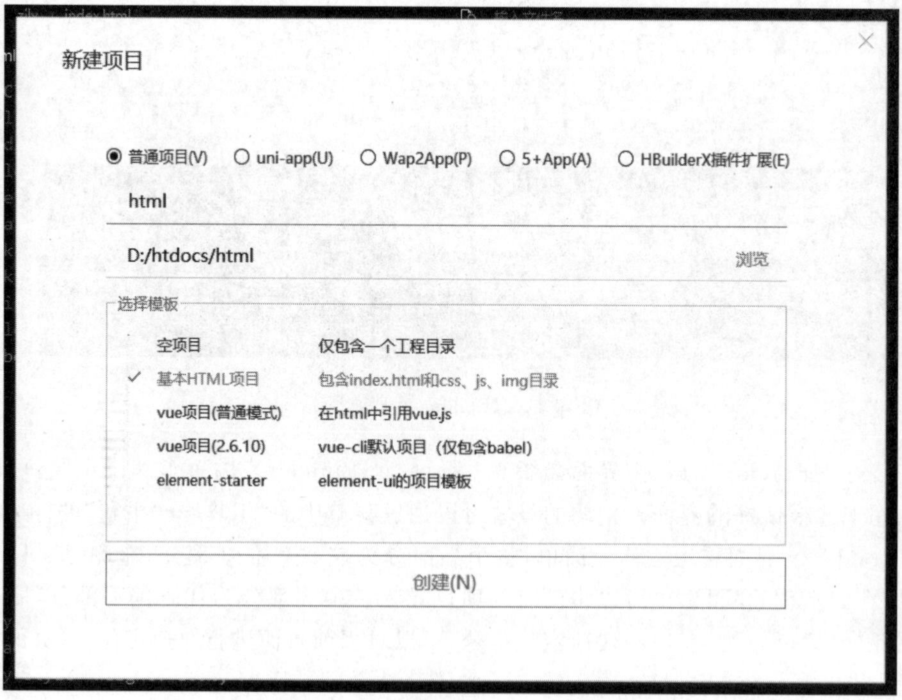

图 6-3　HBuilder X 创建项目

HBuilder X 会自动帮助我们创建一个带有 css、img、js 文件夹结构的 index.html 页面,如图 6-4 所示。这 3 个文件夹并不是必需的,完全可以将 CSS 文件、图片文件及 JavaScript 文件放置在同一目录下或者自己创建的文件夹下,创建这样的目录只是使程序看起来更加有条理,属于建议性质,但这并不是必需的。

图 6-4　HBuilder X 创建项目及目录结构

创建好项目后,就可以对页面进行编辑了,在实际操作中会经常碰到需要修改某一个页面的情况,有些读者会为了节省时间使用 HBuilder X 对该页面单独进行编辑,这里建议如果要对某个页面进行编辑,最好以创建项目的形式进行。这样会避免一些诸如找不到文件或者文件路径错误的问题。

HTML 页面是有编码格式的,一般情况下 HBuilder X 会自动识别当前页面的编码,并正确显示。也可以通过选择不同的编码来指定当前页面使用什么编码。在 HBuilder X 右下角会显示当前页面的编码,单击该编码文字即可切换编码,如图 6-5 所示。

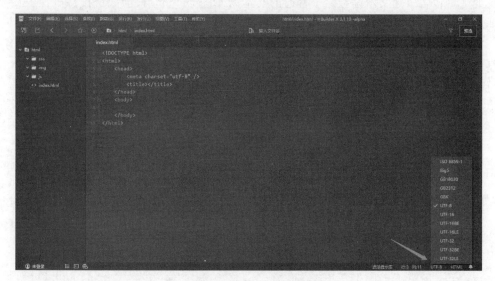

图 6-5　选择不同的编码

当编写好页面后,可以单击 HBuilder X 右上角的预览按钮进行页面的预览,如图 6-6 所示。也可以直接在项目的文件夹中使用浏览器打开页面进行预览,可以使用 HBuilder X

快速打开项目的文件夹。在项目上右击鼠标，在弹出的菜单中选择"在外部资源管理器打开"，即可快速进入项目的文件夹。进入项目文件夹后，一般情况下只需双击要打开的 html 文件便可使用默认的浏览器进行预览。

图 6-6　在 HBuilder X 内预览 html 文件

6.2　HTML 基础

　　HTML 是 Hyper Text Markup Language 的缩写，意思为超文本标记语言，是用于描述网页的一种语言。超文本是指除了普通的文本以外，还可以包含图片、链接甚至音乐及程序等非文本元素。

　　HTML 不是一种编程语言，而是一种标记语言，使用标记标签来描述网页。HTML 标签是由尖括号包围的关键词，例如< div ></ div >。大部分情况下 HTML 标签是成对出现的，成对标签中的第 1 个标签是开始标签，第 2 个标签为结束标签。

　　HTML 标签并不全都是成对的标签，也有不成对的标签，例如< br />，该标签不为成对标签，而是直接闭合的。

　　平日查看的网页，都由浏览器通过获取标签，并将标签翻译及解释后形成的易读页面，在网页幕后工作的就是各种 HTML 标签。例如如下标签：

```
< body >
    预览界面< br />
     < div >
        例子 1
     </ div >
     < div >
        例子 2
     </ div >
</ body >
```

HTML 标签有很多种，可以粗略地分为根元素、内容分区、文本内容、内联文本语义、图片及多媒体、内嵌内容、脚本、表格、表单等。

6.2.1 HTML 根元素

根元素标签为< html >，< html >标签定义了整个 HTML 文档，是整个文档的根元素。该标签是成对标签。拥有一个开始标签< html >和一个结束标签</html >。

6.2.2 HTML 文档元素

文档元数据包含的标签有< link >、< meta >、< style >、< title >。

< link >标签用于定义文档与外部资源的关系，常见的用途为链接一个外部样式表。< link >标签不是成对标签。< link >标签的常用属性为 rel、href 与 type，属性 rel 规定了当前文档与被连接文档之间的联系，常用的值为 stylesheet。属性 href 用于定义被连接资源的位置。属性 type 用于定义被连接资源的 MIME 类型。示例代码如下：

```
< link rel = "stylesheet" type = "text/css" href = "index.css" />
```

< meta >标签可提供相关页面的元信息，在实际应用中< meta >用于向爬虫提供当前页面的关键词及描述，有助于搜索引擎快速地收录当前页面。< meta >标签包含 4 个常用属性，分别为 content、http-equiv、name、scheme，其中属性 content 为各个参数的变量值。属性 http-equiv 类似文件头，向浏览器传回一些有用的信息以帮助正确和精确地显示网页内容。属性 name 将 content 属性关联到一个名称。属性 scheme 用于定义翻译 content 属性值的格式。

< meta >标签不是成对标签。使用< meta >将页面编码格式设置为 utf-8，并向搜索引擎爬虫快速提交页面信息，示例代码如下：

```
< meta charset = "utf - 8" />
< meta name = "keywords" content = "当前页面的关键词">
< meta name = "description" content = "当前页面的描述">
```

< style >标签用于为当前文档定义样式信息。可以使用该标签定义当前文档在浏览器中呈现的样式。该标签包含 2 个常用的属性，分别为 type 与 media。属性 type 用于定义样式的 MIME 类型，属性 media 用于定义样式的不同媒介类型。< style >标签是一个成对标签，需要有开始标签< style >与结束标签</style >。< style >标签的示例代码如下：

```
< html >
  < head >
    < meta charset = "utf - 8" />
    < title >测试页面</title >
    < style type = "text/css">
      span{color: red;}
      a{color: blue;}
    </style >
  </head >
```

```
< body >
</body >
</html >
```

  < title >标签用于定义文档的标题,该标题会通过浏览器显示在页面的最上方。< title >标签是成对标签,需要有开始标签< title >与结束标签</title >,< title >标签的示例代码如下:

```
< html >
    < head >
        < meta charset = "utf - 8" />
        < title >这里填写标题内容</title >
    </head >
    < body >
    </body >
</html >
```

6.2.3 HTML 分区根元素

  分区根元素包含的标签为< body >,< body >标签标示文档的内容,< body >的父元素只能是< html >,< body >标签包含的属性为 alink、background、bgcolor、bottommargin、leftmargin、link、onafterprint、onbeforeprint、onbeforeunload、onblur、onerror、onfocus、onhashchange、onlanguagechange、onload、onmessage、onoffline、ononline、onpopstate、onredo、onresize、onstorage、onundo、onunload、rightmargin、text、topmargin、vlink。其中 alink、background、bgcolor、bottommargin、leftmargin、link、rightmargin、text、topmargin、vlink 这部分属性已经不再符合新的 HTML 规范,需要使用 CSS 进行替代,这里仅讲解符合规范的属性。

  (1) onafterprint 属性为用户完成文档打印后调用的函数。
  (2) onbeforeprint 属性为用户要求打印文档前调用的函数。
  (3) onbeforeunload 属性为文档即将被关闭前调用的函数。
  (4) onblur 属性为文档失去焦点时调用的函数。
  (5) onerror 属性为文档加载失败时调用的函数。
  (6) onfocus 属性为文档获得焦点时调用的函数。
  (7) onhashchange 属性为文档当前地址的片段标识部分(以('♯')开始的部分)发生改变时调用的函数。
  (8) onlanguagechange 属性为用户选择的语言发生改变时调用的函数。
  (9) onload 属性为文档完成加载时调用的函数。
  (10) onmessage 属性为文档接收到消息时调用的函数。
  (11) onoffline 属性为网络连接失败时调用的函数。
  (12) ononline 属性为网络连接恢复时调用的函数。
  (13) onpopstate 属性为用户回退历史记录时调用的函数。
  (14) onredo 属性为用户重进行操作时调用的函数。

（15）onresize 属性为文档尺寸发生改变时调用的函数。

（16）onstorage 属性为存储内容（localStorage / sessionStorage）发生改变时调用的函数。

（17）onundo 属性为用户撤销操作时调用的函数。

（18）onunload 属性为文档关闭时调用的函数。

6.2.4　HTML 内容分区元素

内容分区包含的标签有< head >、< header >、< nav >、< section >、< aside >、< footer >、< h1 >至< h6 >、< article >、< address >、< main >。

< head >标签是文档头部元素的容器，用于存放头部元素标签，文档元数据都可放入< head >标签中。< head >标签应当紧跟在< html >标签后，< head >标签是成对标签，需要有开始标签< head >与结束标签</head >，< head >标签的示例代码如下：

```
< html >
  < head >
    < meta name = "keyword" content = "关键词" />
    < title > head 标签</title >
  </head >
  < body >
  </body >
</html >
```

< header >标签为介绍内容或者导航链接栏的容器，< header >标签不能嵌套，且不能放在< footer >、< address >的内部。< header >标签是成对的标签，需要有开始标签< header >与结束标签</header >，需要注意< header >标签与< head >标签之间的区别，< head >标签用于存放头部元素，< header >为内容或者导航栏的容器，< header >标签的示例代码如下：

```
< html >
  < head >
    < meta charset = "utf - 8" />
    < title > header 示例</title >
  </head >
  < body >
    < header class = "mui - bar mui - bar - nav">
      < h1 class = "mui - title">标题</h1 >
    </header >
  </body >
</html >
```

< nav >标签用于定义导航链接部分。< nav >标签是成对标签，需要有开始标签< nav >与结束标签</nav >，< nav >标签的示例代码如下：

```
< nav >
  < a href = "index.html">首页</a >
```

```
< a href = "product.html">产品列表</a>
</nav>
```

< section >标签用表示一个包含在 HTML 文档中的独立部分。< section >的父标签不能是< address >。< section >标签是成对标签,需要有开始标签< section >与结束标签</section >,< section >标签的示例代码如下:

```
< section >
    < h1 > Heading </h1 >
    < p > Bunch of awesome content </p >
</section >
```

< aside >标签表示一个和其余页面内容几乎无关的部分,被认为是独立于该内容的一部分并且可以被单独地拆分出来而不会使整体受影响,其通常表现为侧边栏或者标注框。< aside >的父标签不能是< address >。< aside >是成对标签,需要有开始标签< aside >与结束标签</aside >,< aside >标签的示例代码如下:

```
< article >
    < p >
    流浪地球于 2019 年首次登上银幕.
    </p >
    < aside >
    该片便收获了 46.18 亿元的总票房.
    </aside >
    < p >
    更多有关该电影的信息…
    </p >
</article >
```

< footer >标签表示最近一个章节内容或者根节点元素的页脚。一个页脚通常包含该章节的作者、版权数据或者与文档相关的链接等信息。< footer >的父标签不能为< address >、< header >、< footer >。< footer >标签是成对标签,需要有开始标签< footer >与结束标签</footer >。< footer >标签的示例代码如下:

```
< footer >
    < p >版权所有 XX 出版社</p >
</footer >
```

< h1 >至< h6 >标签通常用于标题,呈现了 6 个不同级别的标题,< h1 >级别最高,而< h6 >级别最低。< h? >标签(? 表示数字 1～6)是成对标签,需要有开始标签< h? >与结束标签</h? >,< h? >标签的示例代码如下:

```
< h1 > Heading level 1 </h1 >
< h2 > Heading level 2 </h2 >
< h3 > Heading level 3 </h3 >
```

```
< h4 > Heading level 4 </h4 >
< h5 > Heading level 5 </h5 >
< h6 > Heading level 6 </h6 >
```

< article >标签表示文档、页面、应用或网站中的独立结构,其意在成为可独立分配的或可复用的结构,如在发布中,它可能是论坛帖子、杂志或新闻文章、博客、用户提交的评论、交互式组件,或者其他独立的内容项目。< article >的父标签不能为< address >,< article >为成对标签,需要有开始标签< article >与结束标签</article >,< article >标签的示例代码如下:

```
< article class = "day - forecast">
    < h2 > 03 March 2018 </h2 >
    < p > Rain.</p >
</article >
```

< address >标签可以是必要的任何一种联系方式,例如真实地址、URL、电子邮箱、电话号码、社交媒体账号、地理坐标等。通常< address >元素可以放在< footer >元素之中。< address >是成对标签,需要有开始标签< address >与结束标签</address >,< address >标签的示例代码如下:

```
< address >
    北京市海淀区 XX 路< br >
    133XXXXXXXX < br >
</address >
```

< main >标签呈现了文档的 body 或应用的主体部分。主体部分由与文档直接相关或者扩展于文档的中心主题、应用的主要功能部分的内容组成。< main >是成对标签,需要有开始标签< main >与结束标签</main >,< main >标签的示例代码如下:

```
< html >
< body >
< main role = "main">
    < article >
        < h2 > HTML </h2 >
        < p >学习 HTML(超文本标记语言).</p >
    </article >
</main >
</body >
</html >
```

6.2.5 HTML 文本元素

文本内容包含的标签有< p >、< pre >、< ol >、< ul >、< li >、< dl >、< dt >、< dd >、< figure >、< figcaption >、< blockquote >、< hr >、< div >。

< p >标签表示文本的一个段落。该元素通常表现为一整块与相邻文本分离的文本,或

以垂直的空白隔离或以首行缩进的文本。<p>标签是成对标签,需要有开始标签<p>与结束标签</p>,<p>标签的示例代码如下:

```
<p>
    这是一个段落,会自动首行缩进.
</p>
```

<pre>标签表示预定义格式文本。在该元素中的文本通常按照原文件中的编排,以等宽字体的形式展现出来,文本中的空白符(例如空格和换行符)都会显示出来。<pre>是成对标签,需要有开始标签<pre>与结束标签</pre>,</pre>标签的示例代码如下:

```
<pre>
    将完整的输出          该行的
    格                    式
</pre>

#输出结果为
    将完整的输出          该行的
    格                    式
```

<ol>标签表示有序列表,通常渲染为一个带编号的列表。该标签包含3个常用属性,分别为reversed、start、type,属性reversed为布尔类型,用于对列表中的条目进行排序。属性start指定了列表编号的起始值。属性type表示所设置编号的类型,可使用css的list-style-type来代替。<ol>是成对标签,需要有开始标签<ol>与结束标签</ol>,<ol>标签的示例代码如下:

```
<ol>
    <li>第一条</li>
    <li>第二条</li>
    <li>第三条</li>
</ol>
```

<ul>标签表示一个含多个元素的无序列表或项目符号列表,<ul>标签与<ol>标签的区别为<ol>标签内列表的顺序是有意义的,而<ul>标签内列表的顺序是无序的。<ul>标签是成对标签,需要有开始标签<ul>与结束标签</ul>,<ul>标签的示例代码如下:

```
<ul>
    <li>第一条</li>
    <li>第二条</li>
    <li>第三条</li>
</ul>
```

<li>标签用于表示列表里的条目,它必须包含在<ol>或者<ul>里。<li>标签是成对标签,需要有开始标签<li>与结束标签</li>,<li>标签的示例代码如下:

```
< ul >
  < li > first item </li >
  < li > second item </li >
  < li > third item </li >
</ul >
```

< dl >标签表示一个包含术语定义及描述的列表,通常用于展示词汇表或者元数据(键-值对列表)。< dl >标签是成对标签,需要有开始标签< dl >与结束标签</dl >,< dl >标签的示例代码如下:

```
< dl >
  < dt >安卓操作系统</dt >
  < dd >一个开源的移动端操作系统,是智能手机必备的系统软件.</dd >
</dl >
```

< dt >标签用于在一个定义列表中声明一个术语。该元素仅能作为 dl 的子元素出现。通常在该元素后面会跟着 dd 元素。< dt >标签是成对标签,需要有开始标签< dt >与结束标签</dt >。

< dd >标签用来指明< dl >标签中一个术语的描述。该标签只能作为描述列表元素的子元素出现,并且必须跟着一个< dt >标签。< dd >标签是成对标签,需要有开始标签< dd >与结束标签</dd >。

< figure >标签代表一段独立的内容,经常与说明< figcaption >配合使用,并且作为一个独立的引用单元。< figure >标签是成对标签,需要有开始标签< figure >与结束标签</figure >。< figure >标签的示例代码如下:

```
< figure >
  < img src = "banner.jpg" alt = "banner">
  < figcaption >这是一张 banner </figcaption >
</figure >
```

< figcaption >标签是与其相关联的图片的说明或者标题,用于描述父节点< figure >标签里的其他标签,< figcaption >标签的父元素只能是< figure >。< figcaption >标签是成对标签,需要有开始标签< figcaption >与结束标签</figcaption >。< figcaption >标签的示例代码如下:

```
< figure >
  < img src = "https://www.xxx.com/title.png" alt = "title 图标">
  < figcaption >一张 logo </figcaption >
</figure >
```

< blockquote >标签为引用标签,代表其中的文字是引用内容。< blockquote >标签包含 1 个 cite 属性,用于标注引用信息的来源文档或者相关信息的 URL。< blockquote >标签是成对标签,需要有开始标签< blockquote >与结束标签</blockquote >。< blockquote >标签的示例代码如下:

```
<blockquote cite = "https://www.xxx.com/html/1.html">
    <p>这里是一段引用的文字</p>
</blockquote>
```

<hr>标签为一条横线，表示段落级元素之间的主题转换（例如，一个故事中的场景的改变，或一个章节的主题的改变）。<hr>标签包含 5 个属性，分别为 align、color、noshade、size、width，其中属性 align 为设置对齐的方式，默认为左对齐。属性 color 为横线的颜色，使用十六进制。属性 noshade 为去除阴影。属性 size 为所使用的像素设置高度。属性 width 为所使用的像素或者百分比设置宽度。<hr>不是成对标签，其示例代码如下：

```
<p>一个段落</p>
<hr>
<p>另外的段落</p>
```

<div>标签是一个通用型的流内容容器，在网页布局中该标签使用最为广泛。<div>标签是成对标签，需要有开始标签<div>与结束标签</div>。<div>标签的示例代码如下：

```
<div>
    <div>最为灵活</div>
    <div>使用最广泛</div>
</div>
```

6.2.6　HTML 内联文本语义

内联文本语义包含的标签有<span>、<a>、<strong>、<em>、<q>、
、<mark>、<code>、<abbr>、<b>、<bdi>、<bdo>、<sub>、<sup>、<time>、<i>、<u>、<cite>、<data>、<kbd>、<s>、<samp>、<var>、<wbr>。

<span>标签是短语内容的通用行内容器，并没有任何特殊语义，可以使用它来编组元素以达到某种样式意图（通过使用类或者 Id 属性）。<span>标签是成对标签，需要有开始标签<span>与结束标签</span>。<span>标签的示例代码如下：

```
<p>
    <span>文字</span>
</p>
```

<a>标签用于创建 URL 超链接。该标签包含 7 个常用属性，分别为 download、href、hreflang、ping、referrerpolicy、rel、target。

（1）download 属性告知浏览器直接下载 href 指定的文件，而不是预览它。例如图片链接，大多数浏览器会将图片链接进行预览，使用 download 属性后，则直接下载图片而不是进行预览。

（2）href 为超链接指向的 URL。

（3）hreflang 指定被连接文档的语言。

（4）ping 包含一个以空格分隔的 URL 列表，当跟随超链接时，将由浏览器发送带有正文 PING 的 POST 请求,通常用于跟踪。

(5) referrerpolicy 表明在获取 URL 时发送哪个提交者。

(6) rel 指定了目标对象到链接对象的关系。

(7) target 该属性指定在何处显示链接的资源,该属性的可选参数:_self 用于在当前页面加载,_blank 用于在新窗口打开,_parent 用于在父框架加载,_top 将文档载入整个浏览器窗口,取消所有其他 frame。

<a>标签是成对标签,需要有开始标签<a>与结束标签</a>。<a>标签的示例代码如下:

```
<a href="http://www.aaa.com/1.jpg" download="http://www.aaa.com/1.jpg" target="_blank">连接1</a>
```

<strong>标签用于对文本进行粗体显示。<strong>标签是成对标签,需要有开始标签<strong>与结束标签</strong>。<strong>标签的示例代码如下:

```
<p>HTML 是<strong>超文本标记语言</strong></p>
```

<em>标签用于对文字进行着重标注,该标签会被浏览器展示为斜体文本。<em>标签是成对标签,需要有开始标签<em>与结束标签</em>。<em>标签的示例代码如下:

```
<p>这是一次非常重要的演讲,明天早上<em>9:00</em>要准时进场</p>
```

<q>标签表示一个封闭的并且短的行内引用的文本,不支持换行符。该标签包含 1 个属性 cite,该属性表示被引用的文本的源文档或者源信息。<q>标签是成对标签,需要有开始标签<q>与结束标签</q>。<q>标签的示例代码如下:

```
<p>
  他真优秀,可谓
    <q cite="http://www.xxx.com">
      前无古人,后无来者
    </q>.
</p>
```


标签表示换行符。
标签不是成对标签,
标签的示例代码如下:

```
<p>
  这是第一行<br>
  这是第二行
</p>
```

<mark>标签用于高亮显示文本,以便突出文本。<mark>标签是成对标签,需要有开始标签<mark>与结束标签</mark>。<mark>标签的示例代码如下:

```
<p>
  用于<mark>高亮</mark>显示
</p>
```

<code>标签用于呈现一段计算机代码,它以浏览器的默认等宽字体显示。<code>标签是成对标签,需要有开始标签<code>与结束标签</code>。<code>标签的示例代码如下：

```
<p>
    下面为示例代码：
    <code>
      print("hello world!")
    </code>
</p>
```

<abbr>标签用于代表缩写。<abbr>标签只有全局属性,可以使用 title 属性,用于表示对缩写的描述。<abbr>标签是成对标签,需要有开始标签<abbr>与结束标签</abbr>。<abbr>标签的示例代码如下：

```
<p>
    <abbr title = "Hyper Text Markup Language">HTML</abbr>是超文本标记语言
</p>
```

<b>标签用于表示粗体文字,在实际使用中,应当使用 CSS 中的 font-weight 属性设置粗体文字。

<bdi>标签允许设置一段文本,使其脱离父元素的文本方向设置。<bdi>标签是成对标签,需要有开始标签<bdi>与结束标签</bdi>。<bdi>标签的示例代码如下：

```
<ul>
    <li>用户<bdi>marray</bdi>:24 岁</li>
    <li>用户<bdi>jack</bdi>:23 岁</li>
</ul>
```

<sub>标签可定义下标,<sub>标签是成对标签,需要有开始标签_{与结束标签}。<sub>标签的示例代码如下：

```
<p>
    水的化学分子式为 H<sub>2</sub>O
</p>
```

<sup>标签可定义上标,<sup>标签是成对标签,需要有开始标签^{与结束标签}。<sup>标签的示例代码如下：

```
<p>
    5 的平方表达式为 5<sup>2</sup>
</p>
```

<time>标签用于表示 24 时制时间,该标签包含的属性为 datetime,表示此元素的时间和日期。<time>标签是成对标签,需要有开始标签<time>与结束标签</time>。<time>

标签的示例代码如下：

```
<p>
  大会开始时间为<time>09:00</time>
</p>
```

<i>标签用于区分普通文本，其表现形式为斜体。<i>标签是成对标签，需要有开始标签<i>与结束标签</i>。<i>标签的示例代码如下：

```
<p>
  如何用英语表示<i>光明</i>
</p>
```

<u>标签用于为文本添加下画线，<u>标签是成对标签，需要有开始标签<u>与结束标签</u>。<u>标签的示例代码如下：

```
<p>
  使用下<u>画线</u>来表示
</p>
```

<cite>标签表示对一个文献的引用，并且必须包含作品的标题。<cite>标签是成对标签，需要有开始标签<cite>与结束标签</cite>。<cite>标签的示例代码如下：

```
<p>
  参考文献为<cite>[ISO-0000]</cite>
</p>
```

<data>标签用于将一个指定内容和机器可读的翻译联系在一起。该标签包含的属性为value，该属性用于提供机器可读的内容。<data>标签是成对标签，需要有开始标签<data>与结束标签</data>。<data>标签的示例代码如下：

```
<ul>
  <li><data value="398">迷你番茄酱</data></li>
  <li><data value="399">巨无霸番茄酱</data></li>
  <li><data value="400">超级巨无霸番茄酱</data></li>
</ul>
```

<kbd>标签用于定义键盘文本，表示该文本是通过键盘输入的。<kbd>标签是成对标签，需要有开始标签<kbd>与结束标签</kbd>。<kbd>标签的示例代码如下：

```
<p>
  同时按下<kbd>Ctrl</kbd>与<kbd>F</kbd>可以进行查找
</p>
```

<s>标签用于删除线，<s>标签是成对标签，需要有开始标签<s>与结束标签</s>。<s>标签的示例代码如下：

```
<p>
    参数<s>XX</s>已经不再使用了
</p>
```

<samp>标签用于定义样本文本。<s>标签是成对标签,需要有开始标签<s>与结束标签</s>。<s>标签的示例代码如下:

```
<p>
    这是一个有趣的<samp>例子</samp>用于展示其功能.
</p>
```

<var>标签用于表示变量的名称,通常显示为斜体。<var>标签是成对标签,需要有开始标签<var>与结束标签</var>。<var>标签的示例代码如下:

```
<p>
    一个简单的算术式:<var>x</var>=<var>y</var>+1
</p>
```

<wbr>标签用于定义文本在何处适合添加换行符。<wbr>标签不是成对标签。<wbr>标签的示例代码如下:

```
<p>
    网址为<wbr>http://<wbr>www.<wbr>xxx.<wbr>com
</p>
```

6.2.7　HTML 图片及多媒体元素

图片及多媒体包含的标签有<img>、<audio>、<video>、<map>、<area>。

<img>标签用于将图片嵌入文档。该标签包含 2 个必需的属性,分别为 src 与 alt。属性 src 表示要嵌入的图片的路径,属性 alt 表示图像的文本描述。<img>的其他常用标签:height 用于定义图片的高度。width 用于设置图片的宽度。loading 用于指示浏览器加载该图片的方式,有 2 个可设置的参数,参数 eager 用于立即加载图像、参数 lazy 用于延迟加载图像。

<img>标签支持的图片格式有 APNG、AVIF、BMP、GIF、ICO、JPEG、PNG、SVG、TIFF、WebP。

<img>标签是不成对标签,<img>标签的示例代码如下:

```
<p>
    <img sizes = "http://www.xxx.com/logo.png" alt = "logo"/>
    <img sizes = "1.png" alt = "1"/>
</p>
```

<audio>标签用于在文档中嵌入声频内容。<audio>标签包含 6 个常用属性,分别为 autoplay、controls、loop、muted、preload、src。属性 autoplay 表示声频就绪后立即播放。属

性 controls 表示显示控制按钮。属性 loop 表示循环播放。属性 muted 表示静音。属性 preload 表示预加载。属性 src 表示要播放的声频的 URL。

<audio>标签是成对标签,需要有开始标签<audio>与结束标签</audio>。<audio>标签的示例代码如下:

```
< p >
  < audio src = "audio.wav" controls = "true">播放声频</audio>
</p>
```

<video>标签用于在 HTML 或者 XHTML 文档中嵌入媒体播放器,用于支持文档内的视频播放。<video>标签包含 9 个常用的属性,分别为 autoplay、controls、height、loop、muted、poster、preload、src、width。属性 autoplay 表示视频就绪后立即播放。属性 controls 表示显示控制按钮。属性 height 表示播放器的高度。属性 loop 表示循环播放。属性 muted 表示静音播放。属性 poster 表示视频下载时显示的图像。属性 preload 表示预加载。属性 src 表示要播放的 URL。属性 width 表示播放器的宽度。

<video>标签是成对标签,需要有开始标签<video>与结束标签</video>。<video>标签的示例代码如下:

```
< p >
  < video src = "video.ogg" controls = "true">播放视频</video>
</p>
```

<map>标签表示带有可单击区域的图像映射。该标签包含的属性为 name,name 表示 image-map 规定的名称。<map>标签是成对标签,需要有开始标签<map>与结束标签</map>。<map>标签的示例代码如下:

```
< map name = "map - 1">
  < area shape = "circle" coords = "200,250,25" href = "pi.htm" />
  < area shape = "default" />
</map>
```

<area>标签用于在图片上定义一个热点区域,可以关联一个超链接。<area>元素仅在<map>元素内部使用。该标签包含 6 个常用属性,分别为 alt、coords、href、nohref、shape、target。属性 alt 表示显示替代的文本。属性 coords 表示可单击区域的坐标。属性 href 表示可单击区域的目标 URL。属性 nohref 表示从图像映射排除某个区域。属性 shape 表示所定义区域的形状。属性 target 表示打开 URL 的方式,可选参数有_blank、_parent、_self、_top。

6.2.8 HTML 内嵌内容元素

内嵌内容包含的标签有<iframe>、<object>、<param>、<picture>、<source>。

<iframe>标签会创建包含另一个文档的内联框架。<iframe>包含 12 个常用的属性,分别为 frameborder、height、longdesc、marginheight、marginwidth、name、sandbox、

scrolling、src、srcdoc、width。属性 frameborder 表示是否显示边框。属性 height 表示 iframe 的高度。属性 longdesc 表示框架内容的长描述的 URL。属性 marginheight 用于定义 iframe 的顶部和底部边距。属性 marginwidth 用于定义 iframe 的左边与右边的边距。属性 name 用于定义 iframe 的名称。属性 sandbox 用于限制 iframe 的呈现。属性 scrolling 用于定义是否显示滚动条。属性 src 表示 iframe 中显示的文档的 URL。属性 srcdoc 表示 iframe 中显示的页面的 HTML 内容。属性 width 表示 iframe 的宽度。

<iframe>标签是成对标签,需要有开始标签<iframe>与结束标签</iframe>。<iframe>标签的示例代码如下：

```
< iframe id = "inlineFrameExample" width = "300" height = "200" src = "https://www.xxx.com">
</iframe>
```

<object>标签用于在文档中嵌入对象元素,这个对象可能是一段视频,也可能是一个 Flash 对象。该标签包含 7 个常用属性,分别为 data、form、height、name、type、usemap、width。属性 data 表示资源的 URL。属性 form 表示对象元素关联的 form 元素。属性 height 表示资源显示的高度。属性 name 表示控件名称。属性 type 表示指定的资源的 MIME 类型。属性 usemap 表示指向一个<map>元素的 hash-name。属性 width 表示资源的宽度。

<object>标签是成对标签,需要有开始标签<object>与结束标签</object>。<object>标签的示例代码如下：

```
< object data = "play.swf" type = "application/x - shockwave - flash"></object >
```

<param>标签用于为<object>元素定义参数。该参数包含 4 个属性,分别为 name、type、value、valuetype。属性 name 表示参数的名字。属性 type 表示仅当 valuetype 被设置为 ref 时才使用,根据 URI 中给定的数据确定 MIME 的类型。属性 value 表示确定参数的值。属性 valuetype 表示确定参数的类型,可选的值有 data、ref、object。

<param>标签不是成对标签。<param>标签的示例代码如下：

```
< object data = "play.swf" type = "application/x - shockwave - flash">
    < param name = "play" value = "bar">
</object>
```

<picture>标签用于为不同的显示分辨率提供不同的显示呈现。<picture>标签是成对标签,需要有开始标签<picture>与结束标签</picture>。<picture>标签的示例代码如下：

```
< picture >
    < source srcset = "/img/2.jpg" media = "(min - width: 800px)">
    < img src = "/img/1.jpg" alt = "默认图片" />
</picture>
```

<source>标签用于为<picture>、<audio>或者<video>元素指定多个媒体资源。该标签包含 4 个常用属性,分别为 src、srcset、type、media。属性 src 表示资源的链接地址,当在

<picture>标签中时,该属性将被忽略。属性 srcset 为一组资源,根据不同的分辨率呈现不同的资源,该属性只有在<picture>标签内才生效。属性 type 表示资源的 MIME 类型。属性 media 表示规定媒体资源的类型。

<source>标签不是成对标签,<source>标签的示例代码如下:

```
<picture>
  <source srcset = "/img/3.jpg" media = "(min-width: 1080px)">
  <source srcset = "/img/2.jpg" media = "(min-width: 800px)">
  <img src = "/img/1.jpg" alt = "默认图片" />
</picture>
```

6.2.9　HTML 脚本元素

脚本包含的标签有<canvas>、<noscript>、<script>。

<canvas>标签可被绘制图形及图形动画。该标签包含 3 个常见属性,分别为 height、moz-opaque、width。属性 height 表示该标签的高度,默认为 150px。属性 moz-opaque 用于控制 canvas 是否为半透明。属性 width 表示该标签的宽度,默认为 300px。

<canvas>标签是成对标签,需要有开始标签<canvas>与结束标签</canvas>。<canvas>标签的示例代码如下:

```
<canvas id = "canvas" width = "300" height = "300">
  抱歉,你的浏览器不支持 canvas 元素
  (这些内容将会在不支持<canvas>元素的浏览器或是禁用了 JavaScript 的浏览器内渲染并展现)
</canvas>
```

<noscript>标签用于定义页面上的脚本未执行时显示的替代内容。<noscript>标签是成对标签,需要有开始标签<noscript>与结束标签</noscript>。<noscript>标签的示例代码如下:

```
<noscript>抱歉,你的浏览器不支持该脚本</noscript>
```

<script>标签用于嵌入或引入可执行脚本。该标签包含 6 个常用属性,分别为 type、async、charset、defer、src、xml:space。属性 type 表示脚本的 MIME 类型。属性 async 表示异步执行脚本,该属性仅适用于外部脚本。属性 charset 表示外部脚本文件所使用的字符编码。属性 defer 表示是否对脚本的执行进行延迟,直到页面加载完毕为止。属性 src 表示外部文件的 URL。属性 xml:space 表示是否保留代码中的空白。

<script>标签是成对标签,需要有开始标签<script>与结束标签</script>。<script>标签的示例代码如下:

```
<script type = "application/JavaScript">
  alert("hello world");
</script>
```

6.2.10　HTML 表格元素

表格包含的标签有< table >、< caption >、< thead >、< tbody >、< tfoot >、< tr >、< th >、< td >。

< table >标签用于定义 HTML 表格。< table >标签是成对标签,需要有开始标签< table >与结束标签</table >。< table >标签的示例代码如下:

```
< table >
  < tr >
    < td >单元格 1</td>
    < td >单元格 2</td>
  </tr>
</table>
```

< caption >标签为表格的标题。< caption >标签是成对标签,需要有开始标签< caption >与结束标签</caption >。< caption >标签的示例代码如下:

```
< table border = "1">
  < caption >月度表单</caption >
  < tr >
    < th >月度</th>
    < th >表单</th>
  </tr>
  < tr >
    < td >单元格 1</td>
    < td >单元格 2</td>
  </tr>
</table>
```

< thead >标签用于定义表格的表头。该标签用于组合 HTML 表格的表头内容。< thead >标签是成对标签,需要有开始标签< thead >与结束标签</thead >。< thead >标签的示例代码如下:

```
< table >
  < thead >
    < tr >
      < th >表头 1</th>
      < th >表头 2</th>
    </tr>
  </thead>
</table>
```

< tbody >标签表示表格主体(正文)。该标签用于组合 HTML 表格的主体内容。< tbody >标签是成对标签,需要有开始标签< tbody >与结束标签</tbody >。< tbody >标签的示例代码如下:

```html
<table>
  <tbody>
    <tr>
      <td>单元格 1</td>
      <td>单元格 2</td>
    </tr>
  </tbody>
</table>
```

<tfoot>标签表示表格的页脚(脚注或表注)。该标签用于组合 HTML 表格中的表注内容。<tfoot>标签是成对标签,需要有开始标签<tfoot>与结束标签</tfoot>。<tfoot>标签的示例代码如下：

```html
<table>
  <tfoot>
    <tr>
      <td>单元格 1</td>
      <td>单元格 2</td>
    </tr>
  </tfoot>
</table>
```

<tr>标签用于定义 HTML 表格中的行。<tr>标签是成对标签,需要有开始标签<tr>与结束标签</tr>。<tr>标签的示例代码如下：

```html
<table>
  <tr>
    <td>单元格 1</td>
    <td>单元格 2</td>
  </tr>
</table>
```

<th>标签为表格中的表头。<th>标签是成对标签,需要有开始标签<th>与结束标签</th>。<th>标签的示例代码如下：

```html
<table>
  <tr>
    <th>表头 1</th>
    <th>表头 2</th>
  </tr>
</table>
```

<td>标签用于定义单元格,该标签包含 3 个常用属性,分别为 colspan、headers、rowspan,其中属性 colspan 表示单元格可横跨的列数。属性 headers 表示与单元格相关的表头。属性 rowspan 表示单元格可横跨的行数。

<td>标签是成对标签,需要有开始标签<td>与结束标签</td>。<td>标签的示例代码如下：

```
<table>
  <tr>
    <td>单元格 1</td>
    <td>单元格 2</td>
  </tr>
</table>
```

6.2.11 HTML 表单元素

表单包含的标签有<form>、<input>、<textarea>、<button>、<fieldset>、<legend>、<select>、<optgroup>、<option>、<progress>。

<form>标签用于创建 HTML 表单。该标签包含 9 个常用属性，分别为 accept-charset、action、autocomplete、enctype、method、name、novalidate、rel、target。属性 accept-charset 表示服务器可处理的表单数据字符集。属性 action 表示发送表单数据的地址。属性 autocomplete 表示是否启用表单自动完成。属性 enctype 表示发送表单数据前如何对其进行编码。属性 method 表示发送数据时所使用的方法。属性 name 表示表单的名称。属性 novalidate 表示提交表单时不验证。属性 rel 表示链接资源与当前文档之间的关系。属性 target 表示提交窗口的展示，可选值有_blank、_top、_parent、_self。

<form>标签是成对标签，需要有开始标签<form>与结束标签</form>。<form>标签的示例代码如下：

```
<form action="submit.php" method="post">
  <input type="submit" value="Submit" />
</form>
```

<input>标签表示基于 Web 表单创建交互式空间，以便接收来自用户的数据。<input>的工作方式取决于 type 属性值。可选 type 属性值如表 6-1 所示。

表 6-1 在 HBuilder X 内预览 html 文件

type 取值	说明
button	表示按钮，通过 value 属性设置按钮名字
checkbox	复选框
color	指定颜色的控件
date	日期控件，包含年、月、日，不包含时间
datetime-local	日期控件，包括年、月、日及时间，不包括时区
email	邮箱地址的区域
file	选择文件的控件
hidden	不显示的控件
image	带图像的 submit 按钮
month	年和月的控件，不包括时区
number	只允许输入数字的控件

续表

type 取值	说　　明
password	密码控件
radio	单选按钮
range	范围组件
reset	重置按钮
search	用于搜索字符串的单行文字区域
submit	提交表单的按钮
tel	电话号码控件
text	单行文本控件
time	时间控件，不包括时区
URL	输入 URL 的控件
week	年和周的控件，不包括时区

＜input＞标签包含的属性如表 6-2 所示。

表 6-2　＜input＞标签属性

属　　性	相关的 type	描　　述
accept	file	用于规定文件上传控件中期望的文件类型
alt	image	image type 的 alt 属性，是可访问性的要求
autocomplete	所有	用于表单的自动填充功能
autofocus	所有	页面加载时自动聚焦到此表单控件
capture	file	文件上传控件中媒体拍摄的方式
checked	radio、checkbox	用于控制控件是否被选中
dirname	text、search	表单区域的一个名字，用于在提交表单时发送元素的方向性
disabled	所有	表单控件是否被禁用
form	所有	将控件和一个 form 元素关联在一起
formaction	image、submit	用于提交表单的 URL
formenctype	image、submit	表单数据集的编码方式，用于表单提交
formmethod	image、submit	用于表单提交的 HTTP 方法
formnovalidate	image、submit	提交表单时绕过对表单控件的验证
formtarget	image、submit	表单提交的浏览上下文
height	image	和＜img＞的 height 属性相同；垂直方向
list	绝大部分	自动填充选项＜datalist＞的 id 值
max	数字 type	最大值
maxlength	password、search、tel、text、URL	value 的最大长度（最多字符数目）
min	数字 type	最小值
minlength	password、search、tel、text、URL	value 的最小长度（最少字符数目）
multiple	email、file	布尔值。是否允许多个值
name	所有	input 表单控件的名字。以名字/值对的形式随表单一起提交
pattern	password、text、tel	匹配有效 value 的模式

续表

属性	相关的 type	描述
placeholder	password、search、tel、text、URL	当表单控件为空时,控件中显示的内容
readonly	绝大部分	布尔值。存在时表示控件的值不可编辑
required	绝大部分	布尔值。表示此值为必填项或者提交表单前必须先检查该值
size	email、password、tel、text	控件的大小
src	image	和<img>的 src 属性一样;图像资源的地址
step	数字 type	有效地递增值
type	所有	input 表单控件的 type
value	所有	表单控件的值。以名字/值对的形式随表单一起提交
width	image	与<img>的 width 属性一样

<input>标签是成对标签,需要有开始标签<input>与结束标签</input>。<input>标签的示例代码如下:

```
< input type = "submit" value = "Submit" />
< input type = "text">
```

<textarea>标签用于定义多行的文本输入控件,该标签包含 11 个常用属性,分别为 autofocus、cols、disabled、form、maxlength、name、placeholder、readonly、required、rows、wrap。属性 autofocus 表示页面加载完成后自动获得焦点。属性 cols 表示可见宽度。属性 disabled 表示禁用该表单。属性 form 表示文本区域所属的一个或者多个表单。属性 maxlength 表示文本区域的最大字符数。属性 name 表示文本区域的名称。属性 placeholder 为简短提示。属性 readonly 为只读。属性 required 为必填。属性 rows 为可见行数。属性 wrap 用于指定文本的换行方式。

<textarea>标签是成对标签,需要有开始标签<textarea>与结束标签</textarea>。<textarea>标签的示例代码如下:

```
< textarea id = "ipt" name = "ipt" rows = "5" cols = "33">文本内容</textarea>
```

<button>标签为一个可单击的按钮。该标签包含 11 个常用属性,分别为 autofocus、disabled、form、formaction、formenctype、formmethod、formnovalidate、formtarget、name、type、value。属性 autofocus 表示页面加载完毕后按钮自动获得焦点。属性 disabled 表示禁用该按钮。属性 form 表示按钮属于一个或多个表单。属性 formaction 表示覆盖 form 元素的 action 属性。属性 formenctype 表示覆盖 form 元素的 enctype 属性。属性 formmethod 表示覆盖 form 元素的 method 属性。属性 formnovalidate 表示覆盖 form 元素的 novalidate 属性。属性 formtarget 表示覆盖 form 元素的 target 属性。属性 name 表示按钮的名称。属性 type 表示按钮的类型。属性 value 表示按钮的初始值。

<button>标签是成对标签,需要有开始标签<button>与结束标签</button>。<button>标签的示例代码如下:

```
< button type = "button" >点我</button >
```

<fieldset>标签用于将相关的元素进行分组。该标签包含 3 个常用属性,分别为 disabled、form、name。属性 disabled 用于禁用该 fieldset。属性 form 表示 fieldset 所属的一个或者多个表单。属性 name 表示 fieldset 的名称。

<fieldset>标签是成对标签,需要有开始标签< fieldset >与结束标签</fieldset >。<fieldset>标签的示例代码如下:

```
< fieldset >
  < legend >fieldset 名称</legend >
  height: < input type = "text" />
  weight: < input type = "text" />
</fieldset >
```

<legend>标签用于为<fieldset>标签定义标题。<legend>标签是成对标签,需要有开始标签< legend >与结束标签</legend >。

<select>标签为下拉列表控件,该控件包含 7 个常用属性,分别为 autofocus、disabled、form、multiple、name、required、size。属性 autofocus 表示页面加载后自动获得焦点。属性 disabled 禁用该控件。属性 form 表示所属一个或者多个表单。属性 multiple 允许选择多个选项。属性 name 为该控件的名称。属性 required 表示文本区域是必填的。属性 size 表示下拉列表中可见选项的数目。

<select>标签是成对标签,需要有开始标签< select >与结束标签</select >。<select>标签的示例代码如下:

```
< select >
  < option value = "华为">华为</option >
  < option value = "小米">小米</option >
  < option value = "OPPO">OPPO</option >
  < option value = "vivo">vivo</option >
</select >
```

<optgroup>标签用于把相关选项组合在一起。该标签包含 2 个常用属性,分别为 label 与 disabled。属性 label 表示选项组的描述。属性 disabled 表示禁用该选项组。

<optgroup>标签是成对标签,需要有开始标签< optgroup >与结束标签</optgroup >。<optgroup>标签的示例代码如下:

```
< select >
  < optgroup label = "选项 1">
    < option value = "华为">华为</option >
    < option value = "小米">小米</option >
  </optgroup >
  < optgroup label = "选项 2">
    < option value = "OPPO">OPPO</option >
```

```
    <option value = "vivo">vivo</option>
  </optgroup>
</select>
```

<option>标签用于定义下拉列表中的一个选项。该标签包含 4 个常用属性，分别为 disabled、label、selected、value。属性 disabled 表示禁用该选项。属性 label 表示选项的描述。属性 selected 表示选中状态。属性 value 表示该选项的值。

<option>标签是成对标签，需要有开始标签<option>与结束标签</option>。<option>标签的示例代码如下：

```
<select>
  <option value = "1">选项 1</option>
  <option value = "2">选项 2</option>
</select>
```

<progress>标签表示任务的进度。该标签包含 2 个常用属性，分别为 max 与 value。属性 max 表示总进度。属性 value 表示当前已完成多少。

<progress>标签是成对标签，需要有开始标签<progress>与结束标签</progress>。<progress>标签的示例代码如下：

```
<progress value = "98" max = "100"></progress>
```

6.3 CSS 基础

CSS(Cascading Style Sheets，层叠样式表单)主要用于设计网页的样式，用于美化网页。早期网页的设计与搭建是糅合在一起的，例如早期 HTML <body>标签中的 bgcolor 属性，可以通过该属性设置<body>的背景颜色。这样会为页面增加维护的成本，并且在需要更换样式的时候无法复用，需要重新设计。

引入了 CSS 后，页面的样式与页面的骨架被分离开来，可以通过 CSS 灵活设置，使同样骨架的页面能够拥有不同的表现形式。因为样式与骨架分离开来，所以页面会显得更加简洁，更易维护。

CSS 经过发展，由 CSS1 开始到目前已经发展到了 CSS3，CSS1 已经被废弃。到目前为止 CSS3 的整体规范仍在制订中，但是每个模块都被独立地标准化了。目前 CSS2 仍是被推荐使用的。CSS3 完全兼容 CSS2，且 CSS3 是在 CSS2 的基础之上增加了一些新的特性，要掌握 CSS，就必须学习 CSS2。

6.3.1 CSS 写法

CSS 与 HTML 有 3 种结合方式，分别为内联样式、内部样式、外部样式。

内联样式也可称为行内 CSS 或者行级 CSS，它直接在标签内部引入，其优点是十分便捷、高效，但是同时也造成了不能够重用样式的缺点。

内联样式的格式为在需要设置样式的 HTML 标签内增加 style 属性,并紧接着属性写入 CSS 的表达式。示例代码如下:

```
<!-- 将div的宽度与高度设置为100像素,背景为红色 -->
<div style="height: 100px; width: 100px; background-color: red;">
测试
</div>
```

内部样式是将 CSS 代码放在<head>标签之内,CSS 代码使用文档元数据将标签<style>包裹起来,并且将该标签的属性定义为 text/css 类型。使用该写法比较容易控制当前页面的 CSS 样式的呈现,但是对于 CSS 的复用仍然存在局限性,并且在维护样式时需要对每个页面进行修改,维护起来仍然不够方便。

内部样式 CSS 的示例代码如下:

```
<head>
  <meta charset="utf-8" />
  <title>css 示例</title>
  <style type="text/css">
    .test{
      height:100px;
      width: 100px;
      background-color: red;
    }
  </style>
</head>
```

外部样式也称为外部 CSS,通常在实际项目中会使用此方式。该方式会将 CSS 代码单独存储为一份 CSS 文件,与 HTML 结合时,HTML 页面通过文档元数据标签<link>来引入 CSS 的文件。此方法可以将 CSS 代码与 HTML 代码分离开来,使 HTML 页面更加简洁,逻辑更加清楚。对 CSS 修改和维护也更加方便,无须修改 HTML 页面即可完成。

使用<link>标签引入 CSS 文件,需要将 type 属性设置为 text/css 类型,将 rel 属性设置为 stylesheet。引入外部 CSS 文件的示例代码如下:

```
<link rel="stylesheet" type="text/css" href="css.css" />
```

3 种结合方式的优先级为内联样式的优先级最高,内部与外部优先级取决于谁被后加载。

6.3.2 基本选择器

CSS 的作用是对 HTML 标签设置不同的样式,在对 HTML 标签设置样式前,需要先找到或者选择该 HTML 标签。CSS 通过选择器来提供选择 HTML 标签的功能。选择器是 CSS 最重要的功能之一。

基本选择器包含元素选择器、id 选择器及 class 选择器。

顾名思义,元素选择器是对 HTML 标签元素进行直接选择,所有的 HTML 标签都可

9min

以直接被选择,其优点是简单方便,但其缺点是无法精确地进行选择。元素选择器的示例代码如下:

```css
<style type = "text/css">
    div{
       height:100px;
       width: 100px;
       background-color: red;
        }

    a{
       color:red;
       }
   </style>

<div>HTML 标签选择器</div>
<a href = "http://www.xxx.com">HTML 标签选择器</a>
```

HTML 标签拥有通用属性 id,CSS 可以通过 HTML 标签的 id 属性进行查找选择。id 属性在不同的标签内可以重复,但在一个标签内只能有一个 id 属性。通过 id 属性可以精确选择并设置该标签的 CSS 样式。通过 id 设置 CSS 样式可以做到精确设置,但其缺点是无法叠加样式效果。id 选择器以#来定义。

使用 id 属性设置 CSS 样式的示例代码如下:

```css
<style type = "text/css">
  #sel{
        color:red;
        }
</style>
<div id = "sel">id 选择器</div>
<a id = "sel" href = "http://www.xxx.com">id 选择器</a>
```

除了 id 属性之外,HTML 标签还包含 class 属性,可以通过 class 精确查找和定位标签,与 id 选择器不同的是,class 选择器可以进行叠加,同一个 HTML 标签可以通过 class 属性包含多个不同的 CSS 样式。class 选择器以"."来定义。

使用 class 属性设置 CSS 样式的示例代码如下:

```css
<style type = "text/css">
    .bg{
         background-color: black;
         }
    .ft{
         color:red;
         }
</style>
<div class = "bg ft">class 选择器</div>
<a class = "bg ft" href = "http://www.xxx.com">class 选择器</a>
```

在实际项目之中，会大量使用 class 属性来作为 CSS 的选择器，因为其既包含了标签选择器及 id 选择器的优点，又可以将复用的能力发挥到最大，使代码更加简洁、灵活，而 id 选择器主要被提供给脚本使用。

选择器也区分优先级，对于基础选择器来讲，id 选择器的优先级最高，其次是 class 选择器，最后是元素选择器。

6.3.3 扩展选择器

扩展选择器包括的选择器分别为并集选择器、子选择器、父选择器、属性选择器。

并集选择器是指多个具有相同样式的元素，用逗号分隔每个元素的名称。并集选择器的示例代码如下：

```
<style type = "text/css">
    div,a{
        background - color: black;color:red;
        }
</style>
<div>并集选择器</div>
<a href = "http://www.xxx.com">并集选择器</a>
```

子选择器用于选择元素内部的元素，元素之间用空格隔开。子选择器的示例代码如下：

```
<style type = "text/css">
    div a{
        background - color: black;color:red;
        }
</style>
<div>
  <a href = "http://www.xxx.com">子选择器</a>
</div>
```

父选择器用于先定位父元素再选择子元素，元素之间使用>连接。父选择器的示例代码如下：

```
<style type = "text/css">
    div > a{
        background - color: black;color:red;
        }
</style>
<div>
 <a href = "http://www.xxx.com">父选择器</a>
</div>
```

属性选择器用于选择制订了属性的元素。其选择格式为元素名[属性名="属性值"]。属性选择器的示例代码如下：

```
<style type="text/css">
    a[target=_blank]{
        background-color: black;color:red;
        }
</style>
<div>
    <a href="http://www.xxx.com" target="_blank">HTML 标签选择器</a>
</div>
```

6.3.4　常用样式属性

CSS 常用样式属性包括字体属性、颜色和背景属性、文本属性、边框属性、块属性、层属性、内联元素和块元素、浮动。

字体常用属性包含 font-family、font-style、font-variant、font-weight、font-size、color。属性 font-family 用于设置所使用的字体。属性 font-style 用于设置字体的样式，例如斜体、下画线等。属性 font-variant 可用于设置字体的大小写。属性 font-weight 用于设置字体的粗细。属性 font-size 用于设置字体的大小。属性 color 用于设置字体的颜色。

字体属性的示例代码如下：

```
<style type="text/css">
    a{
        font-family: "microsoft yahei";
        font-style: unset;
        font-variant: normal;
        font-weight: bold;
        font-size: 16px;
        color:black;
        }
</style>
<div>
    <a href="http://www.xxx.com" target="_blank">CSS 字体样式</a>
</div>
```

颜色和背景的常用属性包含 background-color、background-img、background-repeat、background-position、background-size。属性 background-color 用于设置背景颜色，当设置了 background-img，会优先显示 background-img 所设置的背景图片。属性 background-img 用于设置背景图片。background-repeat 用于设置背景图片的重复方式。属性 background-position 用于设置背景图片的初始位置。属性 background-size 用于设置背景图片的大小。

颜色和背景的常用属性的示例代码如下：

```
<style type="text/css">
    div{
        width: 150px;
```

```
            height: 40px;
            background-color: black;
            background-image: URL(img/bg.png);
            background-repeat: repeat;
            background-position: center;
            background-size: 100%;
            }
</style>
<div>
  <a href="http://www.xxx.com" target="_blank">CSS 颜色和背景</a>
</div>
```

文本常用属性包括 text-align、text-indent、line-height、a:link、a:visited、a:hover。属性 text-align 用于设置文本的对齐方式。属性 text-indent 用于设置文本的首行缩进。属性 line-height 用于设置文本的行高。属性 a:link 用于设置链接未访问的状态。属性 a:visited 用于设置链接访问过的状态。属性 a:hover 用于设置鼠标移动到链接上的状态。

文本常用属性的示例代码如下：

```
<style type="text/css">
    div{
        width: 150px;
        height: 40px;
        text-align: center;
        text-indent: hanging;
        line-height: 40px;
        }
    a:link{
        color: blue;
        }
    a:hover{
        color: red;
        }
    a:visited{
        color: bURLywood;
        }
</style>
<div>
  <a href="http://www.xxx.com" target="_blank">CSS 颜色和背景</a>
</div>
```

边框常用属性包括 border-radius、border-bottom、border-top、border-left、border-right、border-color、border-style、border。属性 border-radius 用于设置圆角边框。属性 border-bottom 用于设置底部边框宽度。属性 border-top 用于设置顶部边框宽度。属性 border-left 用于设置左侧边框宽度。属性 border-right 用于设置右侧边框宽度。属性 border-color 用于设置边框的颜色。属性 border-style 用于设置边框线条的样式。border 包含 3 个参数，分别为边框宽度、颜色及边框线条的样式。

边框属性的示例代码如下：

```css
<style type="text/css">
    div{
        width: 150px;
        height: 40px;
        text-align: center;
        text-indent: hanging;
        line-height: 40px;
        border-radius: 5px;
        border-bottom: 1px;
        border-top: 2px;
        border-left: 1px;
        border-right: 2px;
        border-color: #FF0000;
        border-style: dashed;
        border: dashed 1px #0000FF;
    }
</style>
<div>
  <a href="http://www.xxx.com" target="_blank">CSS 边框</a>
</div>
```

块属性用于设置元素之间的距离，块属性包含 margin-left、margin-right、margin-top、margin-bottom、padding-left、padding-right、padding-top、padding-bottom。属性 margin-left 表示外左边距。属性 margin-right 表示右外边距。属性 margin-top 表示上外边距。属性 margin-bottom 表示下内边距。属性 padding-left 表示左内边距。属性 padding-right 表示右内边距。属性 padding-top 表示上内边距。属性 padding-bottom 表示下内边距。

块属性的示例代码如下：

```css
<style type="text/css">
    div{
        width: 150px;
        height: 40px;
        margin-left: 10px;
        margin-right: 10px;
        margin-top: 10px;
        margin-bottom: 20px;
        padding-left: 10px;
        padding-right: 10px;
        padding-top: 10px;
        padding-bottom: 20px;
    }
</style>
<div>
  <a href="http://www.xxx.com" target="_blank">CSS 块属性</a>
</div>
```

层属性用于设置元素的定位方式，使用 position 属性进行设置。层的常用定位方式有相对定位 Relative、绝对定位 Absolute 及 fixed 相对于窗口进行定位。

position 属性的常用示例代码如下:

```
<style type = "text/css">
    div{
        width: 150px;
        height: 40px;
        position: absolute;
    }
</style>
<div>
  <a href = "http://www.xxx.com" target = "_blank">CSS 层定位</a>
</div>
```

内联元素又称为行内元素,与其对应的是块元素。内联元素不单独占一行,其显示为在同一行从左至右按顺序显示。块元素的显示则会以新行开始和结束。使用 CSS 可以对内联元素及块元素进行相互转换。

通过对内联元素设置 display:block 可将内联元素转换为块元素。对块元素设置 display:inline 可将块元素转换为内联元素。

对内联元素设置宽与高不会起作用,起作用的是将边距设置为 margin-left、margin-right、padding-left、padding-right。块元素可以设置宽与高,并且 margin 与 padding 也会起作用。

常见的内联元素有 a(锚点)、abbr(缩写)、b(粗体)、big(大字体)、br(换行)、cite(引用)、code(计算机代码)、em(强调)、i(斜体)、img(图片)、input(输入框)、kbd(定义键盘文本)、label(表格标签)、q(短引用)、span(常用内联容器),定义文本内区块、strong(粗体)、textarea(多行文本输入框)。

常见块元素有 address(地址)、blockquote(块引用)、dir(目录列表)、div(常用块级容器)、dl(定义列表)、fieldsetform(控制组)、form(交互表单)、h1~h6(标题)、hr(水平分隔线)、menu(菜单列表)、ol(有序表单)、p(段落)、pre(格式化文本)、table(表格)、ul(无序列表)、li(定义列表项目)。

两个或者多个块元素想要只占一行,可以使用 float 浮动属性进行设置。绝对定位的元素会忽略 float 属性。float 属性可取的值有 left、right、none、inherit,值 left 表示元素向左浮动。值 right 表示元素向右浮动。值 none 表示元素不浮动。值 inherit 表示元素从父元素继承 float 属性的值。

float 的示例代码如下:

```
<style type = "text/css">
    .par{
        width: 150px;
        height: 40px;
        position:relative;
    }
    .flt{
        float: left;
        background-color: bisque;
```

```
        height: 50px;
        width: 50px;
        }
</style>
<div class = "par">
    <div class = "flt">浮动1</div>
    <div class = "flt">浮动2</div>
    <a href = "http://www.xxx.com" target = "_blank">CSS 浮动</a>
</div>
```

6.3.5 盒子模型

如果想掌握页面的布局,并且设计出精美的页面,则一定要理解盒子模型。所有的 HTML 元素都可以看作一个盒子,这个盒子由三层包装组成,分别是最外层的包装 margin、中层包装 border、最内层的包装 padding,如图 6-7 所示。

图 6-7 HTML 盒子模型

margin 表示外边距,外边距虽然是透明的,但是确实是存在的。border 表示边框,是中间层,border 可通过设置颜色及宽度将其设为可见的。padding 表示内边距,内边距也是透明的。除了可以设置内容的宽度与高度,盒子模型内其他元素的每一条边都可以设置宽度。例如 margin-left、padding-right、border-top。

根据盒子模型的信息可以得出,设置标签的总宽度=内容宽度+左内边距+右内边距+左边框宽度+右边框宽度+左外边距+右外边距。总高度=内容高度+上内边距+下内边距+上边框高度+下边框高度+上外边距+下外边距。

例如定义一个 div 的宽与高的 CSS 代码如下:

```
<style type = "text/css">
    div{
        width: 150px;
        height: 40px;
        margin-left: 10px;
        margin-right: 10px;
        margin-top: 10px;
        margin-bottom: 20px;
        padding-left: 10px;
        padding-right: 10px;
        padding-top: 10px;
        padding-bottom: 20px;
        }
</style>
<div>
    <a href = "http://www.xxx.com" target = "_blank">CSS 块属性</a>
</div>
```

根据以上的代码计算，div 的真正高度为 40px＋10px＋20px＋10px＋20px＝100px，真正宽度为 150px＋10px＋10px＋10px＋10px＝190px。

多数时候页面的布局与想象的会有出入，这是因为盒子模型中的某一项或者多项的宽和高设置错误，从而导致页面的布局发生移位。

6.4 JavaScript 基础

与 HTML 与 CSS 不一样，JavaScript 是拥有完整语法格式的编程语言，Web 上的事件处理、动效及交互等都可以使用 JavaScript 来完成。

JavaScript 最早由 Netscape 公司推出，后将其提交给国际标准化组织 ECMA，希望该编程语言能够成为国际标准。次年 ECMA 发布了第一版 ECMA-262 标准，定义了 ECMAScript 标准，这个标准也叫 ECMAScript 语言规范。ECMAScript 与 JavaScript 之间的区别是 ECMAScript 只是一个规范，而 JavaScript 则是对 ECMAScript 的具体实现。

目前最新的 ECMAScript 版本已经发布，其对大型应用程序提供了更好的支持。随着 ECMAScript 的不断迭代，基于 ECMAScript 实现的 JavaScript 也越来越强大。除了 Web 以外 JavaScript 的应用也十分广泛，从游戏开发到物联网应用、从 PC 端到移动端都有 JavaScript 的身影。

JavaScript 由 3 个部分组成，分别是 ECMAScript、DOM(Document Object Mode，文档对象模型)和 BOM(Browser Object Model，浏览器对象模型)，ECMAScript 描述了该语言的语法和基本对象，DOM 文档对象模型表述处理网页内容的方法和接口，BOM 浏览器对象模型描述与浏览器进行交互的方法和接口。

6.4.1 第 1 个 JavaScript 程序

创建一个 HTML 页面 alert.html，实现的功能是当打开该 HTML 页面时，在页面中间弹出一个欢迎对话框，示例代码如下：

```
<!DOCTYPE html>
<html>
    <head>
        <meta charset = "utf-8">
        <title></title>
        <script type = "text/JavaScript">
            alert("欢迎访问!")
        </script>
    </head>
    <body>
    </body>
</html>
```

当使用浏览器打开 alert.html 时，在浏览器的中间会弹出一个欢迎访问的对话框，如图 6-8 所示。

该对话框是由 JavaScript 执行并显示的，在<head>标签之间有一对<script>标签，该

图 6-8 页面弹出欢迎对话框

标签内用于放置 JavaScript 程序,浏览器打开后会找到并执行里面的程序。

在上面的代码中使用了 alert()函数,该函数是 JavaScript 语言中用于弹出一条消息对话框的函数。当打开 alert.html 时,该函数被执行,所以会在浏览器中间显示一个对话框。

在 HTML 中,JavaScript 程序必须放置在<script>标签对中,否则 JavaScript 程序将不会被执行。<script>标签可以放置在 HTML 的任何地方。通常会将该标签放置在页面的底部,这样会优先加载其他内容,当遇到对页面上的元素进行操作时,就不会出现找不到对象的情况。

除了可以直接在 HTML 页面上编写 JavaScript 代码之外,还可以通过引用的方式来加载 JavaScript 代码,也就是将 JavaScript 代码单独写入一个文件中,通过引用该文件来达到执行的目的。使用引用文件的方式实现在 HTML 页面中间弹出一个对话框,在 HBuilder X 中的 js 文件夹上右击并选择"新建"→"js 文件"来创建一个 js 文件,如图 6-9 所示。

图 6-9 新建 js 文件

此时就会创建一个新的 js 文件,在该文件中就可以编写 JavaScript 代码了,在该文件中编写的 js 代码如下:

```
alert("欢迎访问");
```

此时已经完成了 JavaScript 代码的编写,在 HTML 中引用该文件后,此段代码就可以被执行了,同样使用<script>标签进行引用,使用 src 属性来标明文件路径,代码如下:

```
<!DOCTYPE html>
<html>
    <head>
        <meta charset="utf-8">
        <title></title>
    </head>
    <body>
    </body>
</html>
<script type="text/JavaScript" src="js/alert.js"></script>
```

以上 HTML 使用浏览器打开后,同样也会弹出一个欢迎访问的对话框,在实际项目中,经常会使用第二种方式进行构建,也就是将 JavaScript 代码放置在单独的文件中,通过引用的方式来执行其代码。

6.4.2　JavaScript 基础语法

JavaScript 与 Python 类似,都拥有变量、变量类型、运算符、条件控制、循环语句、函数等内容,因为本书是以 Python 为主的教程,这里仅对常用的 JavaScript 基础及语法进行讲解,如希望深入地了解 JavaScript 编程语言,则可以查阅相关的资料。

JavaScript 变量的命名规则为可包含字母、数字、下画线和$,名称可以使用字母或者$及下画线_开头,变量区分大小写,合法的变量标识符的示例代码如下:

```
var  a=1
var  $a=1
var  _a=1
var  Abc=1
var  aBc=1
```

在 JavaScript 中声明一个新变量可以使用关键字 let、const 和 var,其中 let 用于声明一个块级作用域的本地变量,const 用于声明一个不可变的常量,var 用于声明一个全局变量。示例代码如下:

```
//声明一个全局变量 j
var j=0;

//声明一个块级作用变量 i
for(let i=0;i<100;i++){
    j=j+1;
}
```

```
//声明一个常量
const URL = "http://www.xxx.com";
```

JavaScript 有很多关键词，这些关键词不能用于变量标识符，常见关键词如表 6-3 所示。

表 6-3 JavaScript 常见关键词

abstract	arguments	boolean	break	Byte
case	catch	char	class	const
continue	debugger	default	delete	do
double	else	enum	eval	export
extends	false	final	finally	float
for	function	goto	if	implements
import	in	instanceof	int	interface
let	long	native	new	null
package	private	protected	public	return
short	static	super	switch	synchronized
this	throw	throws	transient	true
try	typeof	var	void	volatile
while	with	yield		

JavaScript 是一种弱类型的语言，其类型包括 Number(数字)、String(字符串)、Boolean(布尔)、Object(对象)、Symbol(符号)、null(空)、undefined(未定义)。除此之外还有一些特殊的对象，Array(数组)、Date(日期)、RegExp(正则表达式)及 Function(函数)，这些特殊的对象都属于 Object 类型。

因 JavaScript 是弱类型语言，所以在使用变量前不必强制声明其类型，解释器会根据上下文自动判断数据类型。由于 JavaScript 的特性，所以用于定义变量的 var 也不是必需的，有关 JavaScript 类型的示例代码如下：

```
//数字类型
var numb = 10;

//字符串类型
var str = "Hello World";

//布尔类型
var bol = true;

//数组
var city = ["武汉","北京","上海"];

//Object
var person = {name:"jack",age:24,tel:"133XXXXXXX"};

//函数类型
var func = function(num1,num2){
    return num1 + num2;
};
```

JavaScript 常见的类型之间互相转换的函数：String()和 toString()方法可将数字类型、布尔类型、日期类型转换为字符串类型。Number()函数可将字符串类型、布尔类型、日期类型转换为数字类型。parseFloat()、parseInt()方法分别解析字符串并返回浮点数与整数。类型转换的示例代码如下：

```javascript
//转字符串类型,使用console.log()将结果输出到命令行
var numb = 10;
var numb1 = 11.11;
var bol = false;
var da = new Date();
console.log(String(numb));
console.log(numb1.toString());
console.log(String(bol));
console.log(String(da));

//转数字类型
var str = "10.1";
var bol2 = true;
var da2 = new Date();
console.log(Number(str));
console.log(parseFloat(str));
console.log(parseInt(str));
console.log(Number(true));
console.log(Number(da2));
```

JavaScript 的算符运算符包括＋（加）、－（减）、＊（乘）、/（除）、％（求余）、＝（赋值）、＋＝（加等于）、－＝（减等于）、＋＋（自增1）、－－（自减1）。算术运算符的示例代码如下：

```javascript
var  a = 3;
var  b = 1;
//加、减、乘、除、求余
console.log(a + b);
console.log(a - b);
console.log(a * b);
console.log(a/b);
console.log(a % b);

//等价于 a = a + 5
console.log(a += 5);

//等价于 a = a - 2
console.log(a -= 2);

//等价于 a = a + 1
console.log(a++);

//等价于 a = a - 1
console.log(a-- );
```

JavaScript 的比较运算符包括＞(大于)、＜(小于)、＜＝(小于或等于)、＞＝(大于或等于)、＝＝(等于),比较运算符的示例代码如下:

```
var  a = 3;
var  b = 1;

a > b;  //true
a < b;  //false
a < = b;  //false
a > = b;  //true
a == b;  //false
```

JavaScript 的逻辑运算符包括＆＆(逻辑与)、||(逻辑或)、!(逻辑非),逻辑运算符的示例代码如下:

```
var  a = 3;
var  b = 1;

console.log((a > 4)&&(b > 0)); //false
console.log((a > 2)&&(b > 0)); //true

console.log((a > 4)||(b > 0)); //true
console.log((a > 4)||(b > 3)); //false

console.log(!(a > 4)); //true
console.log(!(b > 0)); //false
```

与 Python 一样,JavaScript 也有条件控制结构,同样由 if else 构成,只是格式有少许区别,使用条件判断语句的示例代码如下:

```
var  a = 3;
if(a == 4){
 console.log("first");
}else if(a > 4){
 console.log("second");
}else{
 console.log("third");
}
```

在进行多分支条件判断时,可以使用 switch 语句,注意 Python 中没有 switch 语句,这点与 JavaScript 有所区别。使用 switch 语句的示例代码如下:

```
var  a;
switch(a){
 case 1:
  console.log("first");
  break;
```

```
case 2:
  console.log("first");
  break;
case 3:
  console.log("first");
  break;
default:
  console.log("default");
}
```

在上面的代码中，break 语句用于跳出本次判断而不再继续往下执行，也可以不加 break，前提是对于每个判断条件都确保其唯一性。如果不满足 case 中的任何条件，则会执行 default 中的内容，default 也不是必需的。

JavaScript 的循环有 while 循环、do while 循环、for 循环、for of 循环、for in 循环，其中 do while 循环比较特殊，该循环的循环体至少会被执行一次。示例代码如下：

```
var  a = 0;
while(a < 100){
 a ++;
}

do{
a ++;
}while(a < 0)

for(let i = 0;i < 5;i ++){
 //执行 5 次
}

for(let val of array){
 //遍历数组
}

for(let pro in object){
 //遍历对象
}
```

与 Python 函数相似，JavaScript 同样也拥有函数，简单函数的示例代码如下：

```
function add(x,y){
let total = x + y;
return total;
}
```

定义一个 JavaScript 函数应使用 function 关键字，其后是函数名和圆括号，函数名的命名规则与变量的命名规则相同，圆括号内可包括由逗号分隔的参数。函数体被放置在大括号中。函数参数的作用域与 Python 函数参数的作用域一致。

函数分为有返回值函数与无返回值函数,有返回值函数使用 return 关键字返回计算结果。

6.4.3 JavaScript 操作 DOM

5min

文档对象模型(DOM)中有很多对象属性和方法,常用的属性及方法如表 6-4 所示。

表 6-4 DOM 常用的属性及方法

属性/方法	说明
document.cookie	设置或返回与当前文档有关的所有 Cookie
document.createAttribute()	创建一个属性节点
document.createElement()	创建元素节点
document.createTextNode()	创建文本节点
document.domain	返回当前文档的域名
document.url	返回文档完整的 URL
document.forms	返回对文档中所有 Form 对象的引用
document.getElementsByClassName()	返回文档中所有指定类名的元素
document.getElementById()	返回指定 id 的第 1 个对象的引用
document.getElementsByName()	返回指定名称的对象
document.title	返回当前文档的标题

通过 DOM,JavaScript 可以创建、删除、改变页面中的所有 HTML 元素、属性、CSS 样式,能对页面中所有已有的 HTML 事件做出反应且能创建新的 HTML 事件。创建一个简单的 HTML 页面的代码如下:

```html
<html>
  <head>
    <meta charset="utf-8" />
    <title>header 示例</title>
  </head>
  <body>
    <div class="fst">
      <h1 id="fst">标题</h1>
      <input type="text" id="ipt" value="" name="ipt" />
    </div>
  </body>
</html>
```

对于以上 HTML,通过 DOM 使用 JavaScript 可以非常方便地操作其中的所有元素,示例代码如下:

```html
<script>
//获取标题名称
var title = document.getElementById("fst");
console.log(title.innerHTML);
```

```
//修改标题样式
var h = document.getElementsByClassName("fst")[0];
h.style.color = "red";

//自动填写内容
var ipt = document.getElementsByName("ipt")[0];
ipt.value = "填入内容";
</script>
```

6.4.4 AJAX

在 Python 中学习了以多线程与多进程的方式进行编程，多线程与多进程都是为了提高程序的运行效率，避免单一线程遇到长时间无响应的情况。在 JavaScript 中使用 AJAX 来提高程序的执行效率，AJAX 的请求是异步（Asynchronous, async）的，即不必等待程序的执行结果即可立即返回，这样做的好处是当出现某一段程序运行时间过长时，避免出现假死的现象，这样用户的体验会得到极大的提升。

例如在注册或者登录时，用户填写完必要内容后单击"提交"按钮，在不使用 AJAX 的情况下当前页面会跳转至提交页面并等待服务器的返回，此时如果出现网络波动，则会出现长时间的空白页面，对用户体验来讲非常糟糕，而使用 AJAX 可避免使页面做出无用的跳转，即无须看到空白页面，页面不跳转则填写的信息就会得以保留，不会因为跳转后检测到某项数据填写错误而导致全部的数据需要重新填写的情况。此外，AJAX 会立即返回，不必一直等待服务器的返回，当出现网络波动时可以为当前页面添加一个加载的动画，对用户体验来讲要好得多。

例如网易的邮箱注册，就用到了 AJAX，提交的所有数据都是异步的，页面不会进行跳转，并且在接收到服务器返回的信息后，可以根据返回的信息通过 DOM 对当前页面上的内容进行操作，例如提示一个注册的错误信息，如图 6-10 所示。

图 6-10 通过 AJAX 验证用户名重复

XMLHttpRequest 是 AJAX 的基础，所有现代浏览器均支持 XMLHttpRequest 对象，XMLHttpRequest 使用比较简单，通过 open()方法设置请求的类型，通过 send()方法提交数据。使用 responseText 属性获得来自服务器的响应。

open()方法常用的参数有 method、url、async，其中参数 method 表示请求的类型，其可选值为 GET 或 POST。参数 url 表示请求的 URL。参数 async 表示使用同步(false)还是异步(true)的方式进行请求。示例代码如下：

```
<script>
  //使用GET方式请求
  var http = new XMLHttpRequest();
  http.open("GET","test.php?id=1&username=admin&password=123456",true);
  var resp = http.responseText;
  console.log(resp);

  //使用POST方式请求
  http.open("POST","test.php",true);
  http.setRequestHeader("Content-type","application/x-www-form-urlencoded");  //向请求添加HTTP头
  http.send("id=1&username=admin&password=123456");
</script>
```

使用 AJAX 时需要注意的是，AJAX 默认情况下不能请求或者执行非当前文件所在的服务器上的 URL，也就是跨域问题，它是由浏览器的同源策略造成的，是浏览器对 JavaScript 实施的安全措施。跨域的问题可以绕过，这不是本书重点讨论的问题，感兴趣的读者可以查阅相关资料进行深入学习。

6.4.5 常用事件

在实际项目中，经常会用到 DOM 中的事件，通过事件来调用 JavaScript 的程序运行，DOM 的常用事件如表 6-5 所示。

表 6-5　常用 DOM 事件

事件	说明
onload	页面加载完后立即触发
onchange	域的内容发生改变时触发
onmouseover	鼠标滑过时触发
onmouseout	鼠标离开时触发
onmousedown	鼠标按下时触发
onmouseup	鼠标弹起时触发
onclick	鼠标单击时触发
onfocus	获得焦点时触发
onblur	失去焦点时触发
onsubmit	单击表单提交按钮时触发

除了常用的 DOM 事件以外，还有 2 个常用的 BOM 方法，分别是 setInterval()与 setTimeout()。setInterval()方法用于指定间隔的毫秒数以便循环执行代码。setTimeout()方法用于在指定毫秒数后执行一次代码。这两种方法在 Web 开发中会经常用到，例如统计图，根据时间来更新新的数据。关于事件的示例代码如下：

```html
<!DOCTYPE html>
<html>
  <head>
    <meta charset="utf-8" />
    <title>header 示例</title>
  </head>
  <body>
    <div class="fst">
      <h1 id="fst">标题</h1>
      <input type="text" id="ipt" value="" name="ipt" onchange="tit()" />
      <button onclick="tm()">计时</button>
    </div>
  </body>
</html>
<script>
  //触发 onchange 时调用此函数
  function tit(){
      console.log("输入中...")
  }

  //设置一个计时函数
  var i = 0;
  function doit(){
      console.log(i++);
  }

  //触发 onclick 时触发此函数,使用 setInterval 每隔 1s 执行一次 doit()
  function tm(){
      setInterval(function(){doit()},1000);
  }
</script>
```

6.4.6　jQuery

jQuery 是一个轻量级的 JavaScript 库，它可以使我们写更少的代码，却完成更多的任务，因其是基于 JavaScript 封装的，而 JavaScript 本身也是跨浏览器的，所以 jQuery 也是跨浏览器的。jQuery 包含的功能有对 HTML 元素的选取、对 HTML 元素的操作、对 CSS 的操作、响应 HTML 事件、特效和动画、DOM 的遍历和修改及实现 AJAX 的操作。除此之外 jQuery 还提供了大量的插件，可以方便地实现大型项目中的各种功能。

当前最新版本的 jQuery 为 3.6.0，其官方网址为 https://jquery.com/，如图 6-11 所示。这里选择 jQuery 压缩版进行下载，使用压缩版的 jQuery 同样包含 jQuery 的全部功能，且因为其被压缩，使在 HTML 中加载该文件时会更加快速，压缩版的下载网址为

https://code.jquery.com/jquery-3.6.0.min.js，如果使用浏览器直接访问该网址可能会打开该文件，可以使用第三方下载工具进行下载，例如迅雷等。如果使用的是非IE浏览器，例如搜狗浏览器，则这些浏览器都会有下载的窗口，应使用下载窗口进行下载而不是直接打开此文件。将下载好的jQuery文件存放至HTML项目的js目录中。

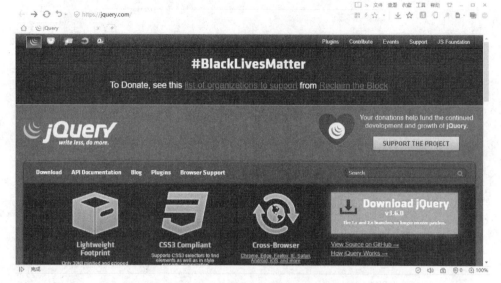

图 6-11　jQuery 官方网站

通过发起 AJAX 并取得返回值后用于修改 HTML 标题的内容来感受一下 jQuery 简洁而强大的功能，示例代码如下：

```html
<!DOCTYPE html>
<html>
  <head>
    <meta charset="utf-8" />
    <title>header 示例</title>
  </head>
  <body>
    <h1>这里是标题</h1>
    <button id="aj">AJAX</button>
    <button class="xg">修改</button>
  </body>
</html>
<script src="js/jquery-3.6.0.min.js"></script>
<script>
  //单击 id 为 aj 的 button
  $("#aj").click(function(){
  //使用 AJAX 请求数据
  $.ajax({URL:"test.txt",success:function(result){
    $("title").text(result);
  }});
});
```

```
//单击 class 为 xg 的 button
  $(".xg").click(function(){
    $("h1").html("<b>换了一个标题</b>");
  });
</script>
```

在上面的代码中,使用$("♯aj")就可以选中id=aj的HTML元素,使用$(".xg")就可以选择class=xg的HTML元素。快速地选中HTML元素是jQuery的特点之一,jQuery提供了强大的选择器,让开发者能够快速地定位要操作的HTML元素,而使用原生JavaScript来选择HTML元素则要写较长的代码。jQuery常用的选择器如表6-6所示。

表 6-6 jQuery 常用的选择器

选择器	说 明
$("div")	选取页面中所有的<div>元素
$("♯id")	选取页面中id=id的元素
$(".class")	选取页面中class=class的元素
$("*")	选取页面的所有元素
$("div.mem")	选取<div>中class=mem的元素
$("ul li:first-child")	选取每个<ul>元素中的第1个<li>元素
$("[href]")	选取带有href属性的元素
$("div[title='123']")	选取<div>中带有title属性且属性值等于123的元素
$(":button")	选取所有type=button的input元素及<button>元素
$("tr:even")	选取偶数位置的<tr>元素
$("tr:odd")	选取奇数位置的<tr>元素

jQuery同样也实现了所有的DOM事件,例如上面代码中click就是一个DOM事件,原生事件是在HTML元素上进行响应,通过jQuery选择器后,可以直接在选择器中进行响应,示例代码如下:

```
<script>
  $(".xg").click(function(){
    $("h1").html("<b>换了一个标题</b>");
  });
</script>
```

此时不需要在元素上书写大量的像onclick这样的代码,从而使HTML更加简洁。当然HTML本身的事件仍然可以正常工作,但是使用jQuery事件后就不要再触发HTML元素本身的事件了,否则会造成运行混乱。jQuery常用的事件如表6-7所示。

表 6-7 jQuery 常用事件

事 件	说 明
click()	单击事件,示例$(".test").click()
ready()	页面加载完毕事件,示例$(document).ready()
dbclick()	双击元素触发,示例$(".test").dbclick()

续表

事件	说明
hover()	鼠标滑过元素时触发,示例$("#test").hover()
focus()	获取焦点时触发,示例$("input").focus()
blur()	失去焦点时触发,示例$("input").blur()

jQuery还封装了大量的对HTML、CSS操作的方法,这些方法能够帮助我们非常容易地去处理HTML、CSS,常用的jQuery方法如表6-8所示。

表6-8 jQuery常用方法

事件	说明
addClass()	向元素添加一个或多个class,示例$(".test").addClass("newclass");
after()	向元素后(当前元素之外)插入内容,示例$(".class").after("\<div\>在指定元素后插入\</div\>");
append()	向元素后(当前元素之内)插入内容,示例$("ul").append("\<li\>在ul元素内部的最后插入\</li\>");
attr()	设置或返回元素的属性值,示例$("a").attr("href","http://xxx");
css()	设置或返回元素的样式属性,示例$("div").css("height","40px");
html()	设置或返回元素的innerHTML,示例$("div").html("\<b\>Hello world\</b\>!");
prepend()	在元素开头(当前元素之内)插入内容,示例$("ul").prepend("\<li\>在ul元素内部的最前插入\</li\>");
remove()	移除元素,示例$("div").remove();
removeAttr()	移除元素的一个或者多个属性,示例$("a").removeAttr("href");
removeClass()	移除元素的一个或者多个类,示例$("div").removeClass("class");
replaceWith()	替换元素的内容,示例$("div").replaceWith("Hello world!");
text()	设置或者返回元素的文本内容,示例$("div").text("Hello world!");
val()	设置或返回元素的属性值,示例$("input").val("test");

jQuery同样也封装了AJAX,其主要的方法是ajax(),该方法包含6个常用的参数,分别为async、data、success、error、type及url。参数async表示使用异步请求,是布尔类型,默认为true,即使用异步请求。参数data为提交的数据。参数success为执行成功后回调的函数。参数error表示执行失败后回调的函数。参数type为请求的类型(GET或POST),jQuery的AJAX示例代码如下:

```
<script>
//使用GET请求
$("button").click(function(){
    $.ajax({
    URL:"test.txt",
    success:function(result){
        $("#div").html(result);
        }
    });
```

```
    });

    //使用POST请求
    $("button2").click(function(){
     $.ajax({
    URL:"test.php",
    type:"POST",
    data:"username = admin&password = 123456",
    success:function(result){
       $("#div").html(result);
       },
    error:function(){
       alert("出错了");
       }
     });
    });
</script>
```

以上讲解了 jQuery 中常用的选择器、事件、操作方法及 AJAX,如需更加深入地了解 jQuery,则可以查阅相关资料进行学习。

6.5 JSON

前文在分析 App 的数据时已经接触过 JSON,这里来系统地学习一下 JSON 及 JSON 的应用。JSON(JavaScript Object Notation,JS 对象简谱)是一种轻量级的数据交换格式,它基于 ECMAScript(国际标准化组织制定的 JS 规范)的一个子集,采用完全独立于编程语言的文本格式来存储和表示数据。

现代 Web 系统及 App 的开发大量依赖于 JSON 作为数据传输,JSON 的语法规则简单易懂,易于人们阅读和编写,同时也易于机器解析和生成。因为 JSON 的独立性及语法简明,使其不受限于某一种编程语言。任何编程语言都可以很方便地组合生成及解析 JSON 格式。在 Python 中提供了 json 模块用于生成及解析 JSON 数据。

JSON 构建了 2 种结构,分别为名称/值对的集合及值的有序列表。名称/值对的集合在不同的编程语言中被理解为 object(对象)、record(记录)、struct(结构)、dictionary(字典)、hash table(哈希表)、keyed list(有键列表)或者 accociative array(关联数组)。

值的有序列表在大部分语言中被理解为 array 数组。

JSON 格式具有以下这些形式。

(1) JSON 对象,其格式为{"key":{value}},示例代码如下:

```
{
    "name": "jack",
    "age": 24,
        "addr":{
        "city":"beijing",
```

```
        "tel":"133XXXXXXX"
     }
}
```

（2）JSON 数值，其格式为{"key":value}。示例代码如下：

```
{
    "age": 24,
    "id": 400410
}
```

（3）JSON 字符串，其格式为{"key":"value"}。示例代码如下：

```
{
    "name": "jack",
    "city": "beijing"
}
```

（4）JSON 数组，其格式为{"key":[value]}。示例代码如下：

```
{
    "name": "jack",
    "array":[1,2,3,4]
}
```

（5）JSON 对象数组，其格式为{"key":[{"key1":"value1"},{"key2":"value2"}]}。示例代码如下：

```
{
    "name": "jack",
    "booklist":[
      {"name":"Python"},
      {"name":"HTML"}
    ]
}
```

（6）JSON 数组对象，其格式为{"key":["key1":[value1,value2]]}。示例代码如下：

```
{
    "name": "jack",
    "booknumber":[
      [1,2,3],
      ["python","json","html"]
    ]
}
```

6.6 接口编写及测试

6.6.1 创建服务器

在创建 Web 服务器前先了解一个概念 WSGI(Web Server Gateway Interface 服务器网关接口),其是为 Python 语言定义的 Web 服务器和 Web 应用程序或框架之间的一种简单而通用的接口。

WSGI 分为两部分,分别为网关及应用程序。在处理一个 WSGI 请求时,服务器会为应用程序提供环境信息及一个回调函数。当应用程序完成处理请求后,通过前述的回调函数,将结果回传给服务器。

Python 内置了一个简易的 WSGI 实现,这个模块是 wsgiref,它是使用 Python 实现的 WSGI 服务器。一个简单的由 Python 创建的 Web 服务器的示例代码如下:

```python
#第 6 章//wsgiserver.py
from wsgiref.simple_server import make_server

def app(parm,headers):
    headers('200 OK', [('Content-Type', 'text/html')])
    return [b'<h1>Hello,World!</h1>']

httpd = make_server('localhost', 80, app)
print('Serving HTTP on port 80...')
#开始监听 HTTP 请求
httpd.serve_forever()
```

以上代码创建了一个简易的 Web 服务器并实现了一个简易的网页,该网页会显示 Hello,World! 字样并使用了<h1>标签做标题样式进行输出。在 PyCharm 中运行以上代码,会输出 Serving HTTP on port 80…,程序会在后台监听 80 端口。当访问了 IP 加上端口时,就会将网页输出。

打开浏览器并访问 http://localhost:80(80 端口是 Web 默认的端口,输入网址时可以省略,例如 http://localhost)在 PyCharm 终端窗口会显示 127.0.0.1 --[22/Apr/2021 16:49:22] "GET / HTTP/1.1" 200 21,在浏览器则显示了一个加粗的 Hello,World! 字样的网页,如图 6-12 所示。

在上面的代码中,使用 make_server()方法创建一个 WSGI 服务器,并监听主机和端口,接收应用程序的连接。该方法包含 3 个常用参数,分别为 host、port、app。其中参数 host 为服务器的 IP 地址,参数 port 为服务的端口,参数 app 为应用程序对象,应用程序对象可以是函数、方法、类或者带有__call__方法的示例。该应用程序对象是一个可接收两个参数的可调用对象,并且该对象必须能够被多次调用。

Python 官方对应用程序对象提供了一个简单的案例,示例代码如下:

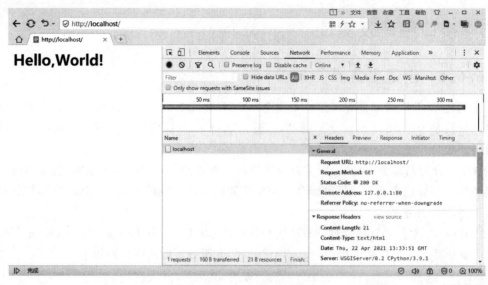

图 6-12　Python 简易网页

```
HELLO_WORLD = b"Hello world!\n"

def simple_app(environ, start_response):
    """Simplest possible application object"""
    status = '200 OK'
    response_headers = [('Content-type', 'text/plain')]
    start_response(status, response_headers)
    return [HELLO_WORLD]
```

该函数包含两个参数,分别为 environ 与 start_response。参数 environ 是一个包含所有 HTTP 请求信息的 dict 对象,参数 start_response 是一个发送 HTTP 响应的函数。

对于 Web 页面的请求及响应,核心代码就在应用程序对象中。前面编写了一个简单的静态页面,下面利用前面所学的知识创建一个登录页面,并且能够处理登录的过程。

使用 HTML+CSS 创建一个登录页面,将其命名为 login.html 并存储在当前项目文件下,代码如下:

```
<!DOCTYPE html>
<html>
  <head>
    <meta charset="utf-8" />
    <title>Python 登录</title>
    <style type="text/css">
      .form{
          padding: 0px;
          margin: 0px;
            }
      fieldset{
          width: 250px;
```

```css
        height: 150px;
        margin: 0 auto;
        margin-top: 200px;
        padding-top: 30px;
        padding-bottom: 30px;
        border: 1px solid #595959;
        border-radius: 5px;
            }
    .ipt{
        margin-bottom: 20px;
        margin-left: 10px;
        font-size: 14px;
        height: 30px;
            }
    li{
        float: left;
        width: 50px;
        list-style-type: none;
        text-align: right;
        height: 30px;
        line-height: 30px;
            }
    input{
        float: left;
        margin-left: 10px;
        height: 30px;
        width: 140px;
        border: 1px solid #b3b3b3;
        padding-left: 5px;
        color: #595959;
            }
    .btn{
        clear: both;
        margin-top: 10px;
        margin: 0 auto;
        text-align: center;
            }
    .btn button{
        width: 90px;
        height: 35px;
            }
</style>
</head>
<body>
    <form class = "form" method = "post" action = "http://localhost/checklogin">
        <fieldset>
            <legend>登录框</legend>
            <div class = "ipt">
                <li>用户名:</li><input type = "text" name = "user" />
            </div>
```

```html
                <div class = "ipt">
                    <li>密码:</li><input type = "text" name = "pass" type = "password" />
                </div>
                <div class = "btn">
                    <button type = "submit">登录</button>
                    <button type = "reset">重填</button>
                </div>
            </fieldset>
        </form>
    </body>
</html>
```

将以上 HTML 及 CSS 的 URL 设置为 http://localhsot/login,再添加一个登录处理的方法,其网址为 http://localhost/checklogin,代码如下:

```python
#第 6 章//wsgiserver.py
from wsgiref.simple_server import make_server
from urllib.parse import parse_qs

def app(env,head):
    head('201 OK', [('Content-Type', 'text/html')])

    #获取当前访问的页面
    page = env['PATH_INFO']

    #解析 GET 方式所提交的参数,返回值是字典
    get_parm = parse_qs(env['QUERY_STRING'])

    #解析 POST
    try:
        bodysize = int(env.get('CONTENT_LENGTH', 0))
    except (ValueError):
        bodysize = 0
    get_post_parm = env['wsgi.input'].read(bodysize).decode('utf-8')

    #解析 POST 方式所提交的参数,返回值是字典,值是列表
    post_parm = parse_qs(get_post_parm)
    datas = b'404'

    #根据当前访问的不同页面进行不同的处理
    if page == "/login":

        #打开 login.html 并以二进制的方式读取 HTML 代码
        f = open("login.html","rb+")
        datas = f.read()

    if page == "/checklogin":
```

```python
    # 如果传入的参数为空,则提示错误的参数
    if not bool(post_parm):
        datas = b'Wrong parameter'
        return [datas]

    # 此 user 为 login.html 中 input 的 name 值
    if "user" not in post_parm.keys():
        datas = b'Wrong username parameter'
        return [datas]

    # 此 pass 为 login.html 中 input 的 name 值
    if "pass" not in post_parm.keys():
        datas = b'Wrong password parameter'
        return [datas]

    # 将列表转换为字符串
    if(''.join(post_parm["user"]) == "admin" and ''.join(post_parm["pass"]) == "123456"):
        datas = b'Login Success!'
    else:
        datas = b"Wrong username or password"
    return [datas]

httpd = make_server('localhost', 80, app)
print('Serving HTTP on port 80...')
# 开始监听 HTTP 请求
httpd.serve_forever()
```

上面的代码实现了 2 个页面,分别是带 HTML 界面的 login 与不带 HTML 界面的 checklogin,访问 login 时会显示一个登录页面,如图 6-13 所示,在登录界面输入用户名及密码,提交到 checklogin 进行验证,如果用户名和密码分别为 admin 与 123456,则显示登录成功,否则显示登录失败。

图 6-13 登录页面

其中还对登录输入内容进行了一些判断，例如，如果向 checklogin 提交了空内容，则会显示 Wrong parameter。如果没有提交 user 或者 pass 参数，则分别提示参数错误。在商用环境中一个完整的登录还要判断很多内容，例如用户名及密码的长度、特殊字符的过滤、验证码验证等。

如果访问的不是 login 与 checklogin，则会提示 404。这里实现了一个简单的登录页面，也是对之前学习的 Python 及 HTML、CSS 做了一次较小的融合，感兴趣的读者还可以实现将用户名及密码存储在数据库中，通过读取数据库中的数据来对用户输入的用户名及密码进行验证。

6.6.2 编写登录 API

前文实现了一个登录页面，并实现了对用户名和密码进行验证的功能，所有的功能都是基于 HTML 实现的。如果要与 App 进行数据交换，就需要使用 JSON 的格式进行数据交换了。

使用 JSON 进行数据交换只需将 Content-Type 设置为 application/json，并且确保提交的数据类型为 JSON 格式，输出的格式同样是 JSON。

同样是对用户名及密码进行验证，使用 JSON 进行数据交换的示例代码如下：

```python
#第6章//wsgiserver.py
from wsgiref.simple_server import make_server
from urllib.parse import parse_qs
import json                              #使用json模块

def app(env, head):
    head('201 OK', [('Content-Type', 'application/json')])
    page = env['PATH_INFO']

    #解析POST
    try:
        bodysize = int(ehv.get('CONTENT_LENGTH', 0))
    except (ValueError):
        bodysize = 0
    get_post_parm = env['wsgi.input'].read(bodysize)

    #解析POST方式所提交的JSON,将返回值转换成JSON
    post_parm = json.loads(get_post_parm)
    datas = {"state":0,"message":"找不到页面"}

    if page == "/checklogin":
        if not bool(post_parm):
            datas = {"state":0,"message":"参数错误"}

            #输出JSON结果
            return [json.dumps(datas, ensure_ascii = False).encode('utf-8')]

        if "user" not in post_parm.keys():
```

```
            datas = {"state":0,"message":"参数错误"}
            return [json.dumps(datas, ensure_ascii = False).encode('utf-8')]

        if "pass" not in post_parm.keys():
            datas = {"state":0,"message":"参数错误"}
            return [json.dumps(datas, ensure_ascii = False).encode('utf-8')]

        if(post_parm["user"] == "admin" and post_parm["pass"] == "123456"):
            datas = {"state":1,"message":"登录成功"}
        else:
            datas = {"state":1,"message":"用户名或者密码错误"}

    return [json.dumps(datas, ensure_ascii = False).encode('utf-8')]

httpd = make_server('localhost', 80, app)
print('Serving HTTP on port 80...')
#开始监听 HTTP 请求
httpd.serve_forever()
```

上面的代码实现了一个登录的接口，可以供 App 端向 http://localhost/checklogin 通过 POST 的方式提交 JSON 格式的数据，提交的格式为{"user":"xxx","pass":"xxx"}，Python 服务器端接收到 App 端提交过来的 JSON 数据，进行验证，然后输出 JSON 格式结果并返回给 App 端。App 端再根据返回的 JSON 数据进行拆分，将拆分后的数据进行格式化输给用户就可以看到不同的结果。

对于已经写好的 API，需要测试代码是否能按照既定的目标正常运行，使用 JSON 格式进行数据交换是没有界面的，在实际开发测试中不可能要求 App 端配合后端进行测试，因为 App 端与服务器接口的开发进度有很大可能性是不一致的。只有在系统开发完毕后才会进行对接，这时已经进入项目开发的后期了，此时再发现代码中有 Bug 可能已经来不及处理了，所以接口的粗略测试都由开发人员自己完成。使用 POSTMAN 可以在没有界面的情况下测试接口代码的正确性。

6.6.3 使用 POSTMAN 测试接口

POSTMAN 是一款专业的 API 调试工具，POSTMAN 早期是作为 Chrome 浏览器插件存在的，经过多年的发展，POSTMAN 已经独立成为一款专业的 API 调试工具了，其功能非常强大，POSTMAN 的官方网址为 https://www.postman.com，POSTMAN 是一款商业工具，但是提供免费版，因为只需调试 API，免费版已经完全够用了。POSTMAN 的下载及安装比较简单，这里不再赘述。POSTMAN 的主界面如图 6-14 所示。

POSTMAN 界面比较简洁，初次进入没有太多的内容。要使用 POSTMAN 创建 API 测试，应先单击 Collections 按钮，然后单击主界面上的加号"+"来快速创建一个 Request 界面，如图 6-15 所示。

Request 界面是用于调试 API 的主要界面，该界面上有一种方法选择列表，列表内包含了所有传输数据的方法，包括 GET、POST、PUT、PATCH、DELETE、COPY、HEAD、OPTIONS、LINK、UNLINK、PURGE、LOCK、UNLOCK、PROPFIND。

图 6-14　POSTMAN 主界面

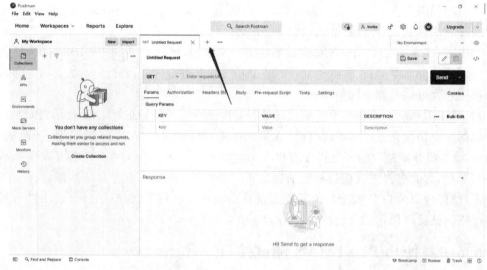

图 6-15　创建 Request 界面

这里选择 POST 来调试 API，紧接着下拉列表的是一个输入框，在该输入框内填写要测试的 URL，我们编写的接口地址是 http://localhost/checklogin，所以此处填写这个地址即可。

在输入框下方有一排 tab 选项卡，分别为 Params、Authorization、Headers、Body、Pre-request Script、Tests、Settings。这里选择 Body。

在 Body 内选中 raw，并在下方的文本框内填写构造好的 JSON 数据，例如构造用户名为 admin，密码为 123456 的 JSON 数据，其格式如下：

```
{"user":"admin","pass":"123456"}
```

填写好 API 地址，并且构造好数据后，单击 Send 按钮，POSTMAN 就会模拟 App 的请求方式向 Python 服务器端 API 发送数据，并且会将服务器端返回的数据显示在界面的下方，如图 6-16 所示，使用 admin 及 123456 进行登录，服务器端返回了登录成功的信息，并且返回信息是 JSON 格式。

图 6-16　POSTMAN 测试登录 API

实 战 篇

对于初学者来讲理论知识相对容易获得,而实战经验则不太容易获取。因为大多数实际项目除了要求开发者掌握编程或者第三方应用知识之外,还需要开发者能够理解项目的业务背景、业务需求及提出相应的解决方案并对其进行实现,并且对项目的每个阶段的特点、项目的周期都要有所了解。如果没有经历过一个完整的项目,在没有项目经验的情况下,可能无法对项目进行把控,甚至会出现项目无法完成的情况。

Python实战篇通过完成一个短视频数据分析平台项目,从实战的角度出发,了解并分析项目背景、设计项目原型、制作项目模板、创建项目数据库、分析目标平台的功能、开发项目功能及部署项目等流程,将前文所学的Python知识、数据库知识、数据分析知识、前端知识等融合在一起,打造一个综合性的实战项目,带领读者领略一个完整的项目周期,让读者能够切实感受并学习项目的每个周期的特点及所学编程知识的实际应用,为读者日后独立开发项目提供实际的项目经验。

实战篇包含以下两章:

第7章　Python Web 开发实战

本章讲解Python轻量级开发框架Flask,并利用该框架开发一个完整的项目——短视频数据分析平台。从项目的背景及需求开始一直到项目的完整实现,带领读者领略一个完整的项目周期,帮助读者积累实际项目经验。

第8章　Python 项目的部署

本章讲解Linux服务器的使用,并讲解如何将开发完成的项目部署到Linux服务器上。同时讲解如何将开发好的短视频数据分析平台发布到互联网上,让每个人都可以访问该平台。

第 7 章

Python Web 开发实战

第 6 章学习了 HTML、CSS、JavaScript 及使用 Python 编写符合 WSGI 规范的 Web 程序,让我们对 Web 开发有了一个基本的了解,在学习的过程中也体会到,面对复杂的现代 Web 系统,使用基础的开发模式从底层开始开发,效率实在太低,并且有可能花费大量的时间和精力所开发出来的模块或者功能会存在诸多缺陷或者漏洞,再就是因为没有完整的全盘规划,使开发出来的功能或者产品在后期维护的时候会花费巨大的代价。为了避免这些问题,在实际项目开发的过程中,一般会使用开发框架来提升开发效率。

开发框架是指实现了某应用领域通用且功能完备的底层服务,可以简单地将其理解为将一些基础功能或者底层功能进行科学合理的封装,提供了优秀的扩展和可维护能力,使开发者能够提高开发效率的工具,就好像制造汽车一样,一般情况下制造出了第一辆车以后,就会出现很多不同款式的车,而后面造的车会比所造的第一辆车时间更短,质量更好。这就是因为在制造好第一辆车以后,会将第一辆车的通用部分保留下来,基于通用部分进行创新,就会成为一个系列的不同款式的车型。提炼出来的通用部分就可以称为框架或者平台。

对于企业而言,现代软件或者系统的开发越来越巨大和复杂,周期也越来越长。投入的人力资源及物力资源非常多,其成本之高远超想象。在这种开发环境之下,提高开发效率及维护效率便可节省开支成本,对开发者而言,远离底层的繁杂,避免重复造轮子,提升开发体验,这些都离不开开发框架。

在 Web 开发领域,Python 中有很多优秀的开发框架,例如 Flask、Django、Tornado 等,虽然开发框架有着非常多的优势,但是开发框架因为封装了大量的功能,想要灵活地使用这些开发框架,除了掌握 Python 本身的编程语法以外,还要学习这些开发框架的开发规则。

7.1 Flask 基础知识

7.1.1 Flask 安装

Flask 是使用 Python 编写的轻量级可定制的 Web 框架,其官方网站是一个十分流行的 Web 框架,相较其他同类型的框架,Flask 更加灵活、轻便且容易上手。Flask 支持 MVC 模式进行开发,即前后端分离开发。除此之外,Flask 易于扩展,它没有指定数据库及模板引擎等对象,这就意味着可以使用任何熟悉的数据库或者模板引擎(默认集成 Jinja2 模板)进行开发。Flask 的核心是 Werkzeug 与 Jinja2 模板,Werkzeug 用于处理业务逻辑,Jinja2 用于模板的处理,这些基础函数为 Web 项目开发提供了丰富的基础组件。Flask 的工作流程如图 7-1 所示。

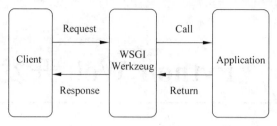

图 7-1　Flask 工作流程

在安装 Flask 前首先创建一个新的项目，打开 PyCharm 后执行 File→New Project 命令，在弹出的创建新项目的对话框中将 Location 设置为 d:\flaskproj，其余选项保留默认即可，单击 Create 按钮便可创建新的 Python 项目（PyCharm 专业版可以直接创建 Flask 项目），如图 7-2 所示。

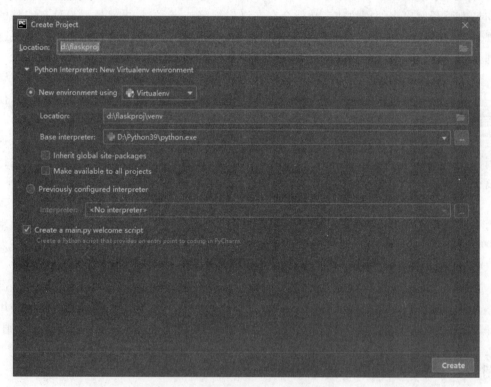

图 7-2　使用 PyCharm 创建新项目

项目创建完毕后在此项目内安装 Flask，单击项目主界面下方的 Terminal 选项卡便可打开终端窗口，也可以按快捷键 Alt+F12 快速打开终端窗口，打开终端窗口后使用 pip 命令来安装 Flask 框架，命令如下：

```
pip install Flask
```

出现 Successfully installed 即表示安装完成了 Flask 框架，接下来测试是否正确地安装了 Flask，在该项目下创建一个新的 py 文件并命名为 test.py，输入代码如下：

```
import flask
help(flask)
```

此时会输出 Flask 的相关文档，如果安装不正确则会报错。接下来创建一个简单的 Flask 示例，感受一下 Flask 的基本用法，右击 PyCharm 中的当前项目，在弹出的菜单中选择 New→Directory 以便创建文件夹，使用该方式在项目的根目录创建 2 个文件夹，分别是 static、templates，这两个文件夹分别用于存放静态资源和模板文件。

再次右击项目，在弹出菜单中选择 New→Python File 以便创建一个 Python 文件，命名为 server.py，目录结构如图 7-3 所示。

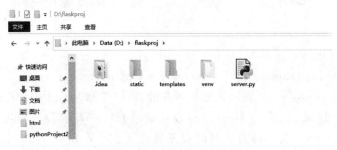

图 7-3　Flask 项目目录结构

在 server.py 文件中输入的代码如下：

```
#第7章//server.py
import flask
app = flask.Flask(__name__)

@app.route('/test')
def test():
    return 'Hello World!'

if __name__ == '__main__':
    app.run()

#输出结果为
* Serving Flask app "server" (lazy loading)
 * Environment: production
   WARNING: This is a development server. Do not use it in a production deployment.
   Use a production WSGI server instead.
 * Debug mode: off
 * Running on http://127.0.0.1:5000/ (Press Ctrl+C to quit)
```

其输出结果提示我们，当前是一个开发环境，不要用于生产环境。调试模式已关闭，可以通过浏览器访问 http://127.0.0.1:5000/来查看效果，按快捷键 Ctrl＋C 便可退出当前程序。此时打开浏览器，输入 http://127.0.0.1:5000/test 可以看到页面上显示了 Hello World!，如图 7-4 所示。注意网址后面需要加上 test，因为在程序内定义的路由是/test。

在上面的代码中通过 flask.Flask(__name__)创建了一个 Flask 实例，Flask()方法包含

图 7-4　浏览器显示的效果

10 个参数，分别为 import_name、static_url_path、static_folder、static_host、host_matching、subdomain_matching、template_folder、instance_path、instance_relative_config、root_path，其中参数 import_name=main 表示该模块所在的目录，参数 static_url_path 用于设置访问静态资源的 URL 目录，默认为 None。参数 static_folder 表示静态资源的目录，默认为 static。参数 static_host 表示静态资源的服务器地址。参数 host_matching 表示是否使用主机模式匹配静态资源，默认值为 False，使用 static_folder 进行匹配。参数 subdomain_matching 表示在匹配路由时，精确匹配相对于主域名的子域名，默认值为 False。参数 template_folder 为模板的目录，默认为 templates。参数 instance_path 为应用程序的备用实例路径。参数 instance_relative_config 的默认值为 False，如果设置为 True，则配置文件将相对于实例路径而不是程序根目录。参数 root_path 为应用程序的根目录，默认为 None。

修改默认的静态资源目录与模板目录，示例代码如下：

```
import flask
app = flask.Flask(__name__, static_folder = "stc", template_folder = "tmp")
```

run()方法用于运行一个服务器，该方法包含 4 个常用参数，分别为 host、port、debug、load_dotenv，参数 host 表示要侦听的主机名，默认侦听 127.0.0.1，作为本地的开发环境。如需对外开放服务器，则需要将 host 设置为 0.0.0.0。参数 port 表示 Web 服务器的端口。参数 debug 表示是否开启调试模式，默认为不开启调试模式。参数 load_dotenv 用于设置环境变量。

开启调试模式、开放服务器允许外网访问及修改服务器端口，示例代码如下：

```
import flask
app = flask.Flask(__name__)
app.run(debug = True, host = "0.0.0.0", port = "80")


# 输出结果为
*  Debugger is active!
*  Debugger PIN: 277-891-308
*  Running on http://0.0.0.0:80/ (Press Ctrl+C to quit)
```

7.1.2 路由

9min

在学习路由前,先简单了解一下 URL 的构成,例如这个 URL,https://www.xxx.com:8080/news/list.php?id=12&lid=3&page=2#disp。该 URL 中 https 表示网页使用的是 HTTPS 协议,在 Internet 中有多种协议,例如 http://、ftp://、wss://等。www.xxx.com 表示当前的域名,此部分可以是 IP 地址,也可以是二级域名,例如 w.xxx.com、192.168.1.2。8080 表示请求的远程服务器的端口,Web 默认的端口是 80,所以一般在使用 80 端口时,访问的时候可以不用书写端口。从域名后的第 1 个斜杠/开始到最后一个斜杠/为止是虚拟目录部分,虚拟目录对应服务器上的实体目录,本例中 news 表示根目录下的 news 目录。list.php 表示 news 目录下的 list.php 文件名。问号?至井号#之间表示要传递给服务器的参数。井号#后表示锚点部分,即快速定位当前页面的链接。

根据以上 URL 的知识来看,当向服务器请求一个 URL 时,实际上是指定了服务器中指定目录下的指定文件来处理我们的请求,这样使用存在几个问题,首先是服务器上的目录及文件结构暴露出来了,给服务器安全带来一些隐患。其次,如果涉及权限的管理,则需要在每个文件上进行权限判断。还有就是一旦某个文件或者文件夹被移除,但是在用户不知道的情况下访问就会出现 404 错误。总体来讲各部分信息过于分散,无法实行统一管理,这时就需要使用路由来对 URL 请求进行管理了。

顾名思义,路由是指从源端点到终止端点的路径。在 Web 开发中路由的意思是指根据不同的 URL 分配对应的处理程序的过程(不再使用单独的页面处理 URL 的请求)。例如 http://xx.com/test 与 http://xx.com/aa,看似访问了两个服务器目录,但在 Flask 中则是通过路由访问了 test 与 aa 的函数,如图 7-5 所示。

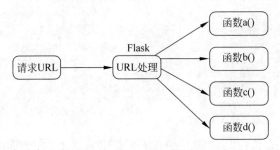

图 7-5　Flask 路由的原理

接下来定义一个简单的路由,示例代码如下:

```
#第7章//server.py
import flask
app = flask.Flask(__name__)

@app.route('/test')
def test():
    return 'Hello World!'

@app.route("/aa")
```

```
    def aa():
        return "aaaaaaa"

    @app.route("/bb")
    @app.route("/cc")
    def jj():
        return "bbcc"

    if __name__ == '__main__':
        app.run(debug = True)
```

在上面的代码中定义了 4 个路由，分别是 test、aa、bb、cc，这些路由都是通过装饰器来把函数绑定到 URL 上的，通过访问不同的 URL 会选择不同的函数来处理，例如访问 http://127.0.0.1:5000/test 会使用 test() 函数来处理 URL 请求，而访问 http://127.0.0.1:5000/aa 则会使用 aa() 函数来处理请求。

可以将多个路由指向同一个函数。在上面的代码中设置了两个不同的路由/bb 与/cc，在访问 http://127.0.0.1:5000/bb 与 http://127.0.0.1:5000/cc 时，指向的都是同一个函数 jj() 来处理 URL，并且都能够正常地访问。

在原生 URL 请求中，对同一个页面可能会传递不同的参数以获得相同模板的不同结果，例如 http://www.xxx.com/list.php?lmid=1 与 http://www.xxx.com/list.php?lmid=2，在 Flask 路由中同样有相对应的解决方案，该方案称为动态路由。示例代码如下：

```
import flask
app = flask.Flask(__name__)

@app.route('/test/<names>')
def test(names):
    return '你好 %s' % names

if __name__ == '__main__':
    app.run(debug = True)
```

当访问 http://127.0.0.1:5000/test/jack 时，会在页面输出"你好 jack"。所谓的动态路由就是传递了一个动态参数，通过参数的变化实现页面的多样化。

在实际项目中需要对动态参数进行约束，例如传递的参数必须是整数或者字符串，因为在程序使用传递过来的参数查询数据库的时候，类型的不正确会引起未知的错误，例如 select * from user where id=x，此时如果传递过来的 x 是字符串，则会引起数据库错误。虽然在程序中可以通过自行编写代码进行判断，但还是不够简洁。

Flask 的路由贴心地提供了参数的过滤器，例如将动态参数限制为 int 型，示例代码如下：

```
import flask
app = flask.Flask(__name__)
```

```
@app.route('/test/<int:names>')
def test(names):
    return '你好 %s' % names

if __name__ == '__main__':
    app.run(debug=True)
```

在动态路由前方指定参数类型即可对该参数进行类型过滤，使用了参数过滤后再次访问 http://127.0.0.1:5000/test/jack 就会提示找不到页面，除非将 jack 替换为数字，例如 http://127.0.0.1:5000/test/1 就可以正常地输出"你好 1"了。Flask 可提供的过滤类型如表 7-1 所示。

表 7-1　参数类型过滤

过滤类型	说　　明
string	限定参数为没有任何斜杠/的字符串类型
int	限定参数为整型
float	限定参数为浮点型
path	与 string 类型相似，但是可以接收斜杠/
uuid	限定为 uuid 格式的字符串，其格式组成为 8-4-4-16，类似 xxxxxxxx-xxxx-xxxx-xxxxxxxxxxxxxxxx

7.1.3　请求方式

在 Web 中常用的请求方式有 GET 与 POST，Flask 框架可以非常容易地处理这些请求，并且很多细节自动帮助开发人员进行处理了，处理不同的请求方法可以通过 route() 装饰器的 methods 参数设置，示例代码如下：

```
import flask
app = flask.Flask(__name__)

@app.route('/test', methods=['GET','POST'])
def test():
    return '你好'

if __name__ == '__main__':
    app.run(debug=True)
```

在上面的代码中，在 route() 装饰器中设置 methods=['GET','POST']，使 http://127.0.0.1:5000/test 可以同时接收 GET 与 POST 提交过来的数据，如果只希望接收 GET 或者 POST，则只需在列表中保留需要的请求方法，例如 methods=['GET'] 或者 methods=['POST']。

如果使用的是 GET 的方式请求 URL，则可以通过动态路由参数的方式获取 GET 请求的参数并进行处理。要获取 POST 传递的参数，可以使用 flask.request.form["表单 name"] 的方式获取，示例代码如下：

```
import flask
app = flask.Flask(__name__)

@app.route('/test',methods = ['POST'])
def test():
    username = flask.request.form["username"]    # 获取 name 为 username 的表单
    password = flask.request.form["password"]    # 获取 name 为 password 的表单
    return username + password

if __name__ == '__main__':
    app.run(debug = True)
```

在上面的代码中,首先将 methods 的请求方法设置为 POST,然后通过 flask.request.form["username"]与 flask.request.form["password"]获取 POST 传递过来的内容,其中 username 与 password 为 HTML 表单中 input 元素的 name 属性,示例代码如下:

```
< input type = "text" name = "username" />
```

7.1.4　JSON 处理

在进行 App 开发时,App 传递过来的参数与服务器返回的数据都是 JSON 格式的数据,在 Flask 中可以使用 flask.request.json 来处理 JSON 格式,它会自动将 JSON 数据转换成为字典或者列表类型,flask.request.json 与 flask.request.form 的使用方式一致,示例代码如下:

```
#第 7 章//ctljson.py
import flask
app = flask.Flask(__name__)

@app.route('/test',methods = ['POST'])
def test():
    username = flask.request.json["username"]
    password = flask.request.json["password"]
    return username + password

if __name__ == '__main__':
    app.run(debug = True)
```

模拟提交的 JSON 数据为{"username":"admin","password":"123456"}。以上代码通过获取提交过来的 JSON 格式的数据并对该数据进行自动解析。

在实际 App 开发的过程中,除了请求的参数为 JSON 格式的数据之外,要求服务器返回的数据格式也是 JSON 格式的,可以使用 flask.jsonify()函数将组装的 JSON 格式的字符串以 JSON 格式进行输出,示例代码如下:

```python
#第7章//ctljson.py
import flask
app = flask.Flask(__name__)

@app.route('/test',methods = ['POST'])
def test():
    username = flask.request.json["username"]
    password = flask.request.json["password"]
    result = {"username":username,"password":password}
    return flask.jsonify(result)

if __name__ == '__main__':
    app.run(debug = True)
```

使用 POST 提交 JSON 数据并请求了 http://127.0.0.1:5000/test 后,会在页面上输出 JSON 格式的返回值,供 App 端或者 Web 端的 JavaScript 使用。

7.1.5 文件上传

Flask 处理文件上传非常简单,只需确保在提交数据的表单中设置 enctype="multipart/form-data",如果不设置该属性,浏览器则不会将文件上传至服务器。已上传的文件被存储在系统的临时位置,可以通过请求对象 files 的属性访问上传的文件,可以使用 save()方法将上传的文件保存在服务器的文件系统中,HTML 端的示例代码如下:

```html
<!DOCTYPE html>
<html>
  <head>
    <meta charset = "utf-8">
    <title>上传文件</title>
  </head>
  <body>
    <form action = "http://127.0.0.1:5000/upload" method = "post" enctype = "multipart/form-data">
      <input type = "file" name = "upload" />
      <input type = "submit" value = "上传"/>
    </form>
  </body>
</html>
```

在 HTML 端,form 中的 enctype="multipart/form-data"一定不可以省略或者设置为其他值,否则无法上传文件。HTML 中的上传文件的标签是<input>,其 type 属性设置为 file,该标签的 name 属性与服务器端所接收的文件名称相对应,此处 name=upload,则在服务器端的代码中也应当使用 upload 进行接收。

在编写服务器端代码前,先在 static 目录下创建一个新目录并命名为 uploads,将接收的文件存放在该目录下。服务器端的示例代码如下:

```python
# 第 7 章//upl.py
import flask
from werkzeug.utils import secure_filename
app = flask.Flask(__name__)

@app.route('/upload', methods = ['POST'])
def upload_file():

    # 此处的 upload 对应 HTML 中 input 标签的 name 属性
    f = flask.request.files["upload"]

    # secure_filename 用于获取该文件在客户端的真实名称
    # static/uploads/为保存文件的路径
    f.save("static/uploads/" + secure_filename(f.filename))
    return "上传成功"

if __name__ == '__main__':
    app.run(debug = True)
```

7.1.6 模板

Flask 框架内置的默认模板为 Jinja2，Jinja2 是基于 Python 的模板引擎，使用十分广泛。该模板引擎有沙箱执行模式、自动 HTML 转义系统、模板继承机制、高效的执行效率、可选的预编译模式等特点，其中沙箱执行模式可以使模板的每个部分都在引擎的监督之下执行，通过黑白名单的方式使那些不被信任的模板也可以得到执行。自动 HTML 转义系统可以有效地阻止跨站脚本的攻击。模板继承机制使模板的制作和管理更加高效。Jinja2 会在模板第 1 次加载时把源码转换成 Python 字节码，使模板执行效率更高。

一个简单的 Jinja2 引擎模板的示例代码如下：

```
<!DOCTYPE html>
<html>
<head>
    <title>HTML 模板</title>
</head>
<body>
    <ul id = "navigation">
    {% for item in navigation %}
        <li><a href = "{{ item.href }}">{{ item.caption }}</a></li>
    {% endfor %}
    </ul>
    <h1>My Webpage</h1>
    {{ a_variable }}
</body>
</html>
```

上面展示了一个基于 Jinja2 引擎的最简单的模板，对于 Jinja2 来讲模板仅仅是文本文件，它可以是任何基于文本的格式（HTML、XML、CSV、LaTex）等。没有特定的扩展名．html

或.xml 也是可以的。

在模板中包含了两个重要的元素,分别是变量及控制结构。模板中用{%...%}分隔符分隔的部分为控制结构,使用{{...}}分隔的部分为变量。在上面的例子中{% for item in navigation %}表示执行 for 循环,即将<li>...</li>循环输出 x(x 取决 navigation 的长度)遍。{{item.caption}}与{{a_variable}}则是将对应的变量值打印到模板上。

Jinja2 中常用的控制结构有 for、if,for 用于遍历序列中的每一项,例如显示一个由 newlist 字典提供的新闻列表,示例代码如下:

```
<ul>
{% for news in newlist %}
  <li>{{ news.title }}</li>
{% endfor %}
</ul>
```

for 是成对出现的,结尾需要使用 endfor 来标记循环块的结束。for 遍历的 newlist 可以是字典,也可以是列表,如果需要对新闻标题进行排序,则需要在 Python 中将字典或者列表的序列排列好,然后打印至模板上,不能在模板内进行排序。如果序列为空或者过滤时移除了序列中的所有项而没有执行循环,则可以使用 else 渲染一个用于替换的块,示例代码如下:

```
<ul>
{% for news in newlist %}
  <li>{{ news.title }}</li>
{% else %}
  <li>no newlist found</li>
{% endfor %}
</ul>
```

Jinja2 中的 if 语句与 Python 中的 if 语句类似,在模板中 if 是成对出现的,起始为 if,使用 endif 结束。可使用 elif 和 else 来构建多个分支,if 的示例代码如下:

```
{% if item>10 %}
  {{item}}
{% elif item<6 %}
  {{xxx}}
{% else %}
  {{ccc}}
{% endif %}
```

变量的输出比较简单,使用{{...}}即可输出变量,变量可以通过过滤器进行修改,过滤器可以理解为 Jinja2 中的内置函数和字符串处理函数。过滤器与变量使用|分隔,多个过滤器可以链式调用,前一个过滤器的输出会用作后一个过滤器的输入。示例代码如下:

```
{{ news|striptags|title }}
```

常用的过滤器如表 7-2 所示。

表 7-2　Jinja2 内置常用过滤器

过滤器	说明
safe	渲染时变量不进行转义
capatialize	将变量的首字母转换成大写，其余字母转换成小写
lower	把变量转换成小写
upper	把变量转换成大写
title	把变量中的每个单词的第 1 个字母转换成大写
trim	去掉变量首尾的空格
striptags	渲染前删除所有的 HTML 标签
join	将多个值进行拼接
replace	替换字符串中的值
round	对变量进行四舍五入
int	将变量转换成整数型

Jinja2 模板引擎还有一个非常重要的功能就是模板的继承及模板的引用，使用模板的继承和引用可以为我们节省大量的模板制作时间。在实际项目的开发过程中，特别是管理后台的开发，经常会遇到左右的结构，如图 7-6 所示，左侧是功能菜单列表，右侧是菜单对应的页面。

图 7-6　常见管理模板

如果不使用模板的继承及引用，则每个页面都需要制作一份功能菜单列表及右侧的执行页面，这样会有大量的重复代码出现，如果使用了模板继承及引用，则可以将每个页面拆分开来，需要的时候再组合在一起，从而使代码简洁且灵活度高。

模板继承及引用的使用非常简单，按照图 7-6 所示的结构，创建一个左右结构的 HTML 页面并命名为 base.html，示例代码如下：

```
<!DOCTYPE html>
<html>
```

```html
<head>
    <meta charset = "utf-8">
    <title></title>
    <style type = "text/css">
      body{
        width: 1220px;
      }
      .left{
        float: left;
        width: 200px;
        background-color:                      #f3f3f3;
        height: 300px;
      }
      .right{
        float: left;
        width: 1000px;
        height: 700px;
        margin-left: 20px;
        background-color:                      #f3f3f3;
      }
    </style>
  </head>
  <body>
    <div class = "left">
      {% block left %}{% endblock %}
    </div>
    <div class = "right">
      {% block right %}{% endblock %}
    </div>
  </body>
</html>
```

在 base.html 中有两处{% block left %}{% endblock %}与{% block right %}{% endblock %}，当子页面继承了 base.html 后，这两处将会被内容填充，例如创建一个新页面并命名为 index.html，继承自 base.html，其示例代码如下：

```html
{% extends "base.html" %}
{% block left %}
  {% include "menu.html" %}
  <link href = "{{ url_for('static', filename = 'style.css') }}" rel = "stylesheet">
{% endblock %}
{% block right %}
  {{ super() }}
    <div>
      <ul>
        <li>{{news.title}}</li>
      </ul>
    </div>
{% endblock %}
```

在 index.html 中，第 1 行为当前模板继承自 base.html，{% block left %} 与 {% endblock %} 之间实现了 left 块，并且在块中通过 include 引用了 menu.html，使用 url_for() 方法生成 style.css 文件的 URL 并进行引入 CSS 样式文件。{% block right %} 与 {% endblock %} 之间实现了 right 块。{{ super() }} 表示获取 base.html 相同块中的原有内容，原本创建一个新的页面会有大量的代码与 base.html 重复，通过继承及引用，index.html 只需编写少量的代码就拥有了比 index.html 更丰富的 HTML 页面。大大节省了开发时间，且维护成本降低很多。

在 Flask 中使用 render_template() 方法可对 Jinja2 模板进行渲染，示例代码如下：

```python
import flask
from werkzeug.utils import secure_filename
app = flask.Flask(__name__)

@app.route('/index', methods=['GET'])
def index():
    return flask.render_template("index.html", data=123)

if __name__ == '__main__':
    app.run(debug=True)
```

需要注意的是，如果没有设置模板文件目录，则默认的模板文件目录为 templates，需要将模板文件存放至 templates 目录下才能被顺利地找到。上文中 index.html 就存放在 templates 目录下，data 为向模板传递的变量，可以在模板上使用{{ ... }}分隔符将变量打印在模板上。以上的代码当使用浏览器访问 http://127.0.0.1:5000/index 时将会输出 index.html 模板，且模板中的 data 变量会被 123 替换。

7.1.7 Cookie

Cookie 是存储在客户端的数据，因为其存储在客户端，所以有被篡改的可能性，对于安全性较高的应用场景应该使用 Session 来替代，例如用户注册与登录。对于安全性要求不高的应用场景可以使用 Cookie，例如用户注册的邀请人信息，一旦用户通过邀请人的链接进入页面后，将邀请人的 id 保存在 Cookie 中可以避免邀请人信息丢失。Cookie 默认的有效期是关闭浏览器就失效，可以通过对其设置失效期来改变 Cookie 默认的失效时间。Flask 对 Cookie 的操作非常简单，可以使用 flask.request.Cookies.get() 方法获取 Cookie，示例代码如下：

```python
import flask
app = flask.Flask(__name__)

@app.route('/index', methods=['GET'])
def index():
    # 此处 cookiekey 是开发者自行定义的 key 名称，设置 Cookies 也必须是该 key
    id = flask.request.Cookies.get("cookiekey")
    return flask.render_template("index.html", invite=id)
```

```
if __name__ == '__main__':
    app.run(debug = True)
```

设置 Cookie 可以通过创建 make_response() 对象,然后调用该对象的 set_Cookie() 方法设置 Cookie,示例代码如下:

```
#第7章//cookies.py
import flask
app = flask.Flask(__name__)

@app.route('/setCookie',methods = ['GET'])
def setCookie():

    #创建 Cookie 响应体,可以是模板也可以是字符串
    #resp = flask.make_response("响应体")
    resp = flask.make_response(flask.render_template("index.html",invite = id))

    #max_age 用于设置 Cookie 的失效时间,单位为秒.默认关闭浏览器就失效
    #第1个参数是 Cookies 的 key,获取 Cookies 需要该 key,第2个参数为 Cookies 的值
    #resp.set_Cookie("cookiekey","1234")
    resp.set_Cookie("cookiekey","1234",max_age = 3600)
    return resp

if __name__ == '__main__':
    app.run(debug = True)
```

7.1.8 Session

Session 数据存储于服务器端,相较于 Cookie 会更加安全,但是会牺牲一定的服务器资源。Session 一般应用在对安全要求比较高的应用场景,例如用户的登录与注册状态的保持。通常情况下需要开启 Cookie 才能正常使用 Session,在客户端会通过 Cookie 存储一个 Session id 与服务器端的 Session 进行配对,如果禁用 Cookie 则无法存储 Session id,这样就无法找到服务器上对应的 Session 了。

在 Flask 中使用 Session 前需要设置一个密钥,密钥的作用就是将 Session id 加密并存储在 Cookie 中,在获取服务器端的 Session 时需要该密钥进行解密配对以提高安全性。Session 的示例代码如下:

```
#第7章//ses.py
import flask
app = flask.Flask(__name__)

#设置 secret_key
app.secret_key = "^&*(GY*GUI"

@app.route('/setsession',methods = ['GET'])
def setsession():
```

```python
    # 设置 Session
    flask.session["sessionkey"] = "1234"
    return "写入 Session"

@app.route('/getsession', methods = ['GET'])
def getsession():

    # 获取 Session
    session = flask.session.get("sessionkey")
    return session

if __name__ == '__main__':
    app.run(debug = True)
```

与 Cookie 一样，Session 也可以设置过期时间，因为 Session 需要 Cookie 的支持，而默认情况下 Cookie 关闭浏览器后就会失效，所以 Session 的默认过期时间也是关闭浏览器后就会失效。可以通过设置 app.permanent_session_lifetime 设置 Session 的失效时间，并且在路由的处理函数中要设置 session.permanent＝True，否则对 Session 的时间设置将不会生效。

如果仅设置了 session.permanent＝True 而没有设置 app.permanent_session_lifetime，则 Session 的默认失效时间为 31 天。Session 有效期设置的示例代码如下：

```python
# 第 7 章//ses.py
import flask
import datetime
app = flask.Flask(__name__)
app.secret_key = "^&*(GY*GUI"

# 将 Session 的过期时间设置为 7 天
app.permanent_session_lifetime = datetime.timedelta(days = 7)

@app.route('/setsession', methods = ['GET'])
def setsession():
    flask.session["sessionkey"] = "1234"

    # 必须将 permanent 设置为 True,否则过期时间不会生效
    flask.session.permanent = True
    return "写入 Session"

@app.route('/getsession', methods = ['GET'])
def getsession():
    session = flask.session.get("sessionkey")
    return session

if __name__ == '__main__':
    app.run(debug = True)
```

7.2 ECharts 图表

ECharts 图表是由百度团队基于 JavaScript 的数据开发的可视化图表库,该可视化图表库功能强大,内容丰富。百度团队于 2018 年初将 ECharts 捐赠给 Apache 基金会,成为 ASF 孵化级项目。ECharts 的官方网址为 https://echarts.apache.org,如图 7-7 所示。

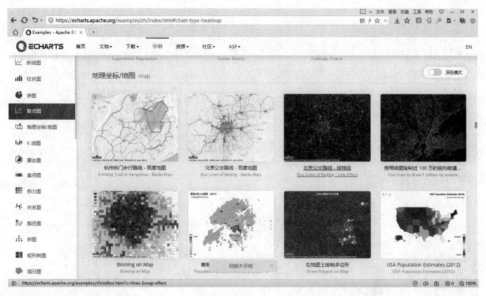

图 7-7　ECharts 图表

ECharts 相比于 Matplotlib,其表现更为多样化,并且内容更加丰富。该图表库包含了 37 个大类,囊括了从二维到三维的多款精美的图表。与 Matplotlib 不同的是,ECharts 是一个运行在 HTML 上的图表库,而 Matplotlib 则无须 HTML 的支持,如果使用 Python 进行科学计算并且期望将科学数据可视化,则 Matplotlib 是首选。如果想要从事数据分析且期望对数据进行可视化及数据监测,则 ECharts 是必不可少的图表库。由于 HTML 的跨平台性,使 ECharts 同样支持从 PC 端到移动端的浏览器。

ECharts 的使用方式非常简单,即使对 JavaScript 一无所知也不影响对它的使用。每幅图表都有一个数据集,对于使用者来讲只需修改这个数据集就可以获得一个精美的图表。同一个页面中可以有多个 ECharts 图表同时存在。

7.2.1　使用 ECharts

当前 ECharts 的最新版本为 5.1.1,下载网址为 https://echarts.apache.org/zh/download.html,通过标签方式直接引入构建好的 ECharts 文件,示例代码如下:

```
<!DOCTYPE html>
<html>
<head>
    <meta charset="utf-8">
```

```html
    <!-- 引入 ECharts 文件 -->
    <script src = "echarts.min.js"></script>
</head>
</html>
```

在使用 ECharts 绘制一张图表前,需要为 ECharts 准备一个拥有宽与高的 DOM 容器,示例代码如下:

```html
<body>
    <div id = "main" style = "height: 230px;width: 600px;"></div>
</body>
```

然后就可以通过 echarts.init 方法初始化一个 ECharts 实例并通过 setOption 方法生成一个简单的柱状图,示例代码如下:

```html
<!DOCTYPE html>
<html>
  <head>
    <meta charset = "utf-8">
    <script src = "js/echarts.min.js"></script>
  </head>
  <body>
    <div id = "main" style = "height: 230px;width: 600px;"></div>
  </body>
</html>
<script type = "text/JavaScript">
//基于准备好的 DOM,初始化 ECharts 实例
var myChart = echarts.init(document.getElementById('main'));

//指定图表的配置项和数据
var option = {
  title: {
    text: 'ECharts 入门示例'
    },
  tooltip: {},
  legend: {
    data:['销量']
    },
  xAxis: {
    data: ["衬衫","羊毛衫","雪纺衫","裤子","高跟鞋","袜子"]
    },
  yAxis: {},
  series: [{
    name: '销量',
    type: 'bar',
    data: [5, 20, 36, 10, 10, 20]
    }]
    };
```

```
//使用刚指定的配置项和数据显示图表
myChart.setOption(option);
</script>
```

ECharts 中需要填充的数据来自于 option,与图表的 option 格式不相同。要按照每幅图例的 option 格式将数据填充进去,并且指定 type 类型,最后使用 setOption()方法即可生成对应图表。在上面的代码中 type 值为 bar,指定生成柱状图图表,并且使用的 option 格式为柱状图类型,最后使用 setOption()方法根据 option 生成柱状图,如图 7-8 所示。

在 ECharts 官方网站提供了各种图表的 option 数据格式,可以通过查阅不同的图表获取 option 的数据格式。

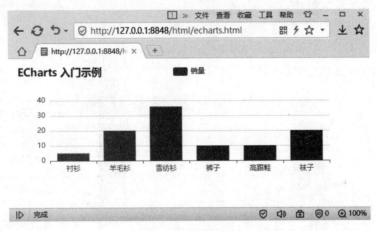

图 7-8　ECharts 柱状图

7.2.2　折线图

折线图的示例代码如下:

```
<!DOCTYPE html>
<html>
  <head>
    <meta charset = "utf-8">
    <script src = "js/echarts.min.js"></script>
  </head>
  <body>
    <div id = "main" style = "height: 400px;width: 600px;"></div>
  </body>
</html>
<script type = "text/JavaScript">
//基于准备好的 DOM,初始化 ECharts 实例
var myChart = echarts.init(document.getElementById('main'));

//指定图表的配置项和数据
option = {
  xAxis: {
```

```
      type: 'category',
      data: ['Mon', 'Tue', 'Wed', 'Thu', 'Fri', 'Sat', 'Sun']
    },
    yAxis: {
      type: 'value'
    },
    series: [{
      data: [150, 230, 224, 218, 135, 147, 260],
      type: 'line'
    }]
  };

  //使用刚指定的配置项和数据显示图表
  myChart.setOption(option);
</script>
```

折线图显示的结果如图 7-9 所示。

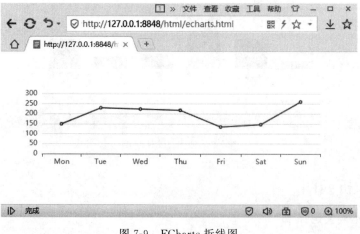

图 7-9　ECharts 折线图

7.2.3　散点图

散点图的示例代码如下:

```
<!DOCTYPE html>
<html>
  <head>
    <meta charset="utf-8">
    <script src="js/echarts.min.js"></script>
  </head>
  <body>
    <div id="main" style="height:400px;width:600px;"></div>
  </body>
</html>
<script type="text/JavaScript">
```

```javascript
//基于准备好的DOM,初始化ECharts实例
var myChart = echarts.init(document.getElementById('main'));

//指定图表的配置项和数据
option = {
    xAxis: {},
    yAxis: {},
    series: [{
        symbolSize: 20,
        data: [
            [10.0, 8.04],
            [8.07, 6.95],
            [13.0, 7.58],
            [9.05, 8.81],
            [11.0, 8.33],
            [14.0, 7.66],
            [13.4, 6.81],
            [10.0, 6.33],
            [14.0, 8.96],
            [12.5, 6.82],
            [9.15, 7.20],
            [11.5, 7.20],
            [3.03, 4.23],
            [12.2, 7.83],
            [2.02, 4.47],
            [1.05, 3.33],
            [4.05, 4.96],
            [6.03, 7.24],
            [12.0, 6.26],
            [12.0, 8.84],
            [7.08, 5.82],
            [5.02, 5.68]
        ],
        type: 'scatter'
    }]
};

//使用刚指定的配置项和数据显示图表
myChart.setOption(option);
</script>
```

散点图显示的结果如图 7-10 所示。

7.2.4 饼图

饼图的示例代码如下:

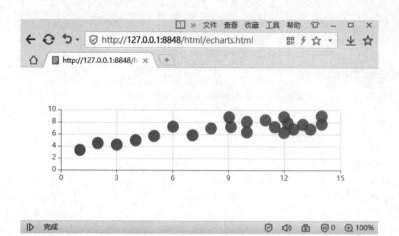

图 7-10　ECharts 散点图

```
<!DOCTYPE html>
<html>
  <head>
    <meta charset = "utf-8">
    <script src = "js/echarts.min.js"></script>
  </head>
  <body>
    <div id = "main" style = "height: 400px;width: 600px;"></div>
  </body>
</html>
<script type = "text/JavaScript">
//基于准备好的 DOM,初始化 ECharts 实例
var myChart = echarts.init(document.getElementById('main'));

//指定图表的配置项和数据
option = {
    title: {
        text: '某站点用户访问来源',
        subtext: '纯属虚构',
        left: 'center'
    },
    tooltip: {
        trigger: 'item'
    },
    legend: {
        orient: 'vertical',
        left: 'left',
    },
    series: [
        {
            name: '访问来源',
            type: 'pie',
            radius: '50%',
```

```
            data: [
                {value: 1048, name: '搜索引擎'},
                {value: 735, name: '直接访问'},
                {value: 580, name: '邮件营销'},
                {value: 484, name: '联盟广告'},
                {value: 300, name: '视频广告'}
            ],
            emphasis: {
                itemStyle: {
                    shadowBlur: 10,
                    shadowOffsetX: 0,
                    shadowColor: 'rgba(0, 0, 0, 0.5)'
                }
            }
        }
    ]
};

//使用刚指定的配置项和数据显示图表
myChart.setOption(option);
</script>
```

饼图显示的结果如图 7-11 所示。

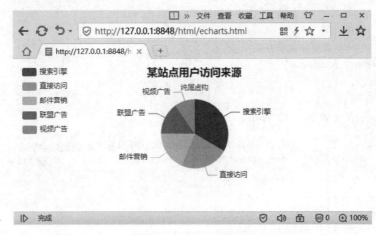

图 7-11　ECharts 饼图

7.2.5　K 线图

K 线图的示例代码如下：

```
<!DOCTYPE html>
<html>
  <head>
    <meta charset = "utf-8">
    <script src = "js/echarts.min.js"></script>
```

```
    </head>
    <body>
        <div id="main" style="height:400px;width:600px;"></div>
    </body>
</html>
<script type="text/JavaScript">
//基于准备好的 DOM,初始化 ECharts 实例
var myChart = echarts.init(document.getElementById('main'));

//指定图表的配置项和数据
option = {
    xAxis: {
        data: ['2017-10-24', '2017-10-25', '2017-10-26', '2017-10-27']
    },
    yAxis: {},
    series: [{
        type: 'k',
        data: [
            [20, 34, 10, 38],
            [40, 35, 30, 50],
            [31, 38, 33, 44],
            [38, 15, 5, 42]
        ]
    }]
};

//使用刚指定的配置项和数据显示图表
myChart.setOption(option);
</script>
```

饼图显示的结果如图 7-12 所示。

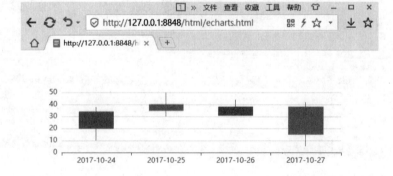

图 7-12　ECharts K 线图

7.2.6 异步获取与实时更新数据

option 数据除了可事先填写好之外,还可以结合 jQuery 的 AJAX 来异步获取数据。在获取数据前,可以先显示一个空的坐标轴,在获取数据后再将数据填入进去,示例代码如下:

```
<!DOCTYPE html>
<html>
  <head>
    <meta charset="utf-8">
    <script src="js/echarts.min.js"></script>
    <script src="js/jquery-3.6.0.min.js"></script>
  </head>
  <body>
    <div id="main" style="height:230px;width:600px;"></div>
  </body>
</html>
<script type="text/JavaScript">
//基于准备好的 DOM,初始化 ECharts 实例
var myChart = echarts.init(document.getElementById('main'));

myChart.setOption({
    title: {
        text: '异步数据加载示例'
    },
    tooltip: {},
    legend: {
        data:['销量']
    },
    xAxis: {
        data: []
    },
    yAxis: {},
    series: [{
        name: '销量',
        type: 'bar',
        data: []
    }]
});

//异步加载数据
$.get('data.json').done(function (data) {
    //填入数据
    myChart.setOption({
        xAxis: {
            data: data.categories
        },
        series: [{
```

```
            //根据名字对应到相应的系列
            name: '销量',
            data: data.data
        }]
    });
});
</script>
```

ECharts 由数据驱动,数据的改变会驱动图表展现的改变,因此动态数据的实现也变得异常简单。所有数据的更新都通过 setOption 实现,只需定时获取数据,使用 setOption 填入数据,而不用考虑数据到底发生了哪些变化,ECharts 会找到两组数据之间的差异,然后通过合适的动画去表现数据的变化。

定时获取数据可以使用 JavaScript 中的 setInterval() 方法实现。该方法在 JavaScript 章节已经学习过。使用 setInterval() 与 AJAX 结合,就可以实现实时的数据监测功能了,定时获取数据的示例代码如下:

```html
<!DOCTYPE html>
<html>
    <head>
        <meta charset="utf-8">
        <script src="js/echarts.min.js"></script>
        <script src="js/jquery-3.6.0.min.js"></script>
    </head>
    <body>
        <div id="main" style="height:230px;width:600px;"></div>
    </body>
</html>
<script type="text/JavaScript">
//基于准备好的DOM,初始化ECharts实例
var chartDom = document.getElementById('main');
var myChart = echarts.init(chartDom);
var option;

var base = +new Date(2014, 9, 3);
var oneDay = 24 * 3600 * 1000;
var date = [];

var data = [Math.random() * 150];
var now = new Date(base);

function addData(shift) {
    now = [now.getFullYear(), now.getMonth() + 1, now.getDate()].join('/');
    date.push(now);
    data.push((Math.random() - 0.4) * 10 + data[data.length - 1]);

    if (shift) {
        date.shift();
```

```javascript
        data.shift();
    }

    now = new Date( + new Date(now) + oneDay);
}

for (var i = 1; i < 100; i++) {
    addData();
}

option = {
    xAxis: {
        type: 'category',
        boundaryGap: false,
        data: date
    },
    yAxis: {
        boundaryGap: [0, '50%'],
        type: 'value'
    },
    series: [
        {
            name:'成交',
            type:'line',
            smooth:true,
            symbol: 'none',
            stack: 'a',
            areaStyle: {
                normal: {}
            },
            data: data
        }
    ]
};

setInterval(function () {
    addData(true);
    myChart.setOption({
        xAxis: {
            data: date
        },
        series: [{
            name:'成交',
            data: data
        }]
    });
}, 500);
myChart.setOption(option);
</script>
```

7.3 使用 Flask 开发短视频数据平台

7.3.1 系统规划

短视频是时下非常热门的一种信息传播方式，因其播放时间短、内容丰富、参与门槛低、易于传播等特点，特别受到大众喜爱，基于短视频平台的用户使用量与参与度都特别高。因为用户数巨大，使一些商家也愿意通过短视频平台来销售自己的产品。对于商家而言，需要在短视频平台上的众多主播中找到适合自己的主播也不是一件容易的事情，因此需要有一个平台来分析及量化主播的售货能力。

基于以上的需求就需要设计一个短视频数据分析平台来帮助商家找到适合自己的主播。对以上的需求进行进一步拆分，如果需要找到适合商家的主播，首先要统计主播的各项能力指标，其中包括主播的网名、影响力(用户数、总点赞数)、活跃度(作品数)、主播的类别属性、性别、注册时间、年龄、头像、作品列表、地域、是否通过平台认证、视频数、非视频数、隐藏视频数、用户等级等。

有了可以量化主播的信息，下一个要解决的问题是从平台的哪个入口开始寻找主播。以美拍短视频为例，其官方网址为 https://www.meipai.com，经研究分析发现平台在网页上展示的短视频都是热门短视频，包括各个栏目的热门短视频。能够被平台推荐成为热门短视频并展现出来的，说明该短视频受到平台认可，平台会将该视频展现给更多的用户，这些用户看到短视频内容后，就有可能会成为主播的用户，这样主播的影响力就会越来越大，所以从平台推荐的热门短视频或者频道推荐短视频入手来采集主播的信息是一个比较好的策略。

获取主播的信息与展示主播的信息是两部分，一是获取主播的信息，二是展示主播的信息，所以短视频分析平台要拆分为两个子项目进行，一个是爬虫子项目，通过对短视频的数据进行爬取，然后存储到数据库中。另一个是展示平台，通过将爬取到的数据从数据库抽取出来，然后展示在网页上。

有了以上的背景信息，就可以对系统进行规划了。这里规划采用的是原型法，也就是在正式编码前将项目的最终呈现方式通过线框的形式展现出来。这样做的好处是在平台原型阶段可以对产品进行反复推敲，完善产品的细节。产品的原型敲定以后，此原型就是最终上线的产品形态，保障每个角色都对产品有着统一的认识，不会因为理解的偏差而导致产品从立项到最终上线偏离轨道，并且在原型阶段开发者还未介入其中，其修改成本比较低，如果没有产品原型开发人员就已经开始编码，此时一旦发现产品与之前的立意偏离，则可能会导致所写的代码全部需要推倒重来，这样会浪费大量的时间和精力。

在行业应用中有许多优秀的产品原型制作工具，例如国外的产品原型制作工具 Axure、Sketch、国产的产品原型制作工具墨刀等，它们都可以非常方便地用于制作产品原型，这些制作工具都是商业软件，需要付费才能持续地使用。相比 Axure 与 Sketch，墨刀是一款在线原型制作工具，使用与交付都可以在线完成，相比其他原型制作工具也更为简单方便，并且墨刀有免费版可以使用，所以本书采用墨刀来制作短视频数据平台的原型。其官方网址为 https://modao.cc/feature/prototype，如图 7-13 所示。

图 7-13　墨刀产品原型官网

使用墨刀前需要先进行登录,如果没有账号则需要先注册,注册的过程这里不再赘述。进入墨刀原型界面后执行"新建"→"原型"→"网页"→"确定"命令就可以创建一个新的原型项目了,目前墨刀正处于新版本与旧版本的过渡阶段,这里选择新版进行原型设计。

在墨刀内,有大量的素材可供我们使用,因为我们只是用来做简单的产品原型,所以使用基础的素材库即可,墨刀产品本身比较简单,通过拖曳的方式即可快速地制作出专业的产品模型,感兴趣的读者可以通过阅读墨刀的官方教程进行学习,这里通过墨刀制作出了短视频数据分析平台的产品原型,整个产品分为 3 个页面,分别为登录页、主播数据分析页、数据采集管理页。登录页如图 7-14 所示,用于验证用户的权限,只有管理员用户才可以查看主播的基本信息及指定采集主播的信息。

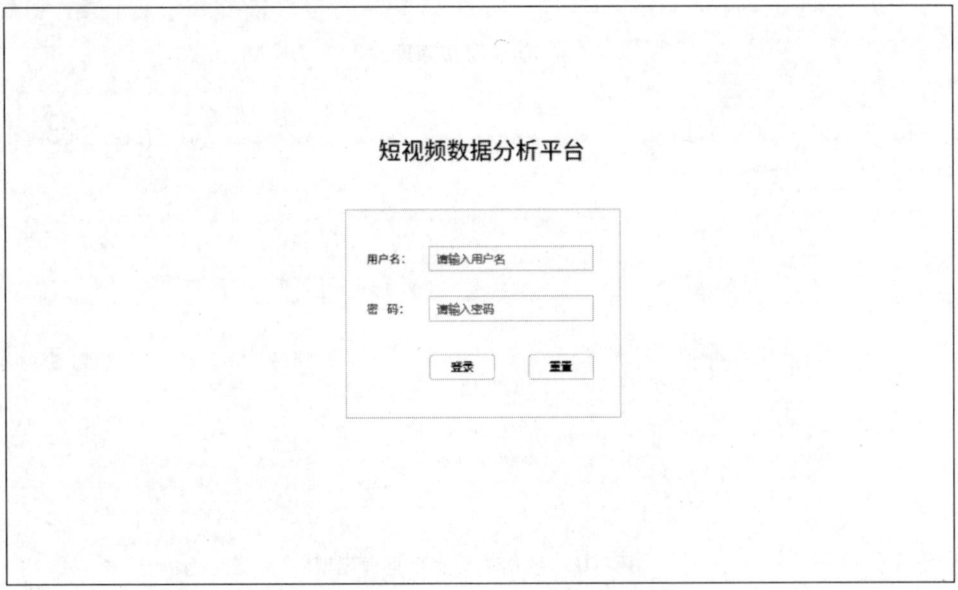

图 7-14　登录页面原型

登录以后进入主播数据分析页，如图 7-15 所示。通过采集平台的主播数据，在此页面进行展示，所有的数据都通过 ECharts 图表的形式进行展现，使枯燥的数字变得灵动起来，也容易快速地分辨主播的综合能力。在此页可以通过主播列表来快速定位和随意切换不同的主播信息。

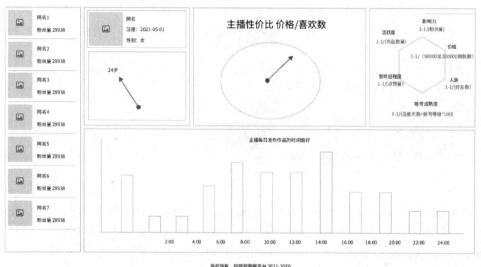

图 7-15　主播信息分析页面原型

主播的信息来源是通过对短视频平台的数据进行采集而得来的，在项目背景中提到通过平台的热门推荐及单个频道的推荐获取主播的信息是一个不错的策略，所以在后台提供了各个频道的采集入口，可以对单个频道进行细分采集。另外，对于不需要的主播信息可以进行删除处理，如图 7-16 所示。

图 7-16　数据采集管理页面原型

在实际项目目的开发中,原型一般是由产品岗位负责人员制作的。这期间会与开发、设计、运营、运维等人员进行充分沟通,一旦产品的原型确定了,就意味着参与的每个人都对产品的形态有了共同的认识,同时也就意味着整个产品的研发确定了。除非是有特别的情况,一般情况下产品原型敲定后除了美术资源及一些微小的调整,直至上线期间产品的形态都不会再发生修改。此时就进入下一个周期,即开发与设计周期。

7.3.2　数据库设计

产品原型设计完毕后,首先需要进行开发与设计的是数据库结构,作为整个产品的基础核心之一,数据库的设计非常重要。数据库的设计一定要在完全理解产品形态的基础上进行,如果数据库设计错误,则有可能会导致到后面推倒重来。

在进行数据库设计前先创建一个空的数据库并命名为 meipaidbs,如图 7-17 所示。

图 7-17　创建数据库

根据原型页面进行分析,首先是登录页面,在登录页面上需要输入管理员的用户名及密码才能登录,所以需要创建一张管理员表 flk_admin。该表包含 username 和 password 两个字段。在页面登录中用户名和密码都是字符串,所以 username 与 password 字段需要设计为字符串类型,字符集为 utf8,排序规则为 utf8_unicode_ci,如图 7-18 所示。

接下来是主播信息分析页面,该页面包含了主播的网名、头像、注册时间、性别、年龄、所在城市、用户数、作品数、价格、点赞数、好友数、账号等级、每日作品发布时间区间。除了每日作品发布时间以外,其余的信息都是单条信息,与主播用户是一对一的关系,而每日作品发布信息则是多条信息,与主播用户是多对一的关系,即一个主播每日可以发布多条视频,因此将每日作品发布区间提取出来设计成一张表,命名为 flk_video,字段包括发布时间(vtime)、作品所属的主播 ID(userid),如图 7-19 所示。

对于主播的其他相关信息同样也创建一张表进行存储,表名为 flk_user。包括网名(username)、头像(pic)、注册时间(regtime)、性别(sex)、年龄(age)、所在城市(city)、用户数(followers)、作品数(videos)、价格(price)、点赞数(liked)、好友数(friends)、账号等级(level),如图 7-20 所示。

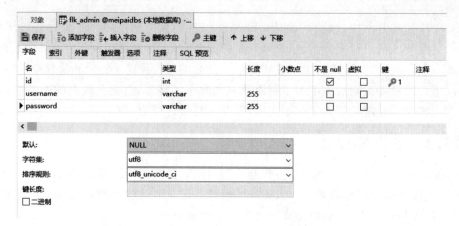

图 7-18 管理员数据表结构

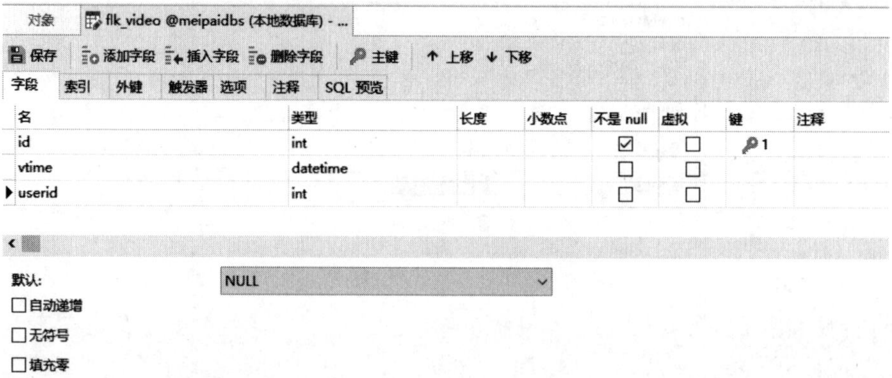

图 7-19 主播作品发布表

图 7-20 主播表

主播表中的 id 与主播作品发布表中的 userid 是一一对应关系。在数据采集管理页面中可以看到，该页面除了数据采集功能以外所用到的用户数据都存储于 flk_user 表中，而数据采集功能也主要是向 flk_user 表中填写数据，因此数据采集管理页所需的数据表已经存在，无须再创建新的数据表。自此短视频数据分析平台的数据库就设计完毕了。

7.3.3 模板制作

数据库设计完毕后就可以开始模板(HTML)的制作了，如果是分岗制，则此时程序开发也可以与模板制作同步进行，因为采用的是 Flask 框架进行开发，而 Flask 框架是支持 MVC 开发模式的，也就是前后端分离的模式。这样前端(模板制作)与后端(Python 程序开发)在前期开发设计阶段互不干涉，在最后可以通过 Flask 框架结合在一起。这里因为只有一个人进行开发，所以后端在模板制作完毕以后再进行开发。

因为有了原型页面，使模板的开发变得容易起来，照着原型页面来制作模板即可，无须过多地考虑元素的摆放位置。首先是登录页面的模板制作，将文件名保存为 login.html，其 HTML 代码如下：

```html
<!DOCTYPE html>
<html>
  <head>
    <meta charset="utf-8">
    <title>短视频数据分析平台</title>
    <script src="{{url_for('static', filename='js/jquery-3.6.0.min.js')}}"></script>
    <style type="text/css">
      .loginbox{
          width: 290px;
          height: 140px;
          margin: 0 auto;
          margin-top: 20px;
          padding-top: 30px;
          padding-bottom: 30px;
          border: 1px solid #595959;
          border-radius: 5px;
      }
      .ipt{
          margin-bottom: 20px;
          margin-left: 10px;
          font-size: 14px;
          height: 30px;
      }
      li{
          float: left;
          width: 50px;
          list-style-type: none;
          text-align: right;
          height: 30px;
          line-height: 30px;
      }
```

```css
        input{
            float: left;
            margin-left: 10px;
            height: 30px;
            width: 180px;
            border: 1px solid #b3b3b3;
            padding-left: 5px;
            color: #595959;
        }
        .btn{
            clear: both;
            margin-top: 10px;
            margin: 0 auto;
            text-align: center;
            height: 35px;
        }
        .btn button{
            width: 90px;
            height: 35px;
        }
        #submit{
            margin-left: 40px;
        }
        #txt{
            margin: 0 auto;
            margin-top: 180px;
            text-align: center;
            font-size: 24px;
            font-weight: bold;
        }
    </style>
</head>
<body>
    <div id="txt">
        短视频数据分析平台
    </div>
    <form>
    <div class="loginbox">
        <div class="ipt">
            <li>用户名:</li><input type="text" name="username" />
        </div>
        <div class="ipt">
            <li>密码:</li><input type="password" name="password" />
        </div>
        <div class="btn">
            <button type="button" id="submit">登录</button>
            <button type="reset">重填</button>
        </div>
    </div>
```

```
      </form>
   </body>
</html>
<script type = "text/JavaScript">
   $(document).ready(function() {
      $("#submit").click(function(){
         let username = $("input[name = 'username']").val();
         let password = $("input[name = 'password']").val();
         if(!username.trim() || !password.trim())
         {
            alert("用户名和密码不能为空");
            return;
         }
         $.ajax({URL:"/check/" + username + "/" + password, success:function(result){
            if(result.statue!= 1){
               alert("用户名和密码错误");
               return;
            }
            else
            {
               //跳转到主播数据分析页
               location.href = "/info/0";
            }
         }});
      });
   });
</script>
```

主播数据分析页模板稍微复杂一些,将文件名保存为 info.html,其 HTML 代码如下:

```
<!DOCTYPE html>
<html>
  <head>
    <meta charset = "utf - 8">
    <title>主播信息分析</title>
    <script src = "{{url_for('static', filename = 'js/echarts.min.js')}}"></script>
    <script src = "{{url_for('static', filename = 'js/jquery - 3.6.0.min.js')}}"></script>
    <style type = "text/css">
      .main{
         width: 1440px;
         height: 926px;
         margin: 0 auto;
         padding - left: 10px;
         padding - right: 10px;
      }
      .titls{
         font - size: 36px;
         text - align: center;
         height: 120px;
```

```css
  line-height: 120px;
  color: #101010;
}
.titls a{
font-size:14px;
display:block;
float:right;
text-decoration: none;
color: #5470C6;
}
#part{
  height: 714px;
}
.leftpart{
  float: left;
  width: 230px;
  height: 713px;
  overflow-y: auto;
  border: 1px solid #e5e5e5;
}
.leftpart_block{
  width: 200px;
  height: 92px;
  margin: 0 auto;
  border-bottom:1px solid #e5e5e5;
}
.leftpart_block_pic{
  width: 74px;
  height: 74px;
  margin-top: 9px;
  float: left;
}
.leftpart_block_text{
  width: 125px;
  height: 74px;
  margin-top: 9px;
  float: left;
}
.leftpart_block_text_item{
  height: 37px;
  line-height: 37px;
  font-size: 14px;
  margin-left: 14px;
  color: #101010;
}
.rightpart{
  width: 1180px;
  margin-left: 10px;
  height: 715px;
  float: left;
```

```css
}
.right_top{
    width: 1180px;
    height: 344px;
}
.right_top_left{
    height: 344px;
    width: 320px;
    float: left;
    border: 1px solid #e5e5e5;
}
.right_top_mid{
    height: 344px;
    width: 514px;
    border: 1px solid #e5e5e5;
    float: left;
    margin-left: 10px;
    margin-right: 10px;
}
.right_top_right{
    width: 320px;
    height:344px;
    border: 1px solid #e5e5e5;
    float: left;
}
.right_buttom{
    height: 359px;
    width: 1180px;
    border: 1px solid #e5e5e5;
    clear: both;
    margin-top: 10px;
}
.buttom{
    height: 90px;
    line-height: 90px;
    color: #101010;
    font-size: 14px;
    text-align: center;
    width: 1180px;
    margin: 0 auto;
}
.right_top_left_top{
    margin: 10px;
    height: 109px;
    width: 300px;
}
.right_top_left_top_left{
    height: 109px;
    width: 109px;
    background-color: brown;
```

```css
            margin-right: 10px;
            float: left;
        }
        .right_top_left_top_left img{
            height: 109px;
            width: 109px;
        }
        .right_top_left_top_right{
            width: 181px;
            height: 109px;
            float: left;
        }
        .right_top_left_buttom{
            height: 205px;
            width: 300px;
            margin: 10px;
            border: 1px solid #ffffff;
        }
        .right_top_left_top_right_item{
            height: 36px;
            line-height: 36px;
            color:#101010;
            font-size: 14px;
        }
    </style>
</head>
<body>
    <div class="main">
        <div class="titls">
            主播信息分析
            <a href="{{url_for("Ctrl")}}">进入采集页面</a>
        </div>
        <div id="part">
            <div class="leftpart">
                <!-- 循环体开始 -->
                {% for item in data.results %}
                <a href="{{url_for('info',id=item[0])}}">
                <div class="leftpart_block">
                    <img src="../static/download/{{item[2]}}" class="leftpart_block_pic">
                    <div class="leftpart_block_text">
                        <div class="leftpart_block_text_item">
                            {{ item[1] }}
                        </div>
                        <div class="leftpart_block_text_item">
                            用户{{ item[7] }}
                        </div>
                    </div>
                </div>
                </a>
                {% endfor %}
```

```html
    <!-- 循环体结束 -->
    </div>
<div class = "rightpart">
 <div class = "right_top">
  <div class = "right_top_left">
   <div class = "right_top_left_top">
    <div class = "right_top_left_top_left">
     <img src = "../static/download/{{data.results2[2]}}" >
    </div>
    <div class = "right_top_left_top_right">
     <div class = "right_top_left_top_right_item">
      {{data.results2[1]}}
     </div>
     <div class = "right_top_left_top_right_item">
      注册:{{data.results2[3]}}
     </div>
     <div class = "right_top_left_top_right_item">
      性别:{{data.results2[4]}}
     </div>
    </div>
   </div>
   <div class = "right_top_left_buttom" id = "map_age"></div>
   <script type = "text/JavaScript">
    var age_data = {{data.age_data}}; //替换此数据
    let map_age = document.getElementById('map_age');
    let my_map_age = echarts.init(map_age);
    let age_option;
    age_option = {
        series: [{
            type: 'gauge',
            progress: {
                show: true,
                width: 10
            },
            axisLine: {
                lineStyle: {
                    width: 10
                }
            },
            axisTick: {
                show: false
            },
            splitLine: {
                length: 3,
                lineStyle: {
                    width: 2,
                    color: '#999'
                }
            },
            axisLabel: {
```

```
                    distance: 13,
                    color: '#999',
                    fontSize: 8
                },
                anchor: {
                    show: true,
                    showAbove: true,
                    size: 18,
                    itemStyle: {
                        borderWidth: 10
                    }
                },
                title: {
                    show: false
                },
                detail: {
                    valueAnimation: true,
                    fontSize: 28,
                    offsetCenter: [0, '70%']
                },
                data: age_data
            }]
        };
        age_option && my_map_age.setOption(age_option);
    </script>
</div>
<div class = "right_top_mid" id = "map_map"></div>
<script type = "text/JavaScript">
    var map_data = [{value: {{data.map_data}},name: '性价比(价格/喜欢数)'}]; //替换此数据
    var chartDom = document.getElementById('map_map');
    var myChart = echarts.init(chartDom);
    var option;

    option = {
        tooltip: {
            formatter: '{a} <br/>{b} : {c}%'
        },
        series: [{
            name: 'Pressure',
            type: 'gauge',
            detail: {
                formatter: '{value}'
            },
            data: map_data
        }]
    };

    option && myChart.setOption(option);

</script>
```

```html
<div class = "right_top_right" id = "info"></div>
<script type = "text/JavaScript">
 let info = document.getElementById('info');
 let my_info = echarts.init(info);
 let info_option;
 var info_data = [{value: {{data.info_data}}}];          //替换此数据
 info_option = {
  radar: {
   indicator: [
    { name: '影响力', max: 1},
    { name: '活跃度', max: 1},
    { name: '受欢迎', max: 1},
    { name: '账号级别', max: 1},
    { name: '人脉', max: 1},
    { name: '价格', max: 1}
   ]
  },
  series: [{
   type: 'radar',
   data: info_data
  }]
 };

 info_option && my_info.setOption(info_option);
</script>
</div>
<div class = "right_buttom" id = "vedio"></div>
<script type = "text/JavaScript">
 let vedio = document.getElementById('vedio');
 let my_vedio = echarts.init(vedio);
 let vedio_option;
 var vedio_data = {{data.vedio_data}};                 //替换此数据
 vedio_option = {
     xAxis: {
         type: 'category',
         data: ['2:00', '4:00', '6:00', '8:00', '10:00', '12:00', '14:00', '16:00', '18:00', '20:00', '22:00', '24:00']
     },
     yAxis: {
         type: 'value'
     },
     series: [{
         data: vedio_data,
         type: 'bar',
         showBackground: true,
         backgroundStyle: {
             color: 'rgba(180, 180, 180, 0.2)'
         }
     }]
 };
```

```
            vedio_option && my_vedio.setOption(vedio_option);
        </script>
      </div>
    </div>
    <div class = "buttom">
      版权所有,短视频数据平台 2021 - 2050
    </div>
  </div>
 </body>
</html>
```

接下来需要制作数据采集管理页模板,创建一个新的 HTML 并命名为 ctrl.html,其 HTML 代码如下:

```
<!DOCTYPE html>
<html>
 <head>
  <meta charset = "utf-8">
  <title>数据采集管理页</title>
  <script src = "{{url_for('static', filename = 'js/echarts.min.js')}}"></script>
  <script src = "{{url_for('static', filename = 'js/jquery-3.6.0.min.js')}}"></script>
  <style type = "text/css">
    .main{
     width: 1440px;
     height: 926px;
     margin: 0 auto;
     padding-left: 10px;
     padding-right: 10px;
    }
    .titls{
     font-size: 36px;
     text-align: center;
     height: 120px;
     line-height: 120px;
     color: #101010;
    }
    .titls a{
    font-size:14px;
    display:block;
    float:right;
    text-decoration: none;
    color:#5470C6;
    }
    .list{
     width: 1440px;
     margin: 0 auto;
     text-align: center;
     height: 140px;
    }
```

```css
.list ul{
list-style: none;
padding: 0px;
margin: 0px;
}
.list ul li{
display: block;
height: 50px;
width: 90px;
border-radius: 5px;
float: left;
border: 1px solid #BBBBBB;
line-height: 50px;
color: #101010;
font-size: 14px;
margin-top: 45px;
margin-left: 5px;
margin-right: 5px;
cursor: pointer;
}
.tables{
width: 1440px;
border-collapse: collapse;
color: #101010;
font-size: 14px;
}
.tables a{
color: #101010;
text-decoration: none;
}
.tables tr th,td{
border: 1px solid #BBBBBB;
width: 240px;
}
.tables th{
height: 45px;
background-color: #E8E8E8;
font-weight:normal;
}
.tables td{
text-align: center;
}
.tables td img{
height: 74px;
text-align: center;
line-height: 74px;
margin-top: 3px;
}
.buttom{
height: 170px;
```

```html
      line-height: 170px;
      text-align: center;
      font-size: 14px;
      color:#101010;
    }
    tr:hover{
      background-color:#E8E8E8;
    }
    a{
      cursor: pointer;
    }
  </style>
</head>
<body>
  <div class="main">
    <div class="titls">
     信息采集管理
     <a href="{{url_for('info',id=0)}}">进入主播信息页面</a>
    </div>
    <div class="list">
     <ul>
      <li id="999">采集热门</li>
      <li id="13">采集搞笑</li>
      <li id="16">采集爱豆</li>
      <li id="474">采集高颜值</li>
      <li id="63">采集舞蹈</li>
      <li id="62">采集音乐</li>
      <li id="59">采集美食</li>
      <li id="27">采集美妆</li>
      <li id="6">采集萌宠</li>
      <li id="426">采集旅行</li>
      <li id="450">采集手工</li>
      <li id="480">采集游戏</li>
      <li id="487">采集运动</li>
      <li id="460">采集穿秀</li>
     </ul>
    </div>
    <table class="tables">
     <tr>
      <th>ID</th>
      <th>头像</th>
      <th>网名</th>
      <th>用户数</th>
      <th>采集日期</th>
      <th>操作</th>
     </tr>
     {% for item in data %}
     <tr>
      <td>{{ item[0] }}</td>
      <td><img src="../static/download/{{item[2]}}" ></td>
```

```html
        <td>{{ item[1] }}</td>
        <td>{{ item[7] }}</td>
        <td>{{ item[3] }}</td>
        <td><a onclick = "del({{item[0]}})">删除数据</a>  | <a onclick = "getvideo('{{item[2]}}',{{item[0]}})">抓取视频信息</a></td>
      </tr>
      {% endfor %}
    </table>
    <div class = "buttom">
      版权所有,短视频数据平台 2021-2050
    </div>
  </div>
</body>
</html>
<script type = "text/JavaScript">
//触发采集功能
function getdata(id){
    $.ajax({URL:"/getdata/" + id,success:function(result){
        alert("数据采集完毕");
        window.location.href = "/Ctrl";
        return;
      }
    });
    alert("开始采集数据,稍后请刷新页面...");
}

$( document ).ready(function() {
  $(".list li").click(function(){
    getdata($(this).attr('id'))//获取被单击元素的标签并传值给 id
  });
});
//删除数据
function del(id){
  if(confirm("确定删除吗?"))
  {
    $.ajax({URL:"/delCtrl/" + id,success:function(result){
        if(result.statue == 1){
      alert("删除成功");
      window.location.href = "/Ctrl";
      return;
      }
      else
      {
      alert("删除失败");
      return;
      }
      }
    });
  }
  else
```

```
    {
     return;
    }
  }
  //采集视频信息
  function getvideo(parm,uid){
      id = parm.replace(".jpg","");
    $.ajax({URL:"/getvideo/" + id + "/" + uid,success:function(result){
      if(result.statue == 2)
      {
       alert("IP被网站封了,请更换IP");
       return;
      }
      alert("获取数据成功");
      window.location.href = "/Ctrl";
      return;
     }
    });
    alert("获取数据中...");
  }
</script>
```

以上就完成了短视频数据分析平台的模板制作,完成了模板文件后就可以进行程序开发了。

7.3.4 程序开发

制作完模板后开始编写 Python 程序,这里使用的是 Flask 框架进行的开发的。同样从登录界面开始,第 1 步是要将登录界面展示出来,这里还未涉及任何功能,仅仅是将页面展现出来。展现登录页面期望的 URL 为 http://127.0.0.1 或者 http://127.0.0.1/login,其代码如下:

```
app = flask.Flask(__name__)
app.secret_key = "^&*(GY*GUI"
@app.route('/', methods = ['GET'])
@app.route('/login',methods = ['GET'])
def login():
    return flask.render_template("login.html")
```

以上代码定义了两个路由,分别为/与/login,当访问这两个路由时,会由 login() 函数处理请求,在 login() 函数中使用 flask.render_template() 将 login.html 模板渲染出来。login.html 模板放置在 templates 目录下,如果放在其他目录则会找不到模板,除非重新定义了模板的默认位置。

前面学习过 Flask 的默认端口是 5000,但这里使用的是 80 端口,也就是 Web 的默认端口,通常情况下浏览器会将 80 端口省略以后进行显示。修改端口在启动 Flask 服务器时设置即可,代码如下:

```
if __name__ == '__main__':
    app.run(debug = True, port = 80)                    #将默认端口设置为 80
```

运行以上代码即可显示登录界面，如图 7-21 所示。

图 7-21　登录界面

登录界面显示出来了以后还需要完成登录功能，即对用户提交的用户名和密码进行验证，因在 login.html 模板中已经设计好了通过 AJAX 来将登录信息提交至 http://127.0.0.1/check 进行验证，传递的参数为 username 与 password（详情可查看 login.html 模板文件），所以在 Flask 中需要创建一个 check 动态路由，用于接收 username 与 password 两个参数，接收到参数后还要与数据库中相对应的记录进行匹配，判断该记录是否存在，其代码如下：

```
#第 7 章//server2.py
@app.route('/check/<username>/<password>', methods = ['GET'])
def check(username, password):
    db = pymysql.connect(user = "root", password = "123456", host = "localhost", database = "meipaidbs")                      #连接数据库
    cur = db.cursor()
    #查询用户名和密码是否存在
    sql = "SELECT * FROM flk_admin where username = '" + username + "' and password = '" + password + "'"
    cur.execute(sql)
    db.commit()
    result = cur.fetchall()                             #处理数据集
    if result:
        #如果用户名和密码正确，则返回 JSON 格式的 1，并创建一个 Session 用于保存会话
        #返回 1 会被 login.html 中的 AJAX 接收，并跳转至 info 页面
        statue = 1
        for i in result:
            flask.session["sessionkey"] = i[0]
```

```
        else:
            statue = 2
    resultjson = {"statue": statue}
    cur.close()
    db.close()
    return flask.jsonify(resultjson)
```

如果用户登录失败则需要重新进行登录，登录成功后会创建一个键为 sessionkey 值为数据记录表中的 id 值的 Session 来保持登录状态。在 login.html 页面进行了返回值判断，如果返回值为 1，则跳转至 info 页面。

info 页面对应的模板为 info.html，info 页面包含了一系列复杂的图表，这些图表的数据都是从数据表 flk_user 与 flk_video 中获取的，info 页需要根据不同的用户来展示该用户的数据，要想区分这些用户就要通过唯一字段进行，在 flk_user 表中设计了一个 id 字段，此字段为自动递增的字段，这就意味着该字段永远不会重复，所以可以使用该字段作为区分每个用户之间的标识。通过传递 id 来查询数据库中对应的用户信息，这样就可以达到区分用户的目的了。

当第 1 次进入 info 页面时，并不清楚 id 的值是多少，因为在数据库中 id 为 1 的记录有可能被删除了，所以就需要传递一个特殊的数字（例如 0）来查询数据库中第 1 条记录的 id 值。

除此之外，还要对 info 的访问权限进行验证，没有登录过的用户是不允许访问 info 页面的。在 check 函数中对登录过的用户设置了 Session，所以在 info 页面中可以通过获取该 Session 来判断用户是否登录过。info 页面的代码如下：

```
#第7章//server2.py
@app.route('/info/<id>', methods=['GET'])
def info(id):
    session = flask.session.get("sessionkey")
    db = pymysql.connect(user="root", password="123456", host="localhost", database="meipaidbs")            #连接数据库
    cur = db.cursor()
    if session:
        sql = "SELECT * FROM flk_user"
        cur.execute(sql)
        db.commit()
        result = cur.fetchall()           #处理数据集
        if int(id) == 0:
            datas = {'ids':result[0][0],'results':result}
        else:
            datas = {'ids':id, 'results': result}

        sqls = "SELECT * FROM flk_user where id = " + str(datas['ids'])
        cur.execute(sqls)
        db.commit()
        result2 = cur.fetchall()          #处理数据集
```

```python
age_data = "[{value: " + str(result2[0][5]) + "}]"
if result2[0][10] > 0:
    map_data = str(int(result2[0][9]/result2[0][10]))
else:
    map_data = 0
if result2[0][7] > 0:
    followers = 1 - 1/result2[0][7]
else:
    followers = 0

if result2[0][8] > 0:
    videos = 1 - 1 / result2[0][8]
else:
    videos = 0

if result2[0][10] > 0:
    liked = 1 - 1 / result2[0][10]
else:
    liked = 0

reg = time.mktime(time.strptime(str(result2[0][3]), "%Y-%m-%d %H:%M:%S"))
nows = time.time()
total = nows - reg
total_d = round(total / (60 * 60 * 24))
level = 1 - 1/total_d

if result2[0][11] > 0:
    friends = 1 - 1 / result2[0][11]
else:
    friends = 0

if result2[0][9] > 0:
    price = 1 - 1 / result2[0][9]
else:
    price = 0

info_data = [followers, videos, liked, level, friends, price]

sqls2 = "SELECT * FROM flk_video where userid = " + str(datas['ids'])
cur.execute(sqls2)
db.commit()
result3 = cur.fetchall()        # 处理数据集
a = b = c = d = e = f = g = h = ii = j = k = l = 0
for i in result3:
    tup = i[1].strftime("%Y-%m-%d %H:%M:%S")
    tmp = int(tup[11:13])
    if (tmp > 0) & (tmp <= 2):
        a = a + 1
    if (tmp > 2) & (tmp <= 4):
        b = b + 1
```

```python
            if (tmp > 4) & (tmp <= 6):
                c = c + 1
            if (tmp > 6) & (tmp <= 8):
                d = d + 1
            if (tmp > 8) & (tmp <= 10):
                e = e + 1
            if (tmp > 10) & (tmp <= 12):
                f = f + 1
            if (tmp > 12) & (tmp <= 14):
                g = g + 1
            if (tmp > 14) & (tmp <= 16):
                h = h + 1
            if (tmp > 16) & (tmp <= 18):
                ii = ii + 1
            if (tmp > 18) & (tmp <= 20):
                j = j + 1
            if (tmp > 20) & (tmp <= 22):
                k = k + 1
            if (tmp > 22) & (tmp <= 24):
                l = l + 1
        vedio_data = [a, b, c, d, e, f, g, h, ii, j, k, l]

        datas['age_data'] = age_data
        datas['map_data'] = map_data
        datas['info_data'] = info_data
        datas['vedio_data'] = vedio_data
        datas['results2'] = result2[0]
        cur.close()
        db.close()
        return flask.render_template("info.html", data = datas)
    else:
        return flask.redirect("/login")
```

运行以上代码即可显示主播分析界面,如图 7-22 所示。

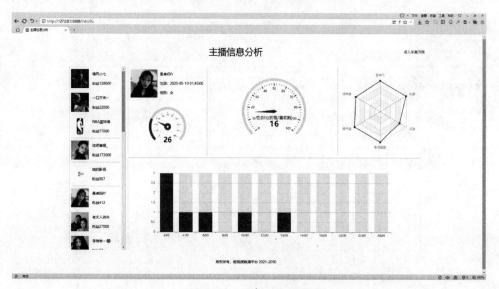

图 7-22　主播分析界面

到目前为止主播分析界面中的所有数据都是通过读取数据库里的记录而得来的数据，要保证我们的短视频分析平台能够正常地运行，还需要将数据填充至数据库内，否则短视频分析平台就没有数据可以进行分析了。因为该短视频分析平台的数据来源是美拍短视频平台 https://www.meipai.com，所以需要编写一个爬虫功能对该平台的主播数据进行采集。这里就用到了 ctrl 模板。ctrl 模板用于对采集功能及采集到的数据进行管理，其模板的代码如下：

```python
#第7章//server2.py
@app.route('/Ctrl',methods = ['GET'])
def Ctrl():
    session = flask.session.get("sessionkey")
    if session:
        db = pymysql.connect(user = "root", password = "123456", host = "localhost", database = "meipaidbs")          #连接数据库
        cur = db.cursor()
        sql = "SELECT * FROM flk_user group by pic"
        cur.execute(sql)
        db.commit()
        result = cur.fetchall()          #处理数据集
        if result:
            datas = result
        else:
            datas = ""
        cur.close()
        db.close()
        return flask.render_template("ctrl.html",data = datas)
    else:
        return flask.redirect("/login")
```

在对美拍进行数据采集前，需要分析一下哪些数据是要采集的，以及用什么方法进行采集。首先打开美拍的网站 https://www.meipai.com，如图 7-23 所示。

可以看到美拍的官方网站上除了首页、热门、直播之外，还有 13 个频道推荐，分别为搞笑、爱豆、高颜值、舞蹈、音乐、美食、美妆、萌宠、旅行、手工、游戏、运动、穿秀。根据本章系统规划中所制订的采集方案，可以从热门及这 13 个频道推荐入手进行数据采集。这样就需要对热门及 13 个频道进行采集分析。

首先打开热门栏目，可以查到其 URL 为 https://www.meipai.com/medias/hot，该 URL 中没有传递任何栏目类参数，可以将其归为第 1 类。再打开 13 个频道的 URL，例如 https://www.meipai.com/square/16，可以观察到 13 个频道的 URL 是通过参数 square 后的数字来区分频道的，不同的数字代表着不同的频道，例如搞笑频道的 URL 为 https://www.meipai.com/square/13，高颜值频道的 URL 为 https://www.meipai.com/square/474。13 个频道的 URL 模式都是统一的，这样就可以将 13 个频道归为第 2 类。

此时已经可以开始对这两种类型的频道进行爬取数据了，只需分析想要的数据在哪个标签中，就可以使用 beautiful Soup4 进行解析了，但当将页面往下滚动时会发现新的数据是直接在当前页面中进行加载的，也就是翻页无须单击跳转而是直接在当前页面加载了。

图 7-23　美拍官方网站

这种加载方式是通过 AJAX 请求数据实现的，如果采用的是异步请求的加载方式，则极大可能会有 JSON 格式的数据接口提供数据。如果找到该接口，则免于对 HTML 标签进行解析了，可以直接使用 JSON 格式的数据进行采集。

在热门频道页面按 F12 键便可进入开发者模式，单击 Network 便可进入网络监测页面，此时可以单击 Clear 按钮清空当前数据以便观察，再次下滑热门页面直至触发加载新的内容，在 Network 中会看到请求的接口 URL 为 https://www.meipai.com/home/hot_timeline?page=2&count=12，如图 7-24 所示。

图 7-24　热门接口

通过对该 URL 进行分析，page 参数为请求的页码，count 为 1 的页面中有 12 个作品，通过提交不同的 page 与 count 就可以获得不同的数据了，并且该接口返回的数据格式全部为 JSON,如图 7-25 所示。

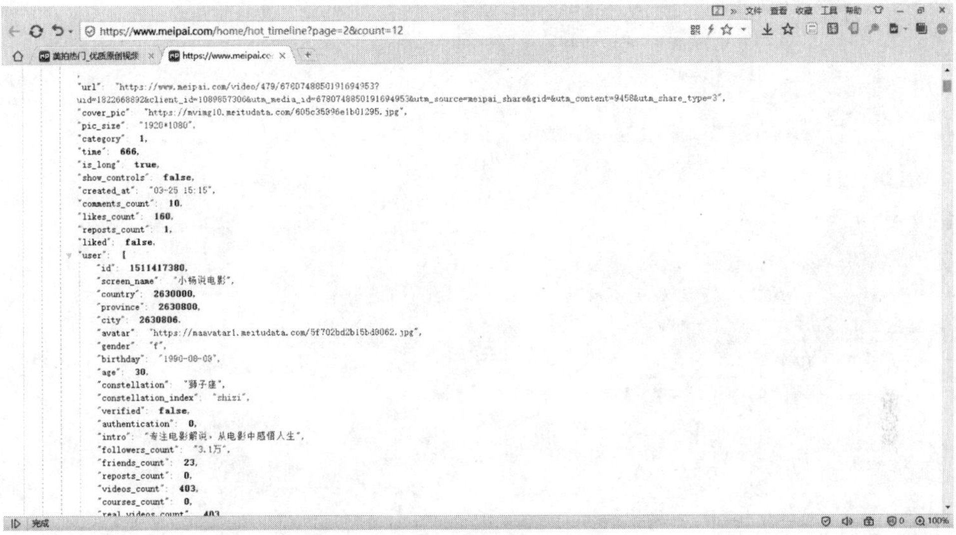

图 7-25 接口的数据格式

使用同样的方式对 13 个频道页进行分析,就可以获得频道页的 URL 为 https://www.meipai.com/squares/new_timeline?page=2&count=24&tid=16,page 和 count 参数与热门接口 URL 中的参数一致,tid 是频道的栏目 id,通过该参数可以切换不同的频道。有了以上的接口,就可以对该平台的数据进行采集了,频道和热门的采集代码如下:

```
#第7章//server2.py
@app.route('/getdata/<id>',methods=['GET'])
def getdata(id):
    session = flask.session.get("sessionkey")
    if session:
        db = pymysql.connect(user = "root", password = "123456", host = "localhost", database = "meipaidbs")                    #连接数据库
        cur = db.cursor()
        if id == '999':
            URL = "https://www.meipai.com/home/hot_timeline?page=1&count=12"
        else:
            URL = "https://www.meipai.com/squares/new_timeline?page=1&count=24&tid=" + id
        result = requests.get(URL)
        json_data = result.json()
        for item in json_data["medias"]:
            username = item["user"]["screen_name"]
            pic = str(item["user"]["id"]) + '.jpg'
            regtime = item["user"]["created_at"]
            regtime_str = regtime.split(" ")
            regtime_list = regtime_str[0].split("-")
            regtime_count = len(regtime_list)
            print(regtime_count)
            if (regtime_count < 3):
```

```python
                regtime = "21 - " + item["user"]["created_at"]
            else:
                regtime = item["user"]["created_at"]
            print(regtime_str)

            if item["user"]["gender"] == "f":
                sex = "女"
            else:
                sex = "男"
            age = item["user"]["age"]
            prvURL = "https://www.meipai.com/locations/get_province_city_by_country_id?cid = 2630000"
            prvresult = requests.get(prvURL)
            prvresult_json_data = prvresult.json()

            index_num = item["user"]["province"]
            if str(index_num) in prvresult_json_data["provinces"]:
                city = prvresult_json_data["provinces"][str(index_num)]["province"]
            else:
                city = "未知"

            if isinstance(item["user"]["followers_count"], str):
                follers_num = float(item["user"]["followers_count"].replace("万", ""))
                followers = follers_num * 10000
            else:
                followers = int(item["user"]["followers_count"])

            videos = item["user"]["real_videos_count"]
            price = random.randrange(50000, 200000)
            liked = item["user"]["be_liked_count"]
            friends = item["user"]["friends_count"]
            level = item["user"]["level"]
            r = requests.get(item["user"]["avatar"], stream = True)
            open('static\download\' + str(item["user"]["id"]) + '.jpg', 'wb').write(r.content)
            sql = "INSERT INTO flk_user(username,pic,regtime,sex,age,city,followers,videos,price,liked,friends,level) values ('{}','{}','{}','{}',{},'{}',{},{},{},{},{},{})".format(
                username, pic, regtime, sex, age, city, followers, videos, price, liked, friends, level)
            print(sql)
            cur.execute(sql)
            db.commit()
        cur.close()
        db.close()
        return ""
    else:
        return flask.redirect("/login")
```

运行以上代码即可显示数据采集管理页，如图7-26所示。

图 7-26 数据采集管理页

以上代码中有个网址为 https://www.meipai.com/locations/get_province_city_by_country_id?cid=2630000，该网址是美拍短视频平台定义的地区编码映射表，在采集并分析热门频道及其他 13 个频道的 JSON 数据中发现，用户所在地区并非以汉字表示，而是通过一串数字表示，该数字会对应一个地区。如果平台通过数字来表示地区，则一定会有一个接口可以将该数字转化成汉字，首先联想到的就是用户的基本信息设置。注册该平台的一个账号，然后在修改个人资料页找到了该映射接口。在修改个人资料页中，在修改所在地的国家时会请求一个 URL，该 URL 为 https://www.meipai.com/locations/get_province_city_by_country_id?cid=2630000，打开该 URL 会发现这就是地区的映射接口，以 JSON 格式返回，如图 7-27 所示。

图 7-27 地区映射表接口

通过热门频道及其他 13 个频道采集了主播的基本信息,但是主播发布作品的时间尚未被采集,因为在频道的数据接口中没有相关的信息,如果要采集主播发布作品的时间则需要进入主播的个人主页进行查看。单击主播的头像就可以进入主播的个人主页内,其 URL 类似于 https://www.meipai.com/user/1234567?p=1,通过测试分析 user 后紧跟的数字为当前主播在美拍平台上的用户 id,也就是平台上的唯一编号,可以通过该编号来区分不同的主播,而 p 参数则表示在当前主播作品页的第几页。

这里还有一个问题,在主播的作品列表页并没有标识该主播一共发布了多少页的作品,使程序在采集时不知道 p 的最后一页的值为多少,这样有可能会出现采集不完全的情况。其实在当前页面没有提供准确的页码时,可以通过间接计算来得到准确的总页码。在主播作品列表页的右侧提供了用户发布的总作品数,可以通过总作品数除以每页能够显示的作品条数就可以计算出总页码数了,如图 7-28 所示。

这里的页码计算规则为总作品数除以每页的作品数,然后向上取整,即只要不被整除,就取整数加 1,这样就可以获得总页码数了。最后采集作品右上角的发布时间并存储至数据库中就完成了主播发布作品时间规律的数据采集。通过 info 页面对采集到的时间进行分析,即可得出主播在一天内哪个时间段发布的作品数最多及其发布作品的时间规律了。

图 7-28 主播作品页

短视频数据分析平台的完整代码如下:

```
#第7章//server2.py
import flask
import pyMySQL
import requests
import random
import time
import math
from bs4 import BeautifulSoup
app = flask.Flask(__name__)
```

```python
app.secret_key = "^&*(GY*GUI"


db = pymysql.connect(user="root", password="123456", host="localhost", database="meipaidbs")    # 连接数据库
cur = db.cursor()

@app.route('/', methods=['GET'])
@app.route('/login', methods=['GET'])
def login():
    return flask.render_template("login.html")

@app.route('/check/<username>/<password>', methods=['GET'])
def check(username, password):
    db = pymysql.connect(user="root", password="123456", host="localhost", database="meipaidbs")    # 连接数据库
    cur = db.cursor()
    sql = "SELECT * FROM flk_admin where username = '" + username + "' and password = '" + password + "'"
    cur.execute(sql)
    db.commit()
    result = cur.fetchall()           # 处理数据集
    if result:
        statue = 1
        for i in result:
            print(i[0])
            flask.session["sessionkey"] = i[0]
    else:
        statue = 2
    resultjson = {"statue": statue}
    cur.close()
    db.close()
    return flask.jsonify(resultjson)

@app.route('/info/<id>', methods=['GET'])
def info(id):
    session = flask.session.get("sessionkey")
    db = pymysql.connect(user="root", password="123456", host="localhost", database="meipaidbs")    # 连接数据库
    cur = db.cursor()
    if session:
        sql = "SELECT * FROM flk_user"
        cur.execute(sql)
        db.commit()
        result = cur.fetchall()                   # 处理数据集
        if int(id) == 0:

            datas = {'ids': result[0][0], 'results': result}
        else:
            datas = {'ids': id, 'results': result}
```

```python
sqls = "SELECT * FROM flk_user where id = " + str(datas['ids'])
cur.execute(sqls)
db.commit()
result2 = cur.fetchall()                              # 处理数据集
age_data = "[{value: " + str(result2[0][5]) + "}]"
if result2[0][10] > 0:
    map_data = str(int(result2[0][9]/result2[0][10]))
else:
    map_data = 0
if result2[0][7] > 0:
    followers = 1 - 1/result2[0][7]
else:
    followers = 0

if result2[0][8] > 0:
    videos = 1 - 1 / result2[0][8]
else:
    videos = 0

if result2[0][10] > 0:
    liked = 1 - 1 / result2[0][10]
else:
    liked = 0

reg = time.mktime(time.strptime(str(result2[0][3]), "%Y-%m-%d %H:%M:%S"))
nows = time.time()
total = nows - reg
total_d = round(total / (60 * 60 * 24))
level = 1 - 1/total_d

if result2[0][11] > 0:
    friends = 1 - 1 / result2[0][11]
else:
    friends = 0

if result2[0][9] > 0:
    price = 1 - 1 / result2[0][9]
else:
    price = 0

info_data = [followers, videos, liked, level, friends, price]

sqls2 = "SELECT * FROM flk_video where userid = " + str(datas['ids'])
cur.execute(sqls2)
db.commit()
result3 = cur.fetchall()                              # 处理数据集
a = b = c = d = e = f = g = h = ii = j = k = l = 0
for i in result3:
    tup = i[1].strftime("%Y-%m-%d %H:%M:%S")
    tmp = int(tup[11:13])
```

```python
                if (tmp > 0) & (tmp <= 2):
                    a = a + 1
                if (tmp > 2) & (tmp <= 4):
                    b = b + 1
                if (tmp > 4) & (tmp <= 6):
                    c = c + 1
                if (tmp > 6) & (tmp <= 8):
                    d = d + 1
                if (tmp > 8) & (tmp <= 10):
                    e = e + 1
                if (tmp > 10) & (tmp <= 12):
                    f = f + 1
                if (tmp > 12) & (tmp <= 14):
                    g = g + 1
                if (tmp > 14) & (tmp <= 16):
                    h = h + 1
                if (tmp > 16) & (tmp <= 18):
                    ii = ii + 1
                if (tmp > 18) & (tmp <= 20):
                    j = j + 1
                if (tmp > 20) & (tmp <= 22):
                    k = k + 1
                if (tmp > 22) & (tmp <= 24):
                    l = l + 1
            vedio_data = [a, b, c, d, e, f, g, h, ii, j, k, l]

            datas['age_data'] = age_data
            datas['map_data'] = map_data
            datas['info_data'] = info_data
            datas['vedio_data'] = vedio_data
            datas['results2'] = result2[0]
            cur.close()
            db.close()
            return flask.render_template("info.html", data = datas)
    else:
        return flask.redirect("/login")

@app.route('/Ctrl', methods = ['GET'])
def Ctrl():
    session = flask.session.get("sessionkey")
    if session:
        db = pymysql.connect(user = "root", password = "123456", host = "localhost", database = "meipaidbs") # 连接数据库
        cur = db.cursor()
        sql = "SELECT * FROM flk_user group by pic"
        cur.execute(sql)
        db.commit()
        result = cur.fetchall() # 处理数据集
        if result:
            datas = result
```

```python
        else:
            datas = ""
        cur.close()
        db.close()
        return flask.render_template("ctrl.html", data = datas)
    else:
        return flask.redirect("/login")

@app.route('/delCtrl/<id>', methods = ['GET'])
def delCtrl(id):
    session = flask.session.get("sessionkey")
    if session:
        db = pymysql.connect(user = "root", password = "123456", host = "localhost", database = "meipaidbs")  # 连接数据库
        cur = db.cursor()
        sql = "DELETE FROM flk_user WHERE id = " + id
        cur.execute(sql)
        db.commit()
        statue = 1
        resultjson = {"statue": statue}
        cur.close()
        db.close()
        return flask.jsonify(resultjson)
    else:
        return flask.redirect("/login")

@app.route('/getdata/<id>', methods = ['GET'])
def getdata(id):
    session = flask.session.get("sessionkey")
    if session:
        db = pymysql.connect(user = "root", password = "123456", host = "localhost", database = "meipaidbs")  # 连接数据库
        cur = db.cursor()
        if id == '999':
            URL = "https://www.meipai.com/home/hot_timeline?page = 1&count = 12"
        else:
            URL = "https://www.meipai.com/squares/new_timeline?page = 1&count = 24&tid = " + id
        result = requests.get(URL)
        json_data = result.json()
        for item in json_data["medias"]:
            username = item["user"]["screen_name"]
            pic = str(item["user"]["id"]) + '.jpg'
            regtime = item["user"]["created_at"]
            regtime_str = regtime.split(" ")
            regtime_list = regtime_str[0].split("-")
            regtime_count = len(regtime_list)
            print(regtime_count)
            if (regtime_count < 3):
                regtime = "21-" + item["user"]["created_at"]
            else:
```

```python
                regtime = item["user"]["created_at"]
                print(regtime_str)

                if item["user"]["gender"] == "f":
                    sex = "女"
                else:
                    sex = "男"
                age = item["user"]["age"]
                prvURL = "https://www.meipai.com/locations/get_province_city_by_country_id?cid=2630000"
                prvresult = requests.get(prvURL)
                prvresult_json_data = prvresult.json()

                index_num = item["user"]["province"]
                if str(index_num) in prvresult_json_data["provinces"]:
                    city = prvresult_json_data["provinces"][str(index_num)]["province"]
                else:
                    city = "未知"

                if isinstance(item["user"]["followers_count"], str):
                    follers_num = float(item["user"]["followers_count"].replace("万", ""))
                    followers = follers_num * 10000
                else:
                    followers = int(item["user"]["followers_count"])

                videos = item["user"]["real_videos_count"]
                price = random.randrange(50000, 200000)
                liked = item["user"]["be_liked_count"]
                friends = item["user"]["friends_count"]
                level = item["user"]["level"]
                r = requests.get(item["user"]["avatar"], stream = True)
                open('static\download\' + str(item["user"]["id"]) + '.jpg', 'wb').write(r.content)
                sql = "INSERT INTO flk_user(username,pic,regtime,sex,age,city,followers,videos,price,liked,friends,level) values ('{}','{}','{}','{}',{},'{}',{},{},{},{},{},{})".format(
                    username, pic, regtime, sex, age, city, followers, videos, price, liked, friends, level)
                print(sql)
                cur.execute(sql)
                db.commit()
            cur.close()
            db.close()
            return ""
    else:
        return flask.redirect("/login")

@app.route('/getvideo/<id>/<uid>', methods = ['GET'])
def getvideo(id, uid):
    session = flask.session.get("sessionkey")
    if session:
```

```python
        db = pymysql.connect(user = "root", password = "123456", host = "localhost", Database = "meipaidbs")          #连接数据库
        cur = db.cursor()
        URL = "https://www.meipai.com/user/{}?p={}".format(id,1)
        video = requests.get(URL)
        html = video.text
        soup = BeautifulSoup(html, 'html.parser')
        allvideo = soup.find(name = "span", attrs = {"class":"user-txt pa"})
        if allvideo:
            page = math.ceil(int(allvideo.text) / 24)
        else:
            print("被网站封了 IP")
            resultjson = {"statue": 2}
            return flask.jsonify(resultjson)
        '''
        #如果超过2页,则只采集2页信息
        if page > 2:
            page = 2
        '''
        p = 1
        while(p <= page):
            pURL = "https://www.meipai.com/user/{}?p={}".format(id,p)
            v = requests.get(pURL)
            phtml = v.text
            psoup = BeautifulSoup(phtml, 'html.parser')
            plist = psoup.find_all(name = 'span', attrs = {"class": "feed-time pa", "itemprop": "datePublished"})
            if plist:
                for item in plist:
                    tim = item.text
                    tims = tim.strip()
                    time_str = tims.split(" ")
                    time_list = time_str[0].split("-")
                    time_count = len(time_list)
                    
                    if (time_count < 3):
                        vtime = "21-" + tims + ":00"
                    else:
                        vtime = tims
                    print(vtime)
                    sql = "INSERT INTO flk_video(vtime,userid) values ('{}',{})".format(vtime, uid)
                    print(sql)
                    cur.execute(sql)
                    db.commit()
            else:
                resultjson = {"statue": 2}
                return flask.jsonify(resultjson)
            p = p + 1
            time.sleep(5)
```

```
            cur.close()
            db.close()
            return ""
        else:
            return flask.redirect("/login")


if __name__ == '__main__':
    app.run(debug = True, port = 80)
```

第 8 章 Python 项目的部署

作为 PC 端最流行的三大操作系统（Windows、macOS、Linux）之一，Linux 操作系统被用来作为大多数商业产品服务器端的操作系统，相比其他操作系统而言，Linux 操作系统最大的优势是开放源代码，并且完全免费。也正因为开放源代码，使任何人都能够根据自己的需求或者兴趣来对其进行修改，这也让 Linux 吸收了无数开发者的成果而不断壮大。大名鼎鼎的安卓操作系统就是基于 Linux 内核进行研发的。

相比于其他商业操作系统高昂的授权费用和维护费用来讲，任何人都可以免费地使用 Linux 操作系统而不必向任何人支付费用，而其开源的特性，也使无数的开发者会对其进行升级与维护，这为企业节省了大量的服务器开支。除此之外，Linux 操作系统与其他操作系统一样，拥有各种技术特性，包括对各种硬件平台的支持、拥有良好的人机交互界面、多任务、多文件系统、提供丰富的网络功能等。

注意，这里的 Linux 操作系统是指 Linux 发行版操作系统，所谓的 Linux 发行版是指基于 Linux 内核所开发的完整的操作系统，Linux 操作系统与 Linux 内核之间的关系就好比汽车与汽车发动机之间的关系。内核是一个操作系统的核心，它接近于具体的硬件，例如 x86 平台、ARM 平台等，而一个完整操作系统除了核心以外，还需要提供其他功能，例如与用户之间进行交互的接口、网络通信、文件存储等，不同的厂商所研发的基于 Linux 内核的操作系统被称为 Linux 发行版。常见的 Linux 发行版有 RedHat 系列、Debian 系列及其他系列，而 CentOS 操作系统就是 RedHat 旗下的 Linux 发行版之一。

CentOS 的是 Community Enterprise Operating System 的缩写，也叫社区企业操作系统，也是目前企业采用最多的 Linux 发行版之一。其官方网址为 https://www.centos.org/，如图 8-1 所示。

CentOS 主要分为两个版本，分别为 CentOS Linux 版与 CentOS Stream 版。Linux 版本每两年发行一次，每个版本的操作系统会提供 10 年的安全维护支持，CentOS Stream 版为滚动更新版，动态地更新具体的内容。截至本书写作期间，最新版本的 CentOS Linux 版本号为 CentOS 8。

CentOS 开发团队在其官方博客宣布，将于 2021 年底不再支持 CentOS 8 操作系统，而在 CentOS Linux 版的众多版本中，CentOS 7 版本用户基数最大，该产品也最为成熟，并且 CentOS 7 操作系统支持到 2024 年 6 月。基于以上原因，本书所有的 Linux 环境，都将以 CentOS 7 版本 64 位操作系统作为 Linux 运行环境进行讲解和使用。

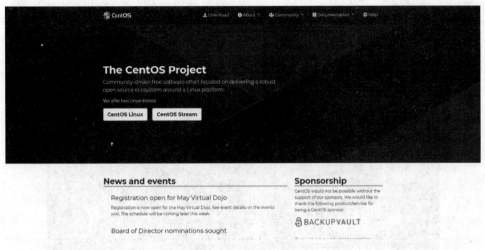

图 8-1　CentOS 官方网站

8.1　CentOS 基础

8.1.1　CentOS 文件结构

CentOS 默认情况下是没有安装图形界面的，可以通过命令行的方式对其进行管理，其登录界面如 8-2 所示。

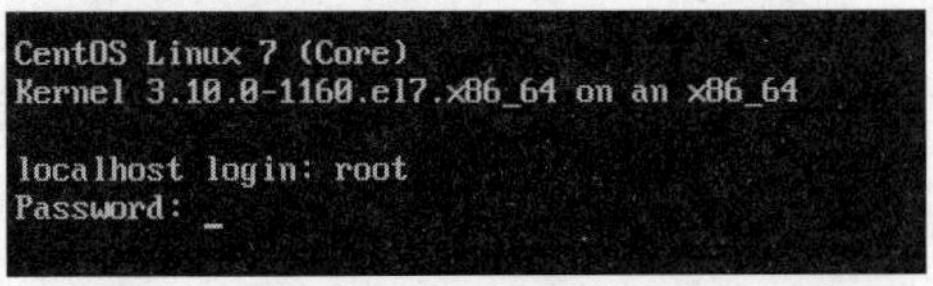

图 8-2　CentOS 登录

以 root 身份登录系统后默认进入 root 目录下，可以使用 cd .. 命令进入根目录，然后在根目录输入 ls -l 命令可以列出根目录下所有的目录，如图 8-3 所示。

通过 ls 命令查看根目录下包含的目录分别为 bin、boot、dev、etc、home、lib、lib64、media、mnt、opt、proc、root、run、sbin、srv、sys、tmp、user、var，其中 bin 目录用于存放标准 Linux 的工具，Linux 中输入的标准命令都存放在该目录下并拥有一个可执行的程序。boot 目录用于存放 Linux 的内核及引导文件。dev 用于存放与设备有关的文件。etc 用于存放系统配置方面的文件。home 用于存放用户的个人数据。lib 与 lib64 目录用于存放系统动态链接共享库。media 用于挂载可移动设备的临时目录，例如光驱文件夹。mnt 为挂载目录，可用于挂载文件系统。opt 为可选的附加应用程序目录。proc 目录是一个虚拟的文件系统，包含正在运行的进程的信息。root 目录为 root 用户的主目录，只有 root 用户具有该目录下的写权限。run 目录用于存放系统运行时所需的文件。sbin 目录用于存放系统二进制文件，该目录只允许管理员使用。srv 为服务启动后需要访问的数据目录。sys 用于输出当前系统上与硬件设备相关的信息的虚拟文件系统。tmp 为系统或用户创建的临时文件。

usr 为用户程序目录。var 代表变量文件，用于存储可能增长的文件，例如日志文件等。

```
[root@localhost /]# ls -l
total 24
lrwxrwxrwx.   1 root root     7 Apr  2 16:29 bin -> usr/bin
dr-xr-xr-x.   5 root root  4096 Apr  2 16:33 boot
drwxr-xr-x.  20 root root  3220 Apr 21 13:28 dev
drwxr-xr-x.  77 root root  8192 May  7 05:00 etc
drwxr-xr-x.   2 root root     6 Apr 11  2018 home
lrwxrwxrwx.   1 root root     7 Apr  2 16:29 lib -> usr/lib
lrwxrwxrwx.   1 root root     9 Apr  2 16:29 lib64 -> usr/lib64
drwxr-xr-x.   2 root root     6 Apr 11  2018 media
drwxr-xr-x.   2 root root     6 Apr 11  2018 mnt
drwxr-xr-x.   2 root root     6 Apr 11  2018 opt
dr-xr-xr-x. 122 root root     0 Apr 21 13:28 proc
dr-xr-x---.  14 root root  4096 Apr 22 04:14 root
drwxr-xr-x.  28 root root   800 May  7 05:00 run
lrwxrwxrwx.   1 root root     8 Apr  2 16:29 sbin -> usr/sbin
drwxr-xr-x.   2 root root     6 Apr 11  2018 srv
dr-xr-xr-x.  13 root root     0 Apr 21 13:28 sys
drwxrwxrwt.  10 root root  4096 Apr 22 03:23 tmp
drwxr-xr-x.  14 root root   168 Apr  3 23:36 usr
drwxr-xr-x.  20 root root   278 Apr 22 02:51 var
```

图 8-3 列出根目录下所有的目录

/var/lib 目录用于存放程序执行过程中所需的数据文件。/var/run 用于存放程序的 PID，/var/log 用于存放日志文件。

8.1.2 CentOS 常用命令

虽然 CentOS 可以安装图形界面，但是在实际应用中大多还是使用命令的方式来与操作系统进行交互，CentOS 常用的命令可分为文件与目录操作、查看文件内容、文本内容处理、查询操作、压缩与解压及系统相关操作。文件与目录的常用操作命令如表 8-1 所示。

表 8-1 文件与目录的常用命令

命　　令	说　　明
cd ..	返回上一级目录
cd etc	进入 etc 目录
cp file1 file2	复制 file1 并命名为 file2
cp-a dir1 dir2	复制 dir1 并命名为 dir2
ls	查看当前目录中的所有目录及文件
ls-a	查看当前目录，包含隐藏目录
ls-l	查看当前目录中所有的文件及目录详情
pwd	显示当前所在的路径
mkdir dir1	创建目录 dir1
mkdir-p /dir1/dir2	创建完整目录
mv dir1 dir2	将目录 dir1 移动至 dir2
rm-f file1	删除文件 file1
rm-rf dir1	删除 dir1 及目录下的所有内容
chmod-R 777 file1	将目录或文件权限设置为可读可写可修改
chown-R www:www file1	将目录或文件所有者设置为 www，群体使用者为 www

查看文件内容的常用操作命令如表 8-2 所示。

表 8-2 查看文件的常用命令

命　　令	说　　明
vi file1	打开并浏览 file1，如果 file1 不存在则创建
cat file1	从第 1 字节开始查看文件内容
tac file1	从最后 1 字节开始查看文件内容
more file1	查看长文件内容

文本内容处理的常用操作命令如表 8-3 所示。

表 8-3 文本内容处理的常用命令

命　　令	说　　明
i	使用 vi file1 打开文件后按 I 键即可对文件进行编辑
/	使用 vi file1 打开文件后按/键并输入要查找的文字，然后按回车键，即可进行全文搜索，按 N 键可搜索下一处
Esc	退出编辑模式
:w	按 Esc 键后输入该命令，用于保存当前修改
:q	按 Esc 键后输入该命令，不保存当前修改而直接退出
:wq	按 Esc 键后输入该命令，保存当前修改并退出

查询的常用操作命令如表 8-4 所示。

表 8-4 查询的常用命令

命　　令	说　　明
find /-name file1	从根目录开始查找文件或目录
whereis-b file1	查找可执行程序 file1 的文件位置
which file1	查找命令所在的路径及别名

压缩与解压的常用操作命令如表 8-5 所示。

表 8-5 压缩与解压缩的常用命令

命　　令	说　　明
gzip2 file1	压缩 file1
gunzip file1.gz	解压 file1.gz
tar-cvf file1.tar file1	将 file1 打包为 file1.tar
tar-xvf file1.tar	释放 file1.tar
zip file1.zip file1	压缩 file1
unzip file1.zip	解压 file1.zip

与系统相关的常用操作命令如表 8-6 所示。

表 8-6 与系统相关的常用命令

命 令	说 明
su	切换到 root 权限
reboot	重启
halt	关机
top	监控操作系统的状态
passwd	修改密码
df-h	显示磁盘的使用情况
cat /etc/redhat-release	查看操作系统的版本
uname-a	查看 Linux 的内核版本

8.1.3 Shell 脚本基础

Shell 是一个命令行解释器,它为用户提供了一个向 Linux 内核发送请求以便运行程序的系统级程序,可以使用 Shell 来启动、挂起、停止甚至编写程序。Shell 脚本又称为 Shell Script,与 Windows 系统下的批处理文件相似,将各类命令预先放置到一个文件中,即方便一次性执行的一个程序文件。Shell 脚本就是利用 Shell 的功能缩写的一个程序。该程序的扩展名为.sh。一个简单的 Shell 脚本的代码如下:

```
#!/bin/bash
echo "Hello World"
```

将以上代码通过 vi shell.sh 命令创建并保存至 usr 目录下,使用 chmod-R 777 shell.sh 命令将其权限设置为 777,然后使用./shell.sh 命名执行脚本即可在屏幕上输出 Hello World。

在以上的代码中此文件是以 #!/bin/bash 开头的,这是规定的句式,它告诉系统这个脚本需要什么解释器进行执行,即使用哪一种 Shell。echo 则用于将 Hello World 输出至窗口。

与其他编程语言类似,Shell 也拥有变量的概念,在 Shell 中变量分为系统变量与用户变量。系统变量有 HOME、PWD、SHELL、USER 等,系统变量可以通过 env 命令来查看,代码如下:

```
[root@localhost ~]# env
XDG_SESSION_ID=2
HOSTNAME=localhost.localdomain
SELINUX_ROLE_REQUESTED=
TERM=xterm
SHELL=/bin/bash
HISTSIZE=1000
SSH_CLIENT=192.168.3.39 50175 22
SELINUX_USE_CURRENT_RANGE=
SSH_TTY=/dev/pts/0
USER=root
```

```
LS_COLORS = rs = 0:di = 01;34:ln = 01;36:mh = 00:pi = 40;33:so = 01;35:do = 01;35:bd = 40;33;01:
cd = 40;33;01:or = 40;31;01:mi = 01;05;37;41:su = 37;41:sg = 30;43:ca = 30;41:tw = 30;42:ow =
34;42:st = 37;44:ex = 01;32: * .tar = 01;31: * .tgz = 01;31: * .arc = 01;31: * .arj = 01;31: * .
taz = 01;31: * .lha = 01;31: * .lz4 = 01;31: * .lzh = 01;31: * .lzma = 01;31: * .tlz = 01;31: * .
txz = 01;31: * .tzo = 01;31: * .t7z = 01;31: * .zip = 01;31: * .z = 01;31: * .Z = 01;31: * .dz = 01;
31: * .gz = 01;31: * .lrz = 01;31: * .lz = 01;31: * .lzo = 01;31: * .xz = 01;31: * .bz2 = 01;31: * .
bz = 01;31: * .tbz = 01;31: * .tbz2 = 01;31: * .tz = 01;31: * .deb = 01;31: * .rpm = 01;31: * .jar
 = 01;31: * .war = 01;31: * .ear = 01;31: * .sar = 01;31: * .rar = 01;31: * .alz = 01;31: * .ace =
01;31: * .zoo = 01;31: * .cpio = 01;31: * .7z = 01;31: * .rz = 01;31: * .cab = 01;31: * .jpg = 01;
35: * .jpeg = 01;35: * .gif = 01;35: * .bmp = 01;35: * .pbm = 01;35: * .pgm = 01;35: * .ppm = 01;
35: * .tga = 01;35: * .xbm = 01;35: * .xpm = 01;35: * .tif = 01;35: * .tiff = 01;35: * .png = 01;
35: * .svg = 01;35: * .svgz = 01;35: * .mng = 01;35: * .pcx = 01;35: * .mov = 01;35: * .mpg = 01;
35: * .mpeg = 01;35: * .m2v = 01;35: * .mkv = 01;35: * .webm = 01;35: * .ogm = 01;35: * .mp4 = 01;
35: * .m4v = 01;35: * .mp4v = 01;35: * .vob = 01;35: * .qt = 01;35: * .nuv = 01;35: * .wmv = 01;35:
 * .asf = 01;35: * .rm = 01;35: * .rmvb = 01;35: * .flc = 01;35: * .avi = 01;35: * .fli = 01;35: * .
flv = 01;35: * .gl = 01;35: * .dl = 01;35: * .xcf = 01;35: * .xwd = 01;35: * .yuv = 01;35: * .cgm =
01;35: * .emf = 01;35: * .axv = 01;35: * .anx = 01;35: * .ogv = 01;35: * .ogx = 01;35: * .aac = 01;
36: * .au = 01;36: * .flac = 01;36: * .mid = 01;36: * .midi = 01;36: * .mka = 01;36: * .mp3 = 01;
36: * .mpc = 01;36: * .ogg = 01;36: * .ra = 01;36: * .wav = 01;36: * .axa = 01;36: * .oga = 01;36:
 * .spx = 01;36: * .xspf = 01;36:
MAIL = /var/spool/mail/root
PATH = /usr/local/sbin:/usr/local/bin:/usr/sbin:/usr/bin:/root/bin
PWD = /root
LANG = en_US.UTF - 8
SELINUX_LEVEL_REQUESTED =
HISTCONTROL = ignoredups
SHLVL = 1
HOME = /root
LOGNAME = root
SSH_CONNECTION = 192.168.3.39 50175 192.168.3.163 22
LESSOPEN = ||/usr/bin/lesspipe.sh % s
XDG_RUNTIME_DIR = /run/user/0
_ = /usr/bin/env
```

用户自定义变量与 Python 变量的规则类似，其标识符允许由字母、数字与下画线构成，且首字符不能为数字，当变量值有特殊符号时需要使用单引号括起来，环境变量通过 export 设置。用户自定义变量的示例代码如下：

```
[root@localhost ~]# a = 123
[root@localhost ~]# echo $a
123

[root@localhost /]# export a = "123"
[root@localhost /]# echo $a
123
```

定义变量后可使用该变量，使用时只需在变量名前加上符号 $ 即可。如向 Shell 脚本传递参数，可以在脚本中使用 $n 的形式来接收。n 表示 1,2,3,…。当 n 的值大于或等于

10时,也就是说当接收的参数数量达到或者超过10个时,就需要使用大括号{}将n值括起来接收参数了,{}的作用是为了帮助解释器识别参数的边界,例如${11}即11而不是1与1。传参脚本的示例代码如下:

```
#!/bin/bash
echo "接收参数1: $1"
echo "接收参数2: $2"
```

调用脚本命令如下:

```
[root@localhost ~]# sh test.sh aa bb
接收参数1: aa
接收参数2: bb
```

Shell的应用场景需要贴合操作系统,所以与其他编程语言不同的是Shell变量可以接收Linux命令的返回值,示例代码如下:

```
[root@localhost /]# a = 'ls'
[root@localhost /]# $ a
bin boot dev etc home lib lib64 media mnt opt proc root run sbin srv sys tmp usr var
```

除了系统变量与用户自定义变量之外,Shell内置了一些已定义的变量,可以在Shell脚本中直接使用,如表8-7所示。

表8-7　Shell内置变量

变量	说明
$$	当前进程的进程号PID
$!	后台运行的最后一个进程的进程号
$?	最后一个执行的命令的返回状态

8min

8.1.4　CentOS防火墙设置

CentOS中有两种防火墙,在CentOS 7之前默认的防火墙为iptables,在CentOS 7中默认的防火墙为firewall。如想要在CentOS 7中使用iptables,可以通过yum install iptables-services进行安装。当在CentOS内成功地安装了一个网络软件,如果发现客户端无法连接到服务器端,则很有可能是因为防火墙阻止了客户端的连接。需要对防火墙进行设置以便允许安装的软件连接到服务器。

firewall的管理命令如表8-8所示。

表8-8　firewall管理命令

命令	说明
systemctl status firewalld.service	查看防火墙的状态
systemctl start firewalld.service	启动防火墙
systemctl stop firewalld.service	停止防火墙

续表

命 令	说 明
systemctl restart firewalld.service	重启防火墙
systemctl disable firewalld.service	禁止防火墙开机启动
firewall-cmd --list-all	查看过滤列表信息
firewall-cmd --zone=public --permanent --add-port=9999/tcp	将一个协议添加为 tcp，端口为 9999 端口

firewall 配置文件位于/etc/firewalld/zones/public.xml，也可以通过修改其配置文件设置允许访问的端口或者服务，修改完毕后需要重启 firewall。

在许多 CentOS 7 的服务器中，iptables 用于防火墙仍被广泛使用。iptables 在 CentOS 7 中需要进行安装，安装命令如下：

```
yum install iptables-services
```

iptables 的管理命令如表 8-9 所示。

表 8-9　iptables 管理命令

命 令	说 明
systemctl status iptables.service	查看防火墙的状态
systemctl start iptables.service	启动防火墙
systemctl stop iptables.service	停止防火墙
systemctl restart iptables.service	重启防火墙
iptables-L	列出所有规则
iptables-F	清除所有规则
iptables-A INPUT-p tcp --dport 9999-j ACCEPT	临时添加一个 9999 端口以便允许访问
service iptables save	保存临时添加的端口

iptables 的默认配置文件路径为 vi /etc/sysconfig/iptables，除了可以使用命令添加规则以外，还可以通过编辑 iptables 配置文件来修改。通过命令向 iptables 添加新的规则后，需要使用 service iptables save 命令来保存规则，否则重启后该规则就会失效，service iptables save 命令可将规则直接写入配置文件中。写入配置文件中的规则永久生效。

也可以直接编辑/etc/sysconfig/iptables 配置文件。可以仿照其他生效端口进行编写新的规则，编写完毕后需要重启 iptables 以便生效。下面是一些常见的端口及服务，如表 8-10 所示。

表 8-10　常见端口及服务

默认端口	服 务
80	HTTP 默认端口
22	SSH 默认端口
3306	MySQL 默认端口
27017	MongoDB 默认端口
6379	Redis 默认端口

续表

默认端口	服务
21	FTP 默认端口
443	HTTPS 默认端口
25	SMTP 默认端口，用于 Email 发送
110	POP3 默认端口，用于 Email 接收

8.1.5　SSH 工具

通常情况下服务器会托管于机房而不会在我们的身边，而机房的距离一般不会离我们太近。当要管理或者配置服务器时不可能直接到服务器面前进行操作，此时就需要通过工具进行远程管理。CentOS 默认开放了 SSH 协议，SSH 协议是专为远程登录会话和其他网络服务提供的安全性协议。通过该协议可以很方便地对 CentOS 进行远程管理。

在 Windows 操作系统下支持 SSH 协议的客户端工具有很多，例如 PuTTY、XManager、secureCRT 等，而在 macOS 操作系统下直接使用系统自带的终端模拟器就可以进行远程管理。在 Windows 平台下推荐使用 XManager 对 CentOS 进行远程管理。

XManager 是一款十分流行的商业软件包，包括 xshell、xftp、xbrowser、xstart、xlpd 等工具，通常对 CentOS 进行管理只需使用 xshell 与 xftp 工具，前者是一款支持 SSH 协议的 Shell 工具，用于登录至 CentOS 服务器进行管理。后者是一款 FTP 工具，用于将本地文件传输至远程 CentOS 服务器。

如果你是学生或者教师，则可以免费获得 xshell 与 xftp，其下载网址为 https://www.netsarang.com/zh/free-for-home-school/。xshell 启动的默认界面如图 8-4 所示。

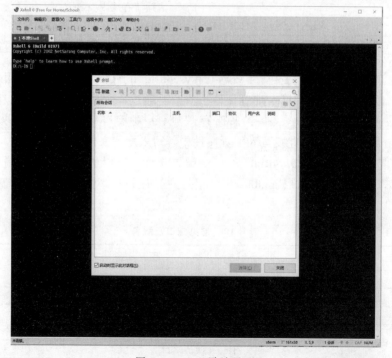

图 8-4　xshell 默认界面

第 1 次打开 xshell 时需要创建一个远程服务器的连接,单击"新建"按钮,在新建会话中填入相应的连接参数即可,所需填写的参数有名称、协议、主机、端口,名称为当前连接的标识,可以有中文字符。协议选择 SSH,主机填写远程服务器的 IP 地址或者域名。端口号为 SSH 的端口号,默认为 22,此时并未要求填写用户名及密码,如图 8-5 所示。

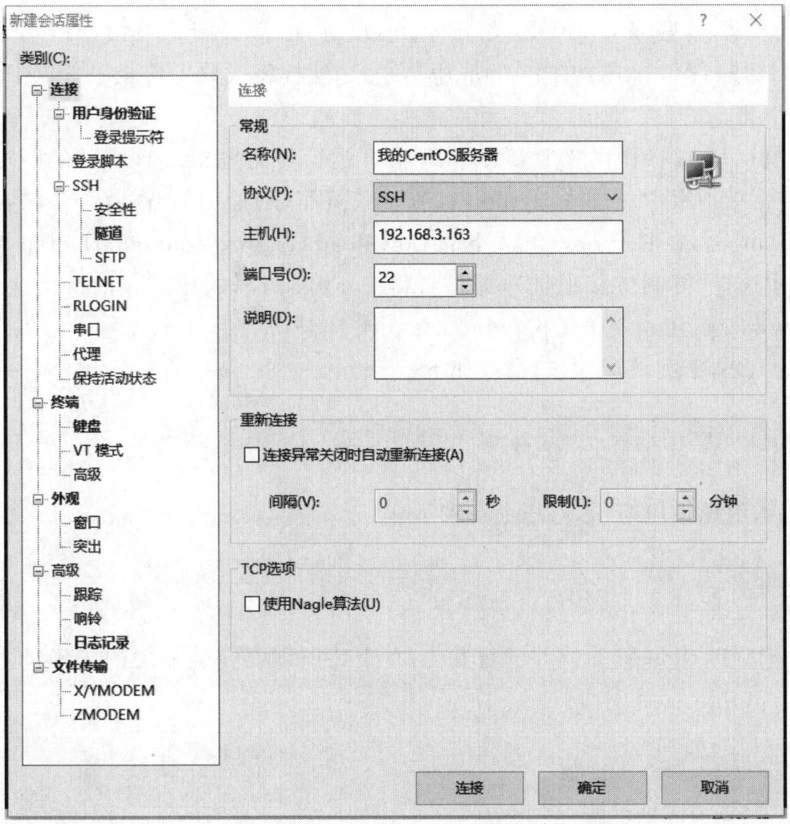

图 8-5 xshell 创建连接

单击"连接"按钮进入下一步,如果远程主机填写正确,此时会弹出一个对话框要求输入登录的用户名及密码,注意勾选记住用户名和记住密码。输入正确的用户名及密码后,就可以登录到远程服务器上了,此时如同操作本地 CentOS 一致,可以输入各种命令来操作 CentOS 了,如图 8-6 所示。

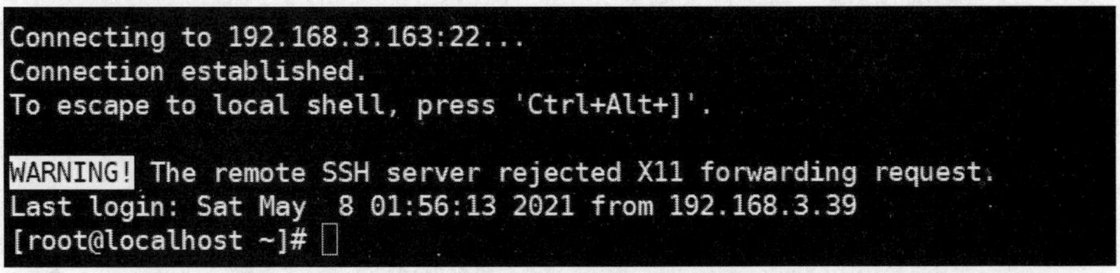

图 8-6 xshell 登录远程服务器

8.2 CentOS 的应用部署

8.2.1 安装 Python

使用 root 账号登录 CentOS,并在 CentOS 上安装 Python 运行环境,注意安装的 Python 版本最好与 Windows 的 Python 版本一致,这样将代码上传至服务器中运行时不会出现意外的情况。

笔者在 Windows 操作系统上安装的 Python 运行环境为 3.9.4,所以在 CentOS 上仍然安装 Python 3.9.4 版本。进入 Python 官方下载页面,网址为 https://www.python.org/downloads/source/,在 Python 3.9.4 下的 Download Gzipped source tarball 链接上右击,在弹出的菜单中选择"复制链接地址",即可获得 Python 源码的压缩包的链接地址。其链接为 https://www.python.org/ftp/python/3.9.4/Python-3.9.4.tgz。

进入 CentOS,下载该压缩包,命令如下:

```
wget -i -c https://www.python.org/ftp/python/3.9.4/Python-3.9.4.tgz
```

下载完后,解压该压缩包,解压命令如下:

```
tar -zxf Python-3.9.4.tgz
```

解压后进入 Python-3.9.4,并进行安装,在安装前需要安装相关的依赖包,安装的目录为/usr/local/python3,命令如下:

```
yum install zlib-devel bzip2-devel openssl-devel ncurses-devel libffi-devel sqlite-devel readline-devel tk-devel gcc make

cd Python-3.9.4

./configure -prefix=/usr/local/python3

make & make install
```

没有提示出错就代表正确安装了,在/usr/local/目录下会有 python3 目录。CentOS 默认自带 python2 目录,此时需要将 python2 目录替换为 python3 目录,在命令行输入的命令如下:

```
mv /usr/bin/python /usr/bin/python.bak

ln -s /usr/local/python3/bin/python3.9 /usr/bin/python

python -V
```

此时输出 Python 3.9.4 即表示成功安装了 Python 的运行环境。安装了新版本的

Python 所以 yum 无法使用了,因为 yum 是依赖于 Python 2 的,需要修改以下地方以便支持 yum 的使用,使用 vim 编辑时按下 I 键,编辑完毕按 Esc 键并输入:wq,如无须修改,则可按 Esc 键并输入:q!,命令如下:

```
vim /usr/bin/yum
#修改第一行将/usr/bin/python 改为/usr/bin/python2.7

vim /usr/libexec/URLgrabber-ext-down
#修改第一行将/usr/bin/python 改为/usr/bin/python2.7
```

接着默认的 pip 也需要修改,如果/usr/bin/下存在 pip,则将其重命名为 pip.bak,同样加一条软链到 bin 中,命令如下:

```
#如 pip 存在于 usr/bin 下
mv /usr/bin/pip /usr/bin/pip.bak

ln -s /usr/local/python3/bin/pip3 /usr/bin/pip
```

8.2.2 安装 MySQL

首先打开 MySQL 的官方网站并进入下载列表页面,网址为 https://dev.mysql.com/downloads/,如图 8-7 所示。

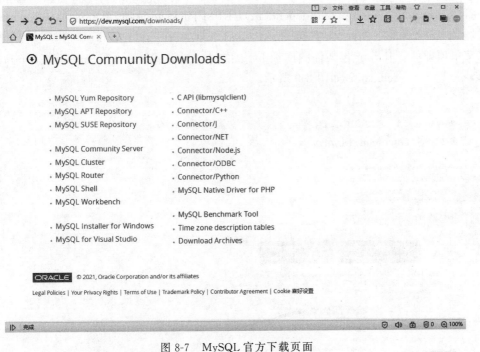

图 8-7　MySQL 官方下载页面

因为要在 Linux 操作系统下进行安装,单击 MySQL Yum Repository 链接进入操作系统版本的 rpm 选择界面,如图 8-8 所示。

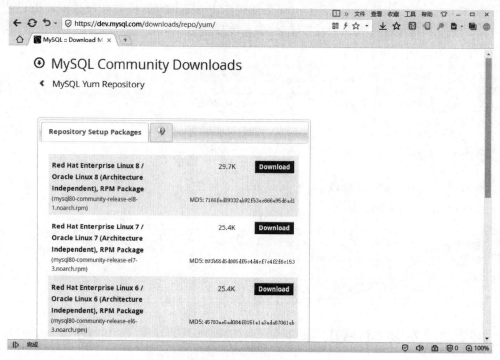

图 8-8　MySQL 对应的操作系统版本

笔者使用的是 CentOS 7 操作系统，所以选择第 2 个 Red Hat Enterprise Linux 7/Oracle Linux 7（Architecture Independent），RPM Package 选项，单击对应的 Download 按钮进入 rpm 文件的下载界面，右击 No thanks, just start my download 选择"复制链接地址"菜单项即可获取 rpm 包文件的网址 https://dev.mysql.com/get/mysql80-community-release-el7-3.noarch.rpm，如图 8-9 所示。

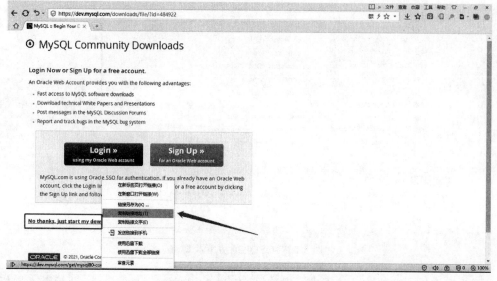

图 8-9　获取 MySQL 的 rpm 地址

获取 rpm 网址后,在 CentOS 命令行界面输入的命令如下:

```
wget -i -c https://dev.mysql.com/get/mysql80-community-release-el7-3.noarch.rpm
```

使用如上命令就可以下载安装所需的 Yum Repository 了,下载的文件名为 mysql80-community-release-el7-3.noarch.rpm,下载完毕后输入下面的命令便可加载 rpm 文件,命令如下:

```
yum -y install mysql80-community-release-el7-3.noarch.rpm
```

等待出现 Complete 后,输入如下命令即可开始安装官方版本的 MySQL 服务器,命令如下:

```
yum -y install mysql-community-server
```

安装 MySQL 服务器的时间会比较长,需要耐心等待安装,安装完毕会显示"Complete!",如图 8-10 所示。

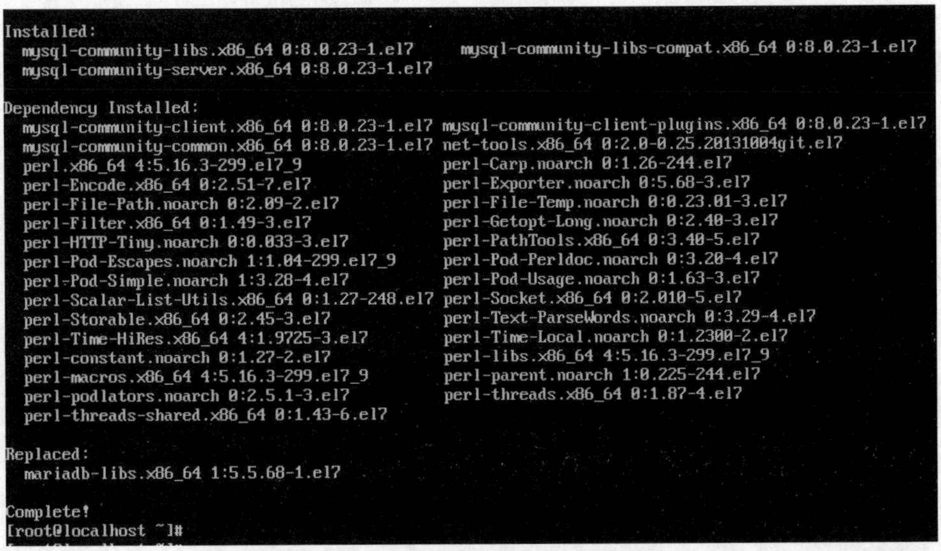

图 8-10 安装完毕 MySQL

至此 MySQL 就安装完成了,接下来需要对 MySQL 进行一些设置。首先启动 MySQL,命令如下:

```
systemctl start mysqld.service
```

启动 MySQL 后查看 MySQL 的状态,命令如下:

```
systemctl status mysqld.service
```

执行查看状态命令后,会显示当前 MySQL 的运行状态,如图 8-11 所示。

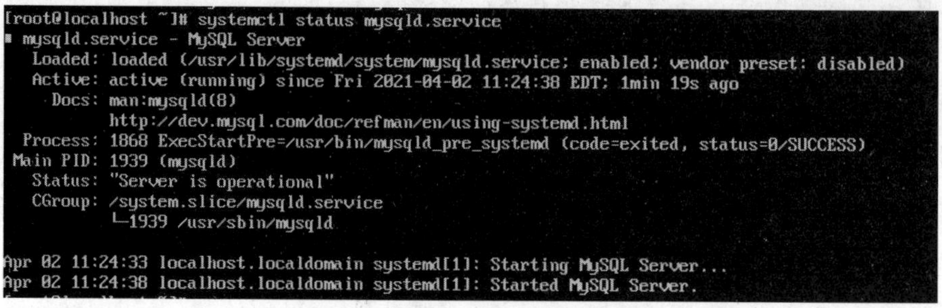

```
[root@localhost ~]# systemctl status mysqld.service
● mysqld.service - MySQL Server
   Loaded: loaded (/usr/lib/systemd/system/mysqld.service; enabled; vendor preset: disabled)
   Active: active (running) since Fri 2021-04-02 11:24:38 EDT; 1min 19s ago
     Docs: man:mysqld(8)
           http://dev.mysql.com/doc/refman/en/using-systemd.html
  Process: 1868 ExecStartPre=/usr/bin/mysqld_pre_systemd (code=exited, status=0/SUCCESS)
 Main PID: 1939 (mysqld)
   Status: "Server is operational"
   CGroup: /system.slice/mysqld.service
           └─1939 /usr/sbin/mysqld

Apr 02 11:24:33 localhost.localdomain systemd[1]: Starting MySQL Server...
Apr 02 11:24:38 localhost.localdomain systemd[1]: Started MySQL Server.
```

图 8-11　查看 MySQL 运行状态

此时 MySQL 已经可以正常运行了,在安装 MySQL 的时候并没有让我们设置用户名和密码,在安装时自动设置了一个初始用户名和密码,可以通过安装的日志文件来查看密码,日志文件的路径为/var/log/mysqld.log,使用如下命令查询 MySQL 的初始密码(MySQL 默认用户名为 root),命令如下:

```
grep "password" /var/log/mysqld.log
```

命令的运行结果如图 8-12 所示,会将 MySQL 的初始密码显示出来。框内就是安装 MySQL 的初始密码。

```
[root@localhost ~]# grep "password" /var/log/mysqld.log
2021-04-02T15:24:35.266229Z 6 [Note] [MY-010454] [Server] A temporary password is generated for root@localhost: t)rT2Hp/Uk0
[root@localhost ~]#
```

图 8-12　MySQL 的初始密码

MySQL 的默认密码必须经修改后才可以操作数据库,否则无法操作数据库。使用如下命令连接 MySQL 数据库,命令如下:

```
mysql -uroot -p
```

在 Enter password 后输入刚才获得的密码并按回车键,这样就可以进入 MySQL Shell 了,使用如下命令修改 MySQL 的密码,命令如下:

```
ALTER USER 'root'@'localhost' IDENTIFIED BY '123ABCabc#*';
```

注意,如果设置的密码过于简单,则 MySQL 会提示错误,告知密码太过简单。密码最好包含数字、大小写字母及特殊字符,并且在命令末尾是以分号结尾。输入命令后按回车键即可完成 MySQL 密码的修改。

可以使用如下命令开启远程访问限制,即允许所有的 IP 访问 MySQL,命令如下:

```
grant all privileges on *.* to 'root'@'%' identified by 'password' with grant option;

flush privileges;
```

如需指定 IP 地址访问,则将%处替换为指定的 IP 地址即可。通常情况下为了数据库的安全性，并不会开启允许所有 IP 都能访问。大多数情况下只允许内网 IP 可以访问。远程机器可以通过 SSH 登录到服务器后对 MySQL 进行管理。

如果 CentOS 服务器安装了防火墙，则需要在防火墙内添加 3306 端口以便允许访问。此时 CentOS 下的 MySQL 已经安装完毕了。可以通过 Shell 终端或者可视化工具连接 MySQL 并对其进行进一步的详细设置。

8.2.3 服务器监控

CentOS 操作系统的 top 命令可用于查看当前服务器的运行状态，如图 8-13 所示。

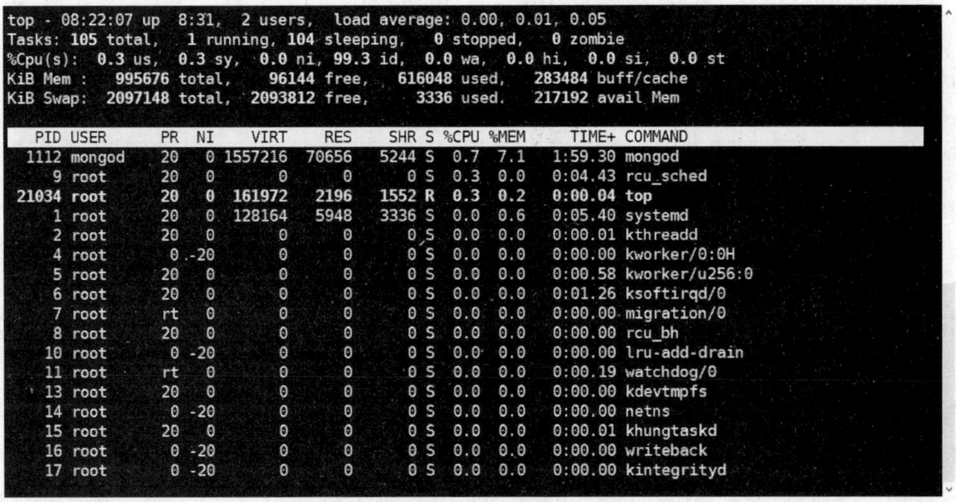

图 8-13　MySQL 的运行状态

在该界面中显示了非常丰富的系统实时信息，大致可以分为上、下两部分，上半部分是该服务器的实时参数，包括 CPU、内存、进程数量等信息，下半部分为当前运行的进程信息。上半部分信息的具体内容如表 8-11 所示。

表 8-11　top 上半部分参数信息

参　　数	说　　明
08:22:07	当前服务器的时间
up 8:31	系统运行的时间
2 users	当前登录的用户数
load average:0.00，0.01，0.05	任务队列的平均长度，3 个值分别为 1min、5min、15min 前到现在的平均值
Task:105 total	进程总数
1 running	正在运行的进程数
104 sleeping	睡眠的进程数
0 stopped	停止的进程数
0 zombie	僵尸的进程数
0.3us	用户空间占用 CPU 的百分比
0.3sy	内核空间占用 CPU 的百分比
0.0ni	用户进程改变过的优先级进程占用 CPU 的百分比

续表

参　数	说　明
0.0wa	等待输入输出占用 CPU 的百分比
0.0hi	硬中断占用 CPU 的百分比
0.0si	软中断占用 CPU 的百分比
0.0st	虚拟机占用 CPU 的百分比
KiB Mem：995676 total	物理内存总量
96144 free	空闲内存总量
616048 used	使用的物理内存总量
283484 buff/cache	用作缓存的内存用量
KiB Swap：2097148 total	交换区总量
2093812 free	空闲的交换区总量
3336 used	使用的交换区总量
217192 avail Mem	用于进程下一次分配的物理内存总量

进程信息展示内容如表 8-12 所示。

表 8-12　top 进程信息说明

参　数	说　明
PID	进程 ID
USER	进程所有者
PR	进程优先级
NI	NICE 值，正值表示低优先级，负值表示高优先级
VIRT	进程使用的虚拟内存
RES	进程使用的物理内存
SHR	共享内存
S	进程的当前状态
%CPU	CPU 时间占比
%MEM	物理内存百分比
TIME+	进程使用的 CPU 时间
COMMAND	命令名

除了 CentOS 自带的 top 命令可用于监测服务器状态以外，市面上有许多第三方应用可用于监测服务器的状态，例如与 top 命令类似的监测工具 htop，还有十分流行的分布式监测工具 zabbix 及 cacti、nagios 等，这些优秀的第三方服务器监测工具除了可以监测 CPU、内存、进程等信息之外，还可以监测网络流量，并且可以对多台服务器集中监测，十分高效，其安装与使用也比较容易，感兴趣的读者可以进行尝试。

8.3　Flask 高并发部署

8.3.1　部署架构

假设前文开发的短视频分析平台上线后获得了市场的认可，访问量激增，而 Flask 只是一个同步的框架,处理请求是以单进程的方式进行的。当用户激增时就可能会出现阻塞的情况,要解决这个问题必须使用性能更高的 WSGI Server。Python Web 经过多年的发展,早已形成了比较成熟与完善的架构体系,对于 Flask 开发的 Web,面对较大流量访问时可以使用 Nginx+gunicorn+Flask 的架构进行部署。

Nginx 是一个高性能的 HTTP 和反向代理 Web 服务器,可以在大多数 UNIX、Linux 系统上运行,并有 Windows 移植版,由于 Nginx 的高性能,已被大量地应用在各大平台或网站中,如阿里巴巴、京东等一线流量平台都在使用。

gunicorn 是一个 Python WSGI UNIX 的 HTTP 服务器,从 Ruby 的 Unicorn 项目移植过来,与大多数的 Web 框架兼容,并具有实现简单、轻量级、高性能等特点。

对于 Nginx+gunicorn+Flask 的方式来部署,Nginx 用于负载均衡,亦可以将静态文件通过 Nginx 进行处理。Nginx 将接收的请求转发给 gunicorn,gunicorn 调用 Flask 相对应的函数来处理请求,其架构如图 8-14 所示。

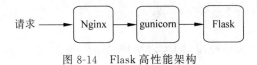

图 8-14 Flask 高性能架构

8.3.2 安装虚拟环境

在使用 PyCharm 创建新的项目时,编辑器会自动创建一个 Python 虚拟环境,该环境可以保持 Python 项目不被其他项目污染,相对独立。在 CentOS 上则需要手动创建 Python 的虚拟运行环境,其创建方式比较简单,在创建虚拟环境前首先要安装 virtualenv,命令如下:

```
pip install virtualenv
```

下载并安装好 virtualenv 后,会在/usr/local/python3/bin 中看到 virtualenv,在使用 virtualenv 前将一个软链接创建到/usr/bin,如果不这么做,则在使用 virtualenv 时需要填写完整的路径。创建软链接后就可以使用 virtualenv 创建一个独立环境了,命令如下:

```
#创建软链接
ln -s /usr/local/python3/bin/virtualenv /usr/bin/virtualenv
#在/root目录下创建proj目录
mkdir proj
cd proj
virtualenv -p /usr/bin/python projenv
```

创建好虚拟环境后可以在 proj 目录下看到一个新的目录,其被命名为 projenv,要进入虚拟环境中,可以使用的命令如下:

```
source projenv/bin/activate
```

正常进入虚拟环境后,其提示符开头多了一个(projenv),如图 8-15 所示。

```
[root@localhost proj]# source projenv/bin/activate
(projenv) [root@localhost proj]#
```

图 8-15　进入虚拟环境

如希望退出虚拟环境,则可以直接在命令行输入 deactivate。

8.3.3　安装所需模块

短视频分析平台引用了 flask、pymysql、requests 等模块,除此之外还需要安装 gunicorn,在虚拟环境中安装命令如下:

```
pip install flask
pip install pymysql
pip install requests
pip install gunicorn
pip install beautifulsoup4
```

如果使用 pip 命令安装比较慢,则可以切换至国内源进行下载,例如使用清华大学源进行下载模块的命令如下:

```
pip install -i https://pypi.tuna.tsinghua.edu.cn/simple flask
pip install -i https://pypi.tuna.tsinghua.edu.cn/simple pymysql
pip install -i https://pypi.tuna.tsinghua.edu.cn/simple requests
pip install -i https://pypi.tuna.tsinghua.edu.cn/simple gunicorn
pip install -i https://pypi.tuna.tsinghua.edu.cn/simple beautifulsoup4
```

安装完毕后将短视频分析平台上传至/root/proj 目录下,可以使用 Xftp 进行上传,将远程服务器的目录进入/root/proj 目录下,将本地的项目文件拖曳至远程服务器等待传输完成即可完成上传,如图 8-16 所示。

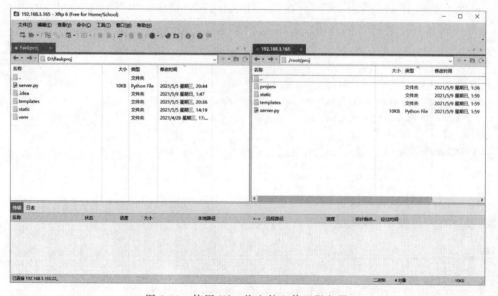

图 8-16　使用 Xftp 将文件上传至服务器

使用 gunicorn 前需要对 server.py 进行一些简单的修改,修改代码如下:

```
if __name__ == '__main__':
    from werkzeug.contrib.fixers import ProxyFix
    app.wsgi_app = ProxyFix(app.wsgi_app)
    app.run()
```

同时确保代码中 MySQL 的用户名及密码正确,并且需要将本地的 MySQL 数据库导入服务器上的 MySQL,可以使用 Navicat 来导入和导出。打开 Navicat,双击 meipaidbs 数据库,再右击 meipaidbs,在弹出的菜单中选择"转储 SQL 文件"→"结构和数据"命令保存至桌面,如图 8-17 所示。

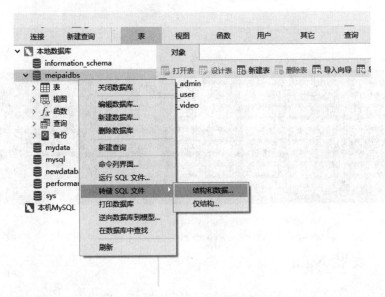

图 8-17　导出本地数据库

再使用 Navicat 连接远程服务器上的 MySQL,其连接方式在前文已经介绍过,这里不再赘述。连接好远程 MySQL 后,创建一个数据库并命名为 meipaidbs,使其编码类型与本地数据库保持一致,创建完毕后在远程 meipaidbs 上右击,在弹出菜单中选择"运行 SQL 文件",在弹出的窗口中浏览之前导出的 SQL 文件,取消勾选 SET AUTOCOMMIT=0,然后单击"开始"按钮等待传输完毕就可以将本地数据库及内容导入远程服务器上了,如图 8-18 所示。

测试一下 gunicorn 是否能够正常运行,测试命令如下:

```
gunicorn -w 6 -b 127.0.0.1:5000 server:app
```

-w 6 表示 6 个进程,-b 127.0.0.1:5000 表示 Flask 应用使用 5000 端口,server:app 其中 server 表示文件名,app 表示实例化对象命名,也就是 app=flask.Flask(__name__)中的 app。运行上面的命令后,如果应用正常启动且没有报错,则代表配置成功,如图 8-19 所示。

图 8-18　向远程 MySQL 导入数据

图 8-19　gunicorn 运行状态

8.3.4　安装 Nginx

Nginx 官方下载网址为 http://nginx.org/en/download.html，目前官方最新稳定版 Nginx 的版本号为 1.20，右击 nginx-1.20.0→"复制链接地址"以获得 nginx1.20 版的下载链接，其链接为 http://nginx.org/download/nginx-1.20.0.tar.gz。

进入 CentOS 中，使用如下命令下载 1.20 版本的 Nginx，命令如下：

```
wget http://nginx.org/download/nginx-1.20.0.tar.gz
```

对 nginx-1.20.0.tar.gz 进行解压缩，命令如下：

```
tar -zxvf Nginx-1.20.0.tar.gz
```

进入 Nginx 解压后的目录，并进行编译安装，命令如下：

```
cd Nginx-1.20.0
./configure
make
make install
```

安装完毕后切换至 Nginx 的配置目录 usr/local/nginx/conf，对 nginx.conf 进行配置，

修改内容如下:

```
server {
    listen       80;
    server_name  localhost;
    location / {
        root   html;
        index  index.html index.htm;

        #新增 proxy_pass
        proxy_pass http://127.0.0.1:5000;
    }
```

保存 nginx.conf 后启动 gunicorn,命令如下:

```
gunicorn -w 6 -b 127.0.0.1:5000 server:app
```

此时新开一个 xshell 窗口以便连接 CentOS,进入/usr/local/nginx/sbin 目录启动 Nginx,命令如下:

```
./nginx
```

正常启动 Nginx 后,使用浏览器访问 CentOS 服务器的 IP 地址就可以看到部署的短视频分析平台了,如图 8-20 所示。

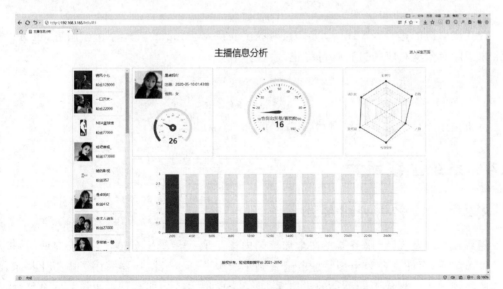

图 8-20　访问短视频分析平台

每次需要输入完整的 Nginx 路径来管理 Nginx 比较麻烦,可以通过软链接的形式将 Nginx 链接至/usr/bin 目录下,这样就可以直接使用 Nginx 进行管理了,命令如下:

```
ln -s /usr/local/nginx/sbin/nginx /usr/bin/nginx
```

此时在任何地方输入 nginx 即可启动 Nginx 服务。Nginx 的常用管理命令如表 8-13 所示。

表 8-13 Nginx 的常用管理命令

命 令	说 明
nginx	启动 Nginx
nginx -s reload	重启 Nginx
nginx -s stop	快速停止 Nginx
nginx -s quit	正常停止 Nginx
nginx -V	查看 Nginx 版本
nginx -c conf/test.conf	使用 test.conf 配置文件
nginx -t	检查配置文件是否正确

如果在启动 Nginx 中提示 Nginx：[emerg] bind() to 0.0.0.0:80 failed (98: Address already in use)，则表示服务器的 80 端口被占用了，要解决该问题需要找到占用 80 端口的程序并将其关闭。通过端口找到对应的程序推荐使用 lsof 工具，该工具可以快速并且详细地找出所占用端口的程序，安装命令如下：

```
yum install lsof
```

查找 80 端口所对应的程序，命令如下：

```
lsof -i:80
```

查找出对应的进程及 PID 后，可以使用 service xxx stop 的方式停止该服务，也可以使用 kill PID 命令将对应的进程强行终止，命令如下：

```
kill 123
```

终止占用端口的进程后再启动 Nginx 就可以正常启动了。

8.4 系统上线流程

8.4.1 域名与云服务器

随着技术的发展，云服务器正在全球范围内逐步取代传统服务器，因其成本低、易扩展等特性，越来越多的企业与组织将业务迁移到了云服务器。云服务器采用了虚拟化技术，将传统的物理主机分割成不同大小的虚拟主机，每个虚拟主机都拥有物理主机的完全特性，并且每个虚拟主机之间相互独立，数据互不干扰，与 Python 的虚拟环境类似。

比较知名的云服务器提供商有阿里云、腾讯云、华为云、亚马逊 AWS、微软 Azure、谷歌云等云服务器提供商。以阿里云为例，想要将开发的短视频分析平台上传至阿里云服务器，在这之前需要购买阿里云的 ECS(Elastic Compute Service)云服务器，阿里云的官方网站为 https://www.aliyun.com/。购买流程这里不再赘述，注意在购买时将操作系统类型选择为 CentOS，版本选择与本地 CentOS 的版本一致即可。购买后阿里云会提供一个管理 CentOS 的用户名、密码及 IP 地址，可以使用 SSH 连接，其方法与前文配置远程服务器一样，将云服务器配置好并上传代码即可通过 IP 地址进行访问了。

域名同样可以在各大云服务器提供商处进行购买，购买域名一般应先搜索你喜欢的字符串，无须 www 与 .com，通过搜索后会提示哪些域名被注册了，哪些没有被注册。没有被注册的域名就可以进行购买了，而被注册过的域名是无法进行购买的，如果想要已被注册的域名，则只能找域名所有者协商收购了。

域名通过指向服务器的 IP 地址实现关联。以 26zp.com 域名为例，26zp.com 为所购买的域名，该域名为一级域名，在一级域名之下可以设置多个二级域名，例如 www.26zp.com、new.26zp.com、haha.26zp.com，每个二级域名都可以指向不同的 IP 地址。

购买域名后服务商会给出一个域名的解析管理后台，可以通过该后台来添加并设置以便与服务器进行绑定，每个服务商提供的管理后台都不尽相同，但是设置内容是一致的。如需将域名指向服务器，则需要在该域名下添加 A 记录并填写 IP 地址。如图 8-21 所示，添加了 2 个域名，分别为 www.26zp.com 与 new.26zp.com。等待 DNS 同步后如果域名已经备案，就可以使用域名访问网站了。

图 8-21　域名解析

8.4.2　服务器备案

凡购买的服务器在绑定域名前都需要进行备案。备案大体分为两种，一是经营性备案，二是非经营性备案。国内云服务提供商都提供了集成备案通道，以阿里云为例，域名备案需要提供主办者信息，包括地区、备案性质、证件类型、主办者名称、主办者证件号码、域名等信息。如图 8-22 所示，通过在线提交相关信息，如证件及信息无误，一般等待一周左右即可完成备案。

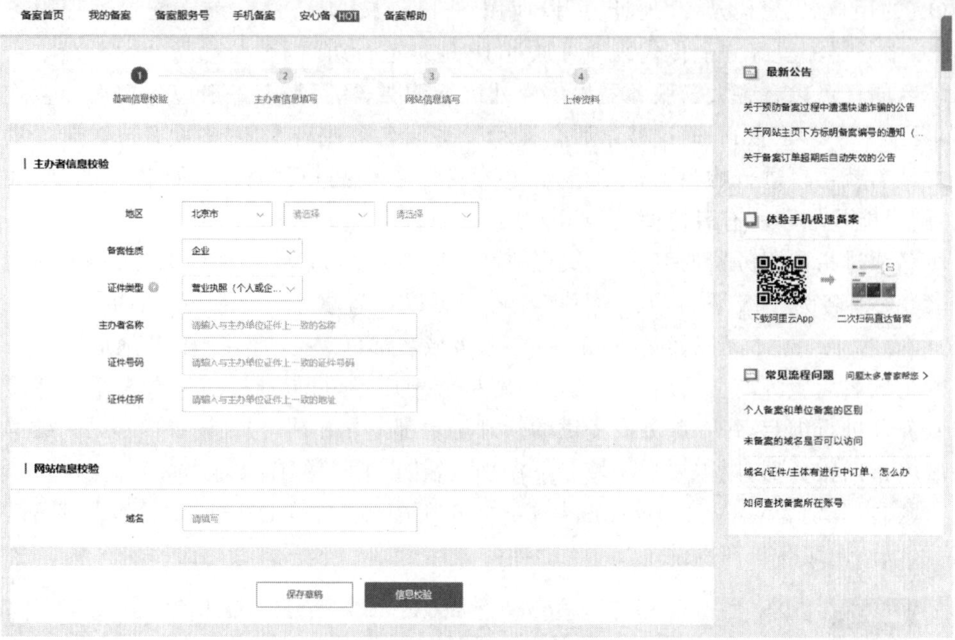

图 8-22　阿里云备案界面

未备案的服务器即使域名指向了该服务器的 IP，也无法通过域名访问该服务器上的网站，要想域名能够正常访问，必须对服务器进行备案。如果服务器已完成了备案，并且域名正确指向了该服务器，此时可以通过浏览器正确地访问搭建好的网站了，如图 8-23 所示。

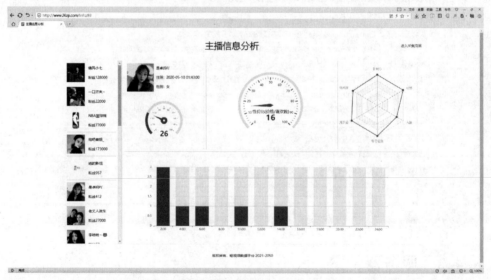

图 8-23　短视频分析平台对外开放

图书推荐

书 名	作 者
鸿蒙应用程序开发	董昱
鸿蒙操作系统开发入门经典	徐礼文
鸿蒙操作系统应用开发实践	陈美汝、郑森文、武延军、吴敬征
华为方舟编译器之美——基于开源代码的架构分析与实现	史宁宁
鲲鹏架构入门与实战	张磊
华为 HCIA 路由与交换技术实战	江礼教
Flutter 组件精讲与实战	赵龙
Flutter 实战指南	李楠
Dart 语言实战——基于 Flutter 框架的程序开发（第 2 版）	亢少军
Dart 语言实战——基于 Angular 框架的 Web 开发	刘仕文
IntelliJ IDEA 软件开发与应用	乔国辉
Vue＋Spring Boot 前后端分离开发实战	贾志杰
Vue.js 企业开发实战	千锋教育高教产品研发部
Python 人工智能——原理、实践及应用	杨博雄主编，于营、肖衡、潘玉霞、高华玲、梁志勇副主编
Python 深度学习	王志立
Python 异步编程实战——基于 AIO 的全栈开发技术	陈少佳
物联网——嵌入式开发实战	连志安
智慧建造——物联网在建筑设计与管理中的实践	［美］周晨光（Timothy Chou）著；段晨东、柯吉译
TensorFlow 计算机视觉原理与实战	欧阳鹏程、任浩然
分布式机器学习实战	陈敬雷
计算机视觉——基于 OpenCV 与 TensorFlow 的深度学习方法	余海林、翟中华
深度学习——理论、方法与 PyTorch 实践	翟中华、孟翔宇
深度学习原理与 PyTorch 实战	张伟振
ARKit 原生开发入门精粹——RealityKit＋Swift＋SwiftUI	汪祥春
Altium Designer 20 PCB 设计实战（视频微课版）	白军杰
Cadence 高速 PCB 设计——基于手机高阶板的案例分析与实现	李卫国、张彬、林超文
SolidWorks 2020 快速入门与深入实战	邵为龙
UG NX 1926 快速入门与深入实战	邵为龙
西门子 S7-200 SMART PLC 编程及应用（视频微课版）	徐宁、赵丽君
三菱 FX3U PLC 编程及应用（视频微课版）	吴文灵
全栈 UI 自动化测试实战	胡胜强、单镜石、李睿
pytest 框架与自动化测试应用	房荔枝、梁丽丽
软件测试与面试通识	于晶、张丹
深入理解微电子电路设计——电子元器件原理及应用（原书第 5 版）	［美］理查德·C. 耶格（Richard C. Jaeger）、［美］特拉维斯·N. 布莱洛克（Travis N. Blalock）著；宋廷强译
深入理解微电子电路设计——数字电子技术及应用（原书第 5 版）	［美］理查德·C. 耶格（Richard C. Jaeger）、［美］特拉维斯·N. 布莱洛克（Travis N. Blalock）著；宋廷强译
深入理解微电子电路设计——模拟电子技术及应用（原书第 5 版）	［美］理查德·C. 耶格（Richard C. Jaeger）、［美］特拉维斯·N. 布莱洛克（Travis N. Blalock）著；宋廷强译

图书资源支持

感谢您一直以来对清华版图书的支持和爱护。为了配合本书的使用,本书提供配套的资源,有需求的读者请扫描下方的"书圈"微信公众号二维码,在图书专区下载,也可以拨打电话或发送电子邮件咨询。

如果您在使用本书的过程中遇到了什么问题,或者有相关图书出版计划,也请您发邮件告诉我们,以便我们更好地为您服务。

我们的联系方式:

地　　址:北京市海淀区双清路学研大厦 A 座 714

邮　　编:100084

电　　话:010-83470236　010-83470237

客服邮箱:2301891038@qq.com

QQ:2301891038(请写明您的单位和姓名)

资源下载:关注公众号"书圈"下载配套资源。

书圈

获取最新书目

观看课程直播